AF469529

THÉATRE D'AGRICULTURE

DU DIX-NEUVIÈME SIÈCLE.

PARIS. — IMPRIMÉ PAR E. THUNOT ET Ce,
rue Racine, 28, près de l'Odéon.

THÉATRE D'AGRICULTURE

DU

DIX-NEUVIÈME SIÈCLE,

PAR

GUSTAVE HEUZÉ,

DE GRAND-JOUAN.

Ea erunt ex radicibus trinis, et quæ
ipse in meis fundis colendo animadverti,
et quæ legi, et quæ a peritis audii.

VARRON, lib. 1, cap. 1

TOME QUATRIÈME.

ZOOLOGIE AGRICOLE.

BIBLIOTHÈQUE
R

PARIS.

A LA LIBRAIRIE ENCYCLOPEDIQUE DE RORET,

RUE HAUTEFEUILLE, 10 BIS.

1849

A MONSIEUR

Isidore Geoffroy-Saint-Hilaire

MEMBRE DE L'ACADÉMIE DES SCIENCES, ETC., ETC

MONSIEUR,

Mes vœux les plus chers ont été exaucés le jour où vous m'avez permis d'inscrire votre nom, si célèbre par les glorieux travaux dont vous avez enrichi la science zoologique, sur une page de cet humble ouvrage. En sollicitant de vous cet honneur, qui est pour moi d'un haut prix, j'avais une mission solennelle à remplir, celle de rappeler aux jeunes adeptes de l'agriculture que vous aviez pressenti, depuis longtemps, la possibilité de relier l'étude des animaux domestiques, au point de vue pratique, à la science zoologique, et que c'est à vous que l'agriculture doit d'étudier en ce moment les animaux soumis en domesticité sous un point de vue tout à fait différent de celui suivi jusqu'à ce jour.

Puissent mes études, Monsieur, continuer à mériter votre bienveillante approbation ! Puissent-elles vous prouver combien je suis heureux d'avoir pu connaître les pages si palpitantes d'intérêt que vous avez écrites sur les animaux domestiques, et me permettre de vous exprimer publiquement mes sentiments de reconnaissance et de vénération !

Gustave HEUZÉ.

AVERTISSEMENT.

En exposant, en tête de cet ouvrage, le cadre que j'ai adopté
pour la rédaction de cet immense travail, j'ai fait connaître
les sujets qui seront traités dans ce volume, qui comprendra tout
ce qui concerne la zoologie dans ses rapports avec l'existence des
animaux domestiques et ceux nuisibles à l'agriculture. Plus j'a-
vance dans la rédaction de mon *Cours de Zoologie agricole*, plus
je reconnais combien il reste à faire pour que cette branche de
l'agriculture, sans contredit la plus importante de toutes celles qui
doivent fixer l'attention des grandes intelligences, arrive au niveau
de la phytologie, qui a fait dans ces derniers temps de si importants et de si rapides progrès. On me reprochera peut-être
d'avoir trop élevé cette partie de l'agriculture, et d'avoir été
trop préoccupé du concours que la zoologie peut et doit prêter
à la zootechnie! Pendant plusieurs années, j'ai douté, comme
beaucoup d'autres, des lumières que cette science peut faire
briller aux yeux de l'homme qui se voue à la multiplication
et au perfectionnement des animaux soumis en domesticité, et je
croyais que, dans l'amélioration de ces mêmes individus, l'expérience, je veux dire la pratique, devait seule suffire. Je m'étais
étrangement abusé. Toutefois, loin de moi la prétention de vouloir
créer la zootechnie! La seule pensée qui me préoccupe, qui m'encourage, qui m'excite à surmonter les difficultés dont est hérissée
la voie dans laquelle je me suis engagé, est de coordonner les faits

constatés, les principes admis par la science zoologique, avec ceux que la pratique reconnaît chaque jour, et ceux que renferment les ouvrages techniques publiés tant en France, en Allemagne, qu'en Angleterre. Je laisse aux intelligences qui se précipitent en ce moment avec tant d'ardeur vers la carrière agricole, le soin de redresser, de déplacer les jalons que je veux placer sur la route qu'elles doivent suivre, et qui est la seule par le concours de laquelle l'agriculture obtiendra un jour, au sein de notre patrie, des animaux domestiques au moins aussi parfaits que ceux que l'Angleterre est glorieuse d'avoir créés !

Grand-Jouan, le 10 mars 1849.

DES RAPPORTS

DE LA

ZOOLOGIE AVEC LA ZOOTECHNIE.

———◦—✦—◦———

Tous les êtres qui existent à la surface du globe ont été répartis en deux grandes classes, celle qui comprend les corps inertes et celle qui embrasse les corps vivants.

Les *corps bruts*, quoique privés des fonctions communes à tous les corps vivants, éprouvent néanmoins des modifications de forme et de volume ; ils diffèrent entre eux par leur structure, par la force d'affinité respective qui unit leurs parties constituantes, par leur coloration et la cause à laquelle ils doivent leur origine ; et ils peuvent être divisés, subdivisés à l'infini sans changer de nature. Ces êtres bruts ne portent aucun trait d'organisation, ils ne peuvent se reproduire d'eux-mêmes, étant le produit de combinaisons spontanées de la matière ; et, une fois formés, ils persistent et ne cessent d'exister que lorsqu'une force extérieure différente de celles qui les ont produits vient les détruire. L'accroissement de ces *corps inorganiques* a lieu d'une manière particulière. Sous l'action de deux forces sans cesse agissantes et productrices, l'*attraction moléculaire* et la *chaleur*, les atomes de matière se rapprochent, se réunissent, se combinent, se groupent et s'étendent autour d'autres parties corpusculaires homogènes déjà agglomérées, consolidées ou agrégées, et augmentent ainsi par *juxta-position* le volume, la masse les dimensions de chaque minéral.

L'origine des *minéraux*, dont la durée n'a pas de limites déterminées, qui s'accroissent extérieurement, qui persistent, jusqu'à ce qu'une cause extérieure, accidentelle, détruise la force de cohésion qui tient réunies les molécules qui les constituent, et qui forment le point de départ de la série ascendante de tous les êtres qui composent et occupent la surface de la terre, a donc pour cause la force attractive qui réunit les particules atomiques de la matière, les corpuscules insécables de la nature, et la chaleur qui tend continuellement à séparer, à désunir ce que cette force permanente et vivifiante a rapproché, a uni lors de la propension sympathique des atomes, lors de la consolidation de ces corpuscules, soit que les molécules élémentaires composantes fussent similaires, soit qu'elles fussent hétérogènes.

L'intervalle qui existe entre les corps bruts et les *êtres organisés* est immense. Les *corps vivants* ont un caractère d'individualité qui les sépare des autres corps quels qu'ils soient ; ils éprouvent des modifications graduelles, mais constantes, des changements successifs, mais déterminés ; ils sont composés de fibres , de lames minces disposées de manière à circonscrire des intervalles, des cavités ; ils se nourrissent et se reproduisent d'eux - mêmes ; et il existe en eux un mouvement , un tourbillon plus ou moins compliqué , plus ou moins rapide , auquel on a donné le nom de *vie*. Cette essence commune à tous les individus organisés, ce phénomène inexplicable et régi par des lois inconnues , ne cesse d'agir durant toute l'existence de l'être. Lorsque ce mouvement cesse de se manifester, quand cette force inhérente à l'organisme n'agit plus, la vie s'éteint , et le résultat de cette cessation de mouvement , de cette intermission d'action et de fonction est la *mort*. Alors la structure du corps se modifie , le volume s'altère ; la *matière organique* change de forme : les éléments qui la composaient se séparent , se désunissent, se décomposent, se dissolvent ; et il arrive bientôt un moment où tout trait d'organisation a disparu, où l'être organisé a perdu entièrement tous les caractères d'individualité qui le déterminaient, qui le séparaient, alors qu'il jouissait de la vie , de la *matière morte*.

Les changements qu'éprouvent les *corps organisés* pendant toute leur existence ne sont pas soumis seulement à l'action des phénomènes qui créent, qui modifient, qui détruisent les minéraux ; et l'ensemble de ces corps ne constitue pas une masse solide , inerte , inactive , composée de molécules intégrantes. La structure , l'organisation des *corps organiques* se compose de parties solides et de parties liquides ; les premières déterminent leur forme , leur volume , leur ensemble ; les secondes pénètrent dans toute leur substance et s'interposent entre les molécules des solides. Les mouvements des fluides qui ont pour cause le *principe vital* et les contractions des so-

lides, facilitent la pénétration à l'intérieur de la masse de molécules nutritives dont la destination est d'entretenir la vie, de concourir à l'accroissement des parties vivantes auxquelles la nature a assigné des limites , de remplacer les molécules superflues à la vie et expulsées au dehors du corps par suite du renouvellement de particules inhérent à l'existence du monde organique. C'est cette nutrition par *intussusception*, de laquelle dépend l'assimilation , la fixation des molécules vivantes, qui caractérise essentiellement les corps vivants considérés collectivement , et qui nous rappelle que les êtres organisés sont doués de la faculté de se nourrir.

La durée des corps organisés n'est pas indéterminée comme celle des minéraux ; elle est limitée à la constitution des individus , elle est déterminée pour chaque espèce. La nature devait donc permettre aux corps vivants de se reproduire pour que de nouveaux individus succèdent à ceux chez lesquels le mouvement vital s'est arrêté , pour que les espèces persistent sur la terre et qu'elles puissent être regardées comme éternelles. Cette reproduction , à laquelle on a donné le nom de génération , est la plus mystérieuse fonction de l'existence organique , mais elle est inhérente à tout ce qui vit , et elle distingue aussi le règne végétal et le règne animal du monde inorganique.

Quoique tous les corps organisés présentent des analogies de structure , d'organisation , de nutrition et de reproduction , quoiqu'ils aient tous besoin pour exister de l'influence de l'air et d'une certaine température , il faut distinguer cependant, parmi ces êtres, les végétaux et les animaux, qui s'éloignent les uns des autres par des caractères d'individualité très-distinctifs.

Les *végétaux* sont privés de la faculté de changer de place ; ils sont réduits à recevoir les aliments que la terre à laquelle ils sont attachés peut leur fournir ; ils ne peuvent produire de l'acide carbonique sous l'action de la lumière ; ils ne possèdent pas la faculté de sentir et de respirer ; ils n'ont pas la conscience de leur existence , le sentiment de leur force ou de leur faiblesse ; enfin, ils ne sont pas susceptibles de sentir le plaisir ou la douleur.

L'animal jouit de toutes ces facultés. Il se déplace à volonté et spontanément ; il choisit sa nourriture et la saisit ; il respire et digère ; il est sensible et irritable ; il voit, il sent, il entend ; il connaît sa force ou sa chétiveté ; il éprouve des sensations ; il apprécie le danger, manifeste la joie qu'il éprouve, la douleur qu'il endure ; enfin, il craint, il attend, il espère !

De là, de cette ligne séparative qui existe entre les corps organisés, le nom d'*êtres inanimés*, que l'on a donné aux végétaux, et celui d'*êtres animés*, par lequel on désigne les animaux.

Lorsque l'homme dirige son regard vers la surface de la terre, lorsqu'il contemple ces multitudes d'êtres qui y sont répandus avec profusion, quand il réfléchit aux traits de composition et d'organisation qui les caractérisent, qui les séparent ou les rapprochent les uns des autres et à la destination de chacun, il se sent ému d'admiration, et il ne peut s'empêcher de s'incliner devant la puissance divine ! Le spectacle qui se présente alors à sa vue est un tableau éternel dont la variation infinie lui représente la nature toujours active, sans cesse vivifiante, à jamais admirable dans sa simplicité ou son état complexe.

La forme, la nature des éléments organiques comme l'ensemble, la composition de la matière brute préoccupent depuis longtemps l'esprit humain. Ces corps auxquels les conditions de notre existence se trouvent intimement liées, ces êtres organiques dont la destination première semble être la reproduction incessante de leurs espèces, afin qu'elles se perpétuent et qu'elles assurent l'existence de la vie humaine, sont soumis, comme les corps organiques, à des lois dont l'immutabilité nous rappelle la puissance infinie de Dieu !

Les lois, qui régissent les phénomènes de la nature, les changements qui se produisent chaque jour sur la terre et au sein de l'atmosphère, ont inspiré le secret des hautes pensées, elles ont agrandi le champ de la civilisation intellectuelle, elles ont fait naître chez l'esprit humain l'espérance de déchirer un jour dans son entier le voile qui enveloppait les mystères de la création et de l'existence des corps naturels. La lutte a été fort longue, et cela devait être ! car l'intelligence ne pouvait grandir et se développer qu'avec la perfection de notre ère. Mais chaque génération a gravé sur l'airain le résultat de son labeur intellectuel, les découvertes qu'elle a faites et qui l'enorgueillissent ; et tous ces travaux méditatifs, images réelles de la vie des intelligences, toutes ces conceptions aussi grandes, aussi larges que l'imposante grandeur de la création, jointes aux découvertes qui appartiennent et caractérisent notre ère, ont étendu, agrandi le cercle des connaissances humaines. Ces brillantes conquêtes, ces grandes découvertes qui témoignent de la splendeur de l'intelligence, ont poussé les esprits, dévoués par goût et par un attrait de nature, à sonder, à pénétrer les mystères qui enveloppent encore certains faits qui se produisent sur la terre, et que la nature offre chaque jour au regard de l'homme, à sa pensée, à son génie d'investigation !

Durant l'époque pendant laquelle on regardait l'agriculture comme un métier se perpétuant de génération en génération par la tradition, on ne se préoccupa point du perfectionnement qu'elle pouvait subir, et des rapports qu'elle pouvait avoir avec les sciences, bien que celles-ci fussent encore peu développées. Pour la plupart des hommes qui se préoccupaient des problèmes qui se rattachent aux causes des phénomènes de la nature, pour ceux qui s'étaient voués à l'étude des corps inorganiques et de la matière vivante, la culture de la terre était un art qui ne demandait que des forces physiques et de l'habitude, et pour eux ce travail était indigne d'occuper un esprit méditatif et observateur. Le temps a fait justice de cette erreur, et le flambeau des sciences a illuminé l'intelligence de l'homme. La diffusion des lumières, le perfectionnement de l'intelligence, en imprimant un plus grand essor à la pensée, en modifiant cette longue vénération des générations pour les procédés pratiques, ont reculé les limites qui circonscrivaient le labeur intellectuel de l'homme, et l'impulsion que reçurent alors les sciences physiques et naturelles contribua largement à accroître les conquêtes de l'intelligence humaine. Cette nouvelle victoire était une conséquence des travaux des esprits, des splendeurs de l'intelligence, et elle fut le premier jalon qui indiqua la voie vers laquelle devait se diriger la civilisation intellectuelle ; aussi détruisit-elle les idées du monde inintelligent, de ceux qui avait pensé que tous les mystères de la création étaient révélés, que tous les faits que l'homme peut recueillir au sein de la nature avaient été moissonnés par les générarations antérieures! Alors commença cette ère nouvelle pendant laquelle l'agriculture, les arts et l'industrie, devaient précipiter leur marche et hâter leurs progrès !

L'agriculture avait déjà produit dans sa marche deux époques caractéristiques : celle de sa renaissance, sous Henri IV ; celle de son perfectionnement pratique sous Louis XV. Ces deux époques, qui dominent les choses du passé, doivent être regardées comme un signe avant-coureur de l'impulsion scientifique qui lui est imprimée depuis près d'un demi-siècle, et qui est évidemment l'une de ses phases les plus remarquables. Cette perfection, inattendue il y a un siècle des hommes mêmes chez lesquels rayonnaient des étincelles du feu sacré des sciences, aura les conséquences les plus heureuses, et elle acquiert une importance grave de la sévérité des circonstances, en présence des fléaux qui viennent de temps à autre déchirer la société, et détruire l'harmonie, l'unité, qui doit exister entre ses membres.

C'est en vain qu'on voudrait caractériser à grands traits ces trois époques. La distinction qui sépare entre elles ces grandes phases existe profondément gravée dans les esprits. Il ne s'agit plus seulement de pratiquer l'agriculture, il faut expliquer les principes qui président à ses progrès actuels et à sa destinée future. Notre siècle a vivement compris cette tâche. Aussi l'agriculteur ne se borne plus à connaître seulement et silencieusement les opé-

rations manuelles de nos pères, il ne se résigne plus à subir les conséquences des faits et des événements agricoles constatés par les générations précédentes : cette voie n'est conforme ni à ses idées actuelles, ni au développement de ses facultés intellectuelles. Considérant les sciences comme le fil d'or qui guide la pensée, il suit pas à pas les études des esprits éclairés, il cherche à s'identifier avec les faits scientifiques constatés chaque jour comme lumineux. Cette direction que l'agriculteur moderne imprime à sa pensée, le détache des laboureurs qui doutent encore des nouvelles destinées de la raison humaine, elle lui permet de distinguer la fausse direction suivie par ceux qui sont encore embarrassés dans leurs préjugés, l'empirisme de la théorie raisonnée ; elle lui permet de diriger toutes ses espérances vers une perspective morale et matérielle plus glorieuse! C'est en continuant à suivre une telle voie que nous parviendrons à détruire les préjugés des populations rurales, qui entravent avec tant de force encore la marche progressive des idées nouvelles.

Pendant longtemps, la géologie, la chimie et la botanique, ont été les seules sciences physiques et naturelles qui permissent à l'agriculteur de saisir et de comprendre quelques-uns des phénomènes qui se produisent chaque jour au sein des champs qu'il cultive. Cet appui des sciences est évidemment la cause directe des progrès qui, depuis près d'un siècle, ont ouvert une si large voie dans toutes les parties de l'agriculture. En effet, par leur concours, le cultivateur a été contraint à la réflexion ; or, comme cette suite de jugements suit ordinairement l'imagination, elle a permis au praticien d'étendre le cercle de ses travaux, et de multiplier et de vaincre les difficultés que présente la carrière agricole si féconde en succès et en revers. Ainsi, il a puisé dans ces sciences les moyens de se rendre compte de ce qu'il voit, de ce qu'il exécute, de marcher avec prudence dans la voie des innovations amélioratrices si fertile en déceptions, de recueillir la riche moisson de l'expérience et de la pratique raisonnée, et de démontrer que l'agriculture est une industrie moins instable et plus productive que ne le pensent certains esprits, et qu'elle est la plus belle lutte de l'homme contre la nature et l'image réelle de la vie.

Alors qu'il était question uniquement de multiplier les animaux que l'homme a soumis en domesticité, l'agriculteur ne se préoccupait en aucune manière des changements, des modifications qu'il peut leur faire éprouver et des améliorations que ces êtres peuvent subir afin qu'ils soient plus parfaits, plus précieux pour la société, les arts et l'industrie.

Aujourd'hui l'agriculture n'emprunte plus seulement à la géologie, à la chimie et à la botanique ses améliorations les plus indispensables ; elle demande à la *zoologie* de lui faire connaître les caractères essentiels de l'animalité, la structure intime et les relations réciproques des parties qui composent les animaux qu'elle élève, qu'elle engraisse, le jeu et les fonctions de nutrition, de reproduction et de relation de ces êtres organisés.

La *géologie* avait fourni au cultivateur les renseignements nécessaires pour déterminer la nature des terrains et les matières que la terre recèle et qu'il peut employer à la fertilisation de ses champs : la *chimie* lui avait fait connaître les modifications, les métamorphoses que subissent les corps bruts et les substances organiques qui concourent à la vie des plantes et les molécules qui composent ces individus ; la *botanique* lui avait indiqué l'organisation des végétaux, les caractères des plantes agricoles et leurs diverses phases d'existence ; mais ces renseignements, mais ces lumières ne suffisaient plus à l'activité incessante de ses facultés intellectuelles, ils étaient incomplets. Il devait donc de nouveau agrandir la sphère de ses investigations, et étudier la zoologie dans ses rapports avec la multiplication des animaux domestiques si imparfaits encore dans leur perfectionnement et si inférieurs sous ce rapport aux plantes alimentaires et industrielles. Cette étude, il est vrai, n'a pris naissance que depuis quelques années seulement : mais elle est désormais appelée à un développement immense et à avoir un jour l'action la plus directe sur la prospérité de l'agriculture de notre patrie.

Lorsque la ville de Carthage fut détruite par Scipion, époque où les lettres grecques pénétrèrent à Rome, le sénat se réserva, parmi les richesses intellectuelles des vaincus, le traité que *Magnon* avait composé en vingt-huit livres sur l'agriculture, et il le fit traduire par *Decius Scillanus*. Cet ouvrage ne fut pas le seul qui permit aux Romains de reconnaître la haute importance de l'agriculture. *Caton le Censeur* publia bientôt un ouvrage intitulé *De re rustica*, traité qui précéda de près d'un siècle celui de *Terentius Varron*. De ces trois ouvrages, celui de *Varron* est le seul qui mérite de fixer les regards du cultivateur. Ce traité, il est vrai, est moins complet que le livre écrit par *Columelle* qui appartenait au siècle d'Auguste, et qui vivait sous le règne de l'empereur Claude ; néanmoins, malgré ses descriptions incomplètes, ce livre est supérieur à l'ouvrage de *Caton*. Mais si ces deux traités, celui de *Varron*, et surtout celui de *Columelle*, sont marqués à chaque page d'un cachet qui révèle l'observateur attentif, le praticien éclairé, on doit déplorer que l'étude des animaux domestiques ne puisse marcher de concert avec la description des travaux agricoles que ces auteurs nous ont fait connaître. Sans doute, les livres qui renferment des détails sur la multiplication du bœuf, du cheval et du mouton, présentent un intérêt réel sous le rapport technique, ils comportent des principes qui n'ont pas assez frappé l'esprit de nos ancêtres, ils renferment une foule de faits qui ont été confirmés par l'expérience et les observations dont la zootechnie s'est enrichie il y a à peine un demi-siècle ; mais à coté de ces utiles préceptes, de ces enseignements vrais, se rangent des erreurs grossières, revêtues d'une forme originale et naïve, et qu'il faut regarder comme le fruit d'études frivoles ou primitives faites par des intelligences encore peu éclairées.

Ainsi les agriculteurs romains croyaient à l'imprégnation de la jument par certains vents spéciaux ; ils pensaient que les abeilles naissaient spontanément du corps d'un bœuf en putréfaction; ils admettaient l'influence de l'homme sur le sexe des individus. Ainsi *Varron* pensait, avec Archélaüs, que les chèvres ne respiraient pas comme les autres animaux par les narines, et il croyait que la castration des coqs s'exécutait en brûlant les ongles des doigts de ces oiseaux. *Columelle*, quoique plus complexe dans ses descriptions que les écrivains agricoles qui l'avaient précédé, partageait la plupart de ces idées erronées. Ces erreurs avaient pour causes directes les pensées chimériques, les idées superstitieuses, les inspirations nébuleuses qui préoccupaient l'esprit des populations romaines, et les fictions poétiques de la Grèce auxquelles les auteurs de ce temps, Hérodote, Sénèque, etc., avaient eu recours pour expliquer la plupart des phénomènes de la nature, idées fabuleuses qui se font aussi sentir dans les *Géorgiques* de *Virgile*, et que *Pline* aurait infailliblement détruites, s'il eût éloigné de son imagination ardente et quelquefois désordonnée, les écrits des fabulistes des temps antérieurs au règne de Vespasien.

Les travaux littéraires agricoles antérieurs à la compilation fleurie de *Pline* furent les seuls ouvrages avec celui de *Pierre de Crescent*, de Bologne, intitulé : *Opus ruralium commodorum*, que Charles V fit traduire en langue française, en 1373, sous le titre de *Rutican du labour des champs*, livre qui jouit alors d'une grande réputation, que possédèrent les cultivateurs jusqu'au xve siècle. Pendant le moyen âge, l'agriculture resta, pour ainsi dire, stationnaire, et ses progrès ne furent pas plus remarquables que ceux des sciences physiques et naturelles. Charlemagne voulut relever l'agriculture du triste état dans lequel elle était tombée par suite de la domination arbitraire des Francs possesseurs d'alleux et de bénéfices. Mais l'institution du gouvernement féodal qui prit naissance au ixe siècle, l'existence des serfs taillables et corvéables à merci, les divisions intestines qui agitaient alors la France, les guerres sanglantes que se faisaient les seigneurs, obligèrent les populations rurales à rester attachées aux idées agricoles qui avaient pris naissance sur le sol de notre patrie lors de la conquête de la Gaule par les Romains. Aussi les procédés pratiques furent-ils transmis de génération en génération sans être modifiés, et les animaux domestiques, qui étaient la principale, pour ne pas dire la seule richesse des colons (*liti*) détenteurs, des *mansi ingenuiles* et des serfs (*litus*) cultivateurs des *mansi serviles*, se perpétuèrent-ils sans éprouver aucun perfectionnement. Cet état de choses continua longtemps; il ne fut modifié qu'aux xiie et xiiie siècles, époque où eut lieu l'affranchissement pour ainsi dire complet des communes, et où un grand nombre de seigneurs furent obligés de rendre la liberté à leurs serfs et à leurs esclaves.

L'affranchissement des serfs et des esclaves a eu des conséquences immenses : il termina ces longs siècles d'ignorance et de barbarie ; il fut aussi favorable au clergé de France, qui n'abandonna pas un seul instant la cause de l'humanité pendant ces temps de souffrance, qu'aux affranchis. Les immenses dotations qui avaient été faites au clergé et aux monastères avant cette époque, engagèrent alors les Bénédictins et les disciples de saint Bernard qui avaient été assez heureux pour conserver les écrits des temps antérieurs, les trésors du passé pour en doter l'avenir, à se vouer activement à la culture des terres qu'ils possédaient et à puiser dans les ouvrages des auteurs grecs et romains les éléments d'instruction agricole qui leur étaient nécessaires. Les travaux de ces corporations religieuses eurent les plus heureux résultats pour l'avenir; les colonies qui s'étaient dispersées çà et là sur le sol de la France, changèrent bientôt des contrées désertes, de vastes étendues de landes et des marais impraticables en opulentes campagnes, et les brillants succès qu'elles obtinrent fixèrent l'attention des seigneurs et des barons vers l'agriculture.

Le développement que reçut l'intelligence au xvie siècle, seconda cette brillante rénovation ; et c'est cette renaissance, qui a éveillé les mondes de l'intelligence, qui poussa *Olivier de Serres*, seigneur de Pradel, et contemporain de Sully et de Bernard de Palissy, le créateur de la géologie, à composer son *Théâtre d'agriculture et mesnage des champs*. Ce livre, qui parut en 1600, et qui avait été précédé par le *Prædium rusticum* ou l'*Agriculture et maison rustique*, est une œuvre bien remarquable comme recueil de faits et de procédés, et pendant longtemps on le lira avec un vif intérêt. Toutefois, si cet ouvrage règle encore les travaux du cultivateur, s'il a illuminé pendant des siècles l'esprit du monde agricole, si son auteur a devancé *Ch. Étienne* et *J. Liébault* sous le rapport des connaissances pratiques, et s'il a comblé la lacune impardonnable qui existe dans les ouvrages de ces écrivains, en s'occupant de la multiplication des animaux domestiques proprement dits, on doit regretter d'y voir apparaître les erreurs zoologiques qui abondent dans les ouvrages des auteurs romains. C'est à tort, toutefois, qu'on reprocherait à *Olivier de Serres* l'adoption et la reproduction de ces fausses idées. Ces erreurs, il faut le reconnaître, devaient naturellement être inscrites dans son ouvrage. Les sciences naturelles avaient fait de si faibles progrès pendant le moyen âge, que cet agriculteur devait aussi croire aux idées chimériques des temps anciens, à la croissance continuelle des animaux, aux propriétés vénéneuses des oiseaux à bec large, admettre que la graisse des animaux est produite par la rosée, ignorer les mœurs des insectes et leurs diverses métamorphoses, et être conduit à reconnaître les générations spontanées. Nul doute que, si les études scientifiques eussent été plus senties et mieux comprises en France durant cette période de temps, *Olivier de Serres* eût substitué à ces idées erronées des principes zoologiques plus vrais.

Les animaux domestiques, que les agriculteurs de la mémorable époque du patriarche de l'agriculture française ne tentèrent pas de perfectionner, traversent le xviiᵉ siècle sans éprouver de modification aucune. C'était au siècle qui vient de s'écouler qu'était réservée la tâche d'ébaucher par des études directes et aussi ingénieuses que difficiles et même pénibles, de déterminer par l'examen et l'observation les bases d'après lesquelles ce perfectionnement pouvait être tenté.

Deux hommes, *Linné* et *Buffon*, doivent être regardés comme ceux qui ont ouvert la voie dans laquelle se sont précipités depuis un demi-siècle tant de zoologistes si distingués. La zoologie doit au génie si remarquable de *Linné* d'importants travaux. Cet esprit transcendant, à la fois analytique et synthétique, est l'inventeur de la méthode zoologique naturelle, et nul mieux que lui n'a saisi le trait distinctif des êtres. Tous ses travaux brillent du plus vif éclat, et ils ont été vivement admirés; cependant, quoiqu'ils soient aussi remarquables que les grandes harmonies de la nature, pour être juste, il faut reconnaître que notre siècle a produit des conceptions non moins brillantes que celles que son génie a créées. *Buffon* a laissé aussi des travaux impérissables, et les lois générales qu'il a posées sur les grands phénomènes de la nature, attesteront à jamais la grandeur de son génie, la fermeté de sa volonté et les riches et inépuisables beautés de son style. Mais quelque brillant interprète que la nature ait trouvé dans l'immortel *Buffon*, n'oublions pas que la profondeur de ses idées, la souplesse remarquable de son génie, la perfection de son style, ses conceptions sublimes sur la géonomie et la minéralogie, n'annihilent pas les reproches qui peuvent lui être adressés des contradictions et des obscurités qui existent, qui se heurtent dans le système par lequel il a voulu expliquer la génération, et les regrets que les agriculteurs éprouvent que son *Histoire des animaux*, peinte d'un style si imposant et d'un coloris si enchanteur, ne puisse les diriger dans le sentier qu'ils doivent suivre pour arriver à perfectionner les animaux domestiques que nous possédons çà et là sur le sol de la France. Cette admirable description est revêtue d'une grandeur trop majestueuse, son coloris est trop riche pour qu'elle concorde toujours avec les faits naturels, pour qu'on puisse y saisir ces principes scientifiques, ces détails d'organisation, d'existence qui conduisent toujours à la vérité. En négligeant l'inscription des détails scientifiques et techniques dans ces sublimes peintures, *Buffon* a prouvé que les beautés et les richesses du style couvrent mal les erreurs de la pensée, qu'elles sont impuissantes pour donner à une œuvre une durée illimitée et pour la garantir des critiques du monde scientifique, et que la synthèse est toujours imparfaite si elle n'est point alliée à l'analyse. Aussi ce grand génie, ainsi que le fait remarquer M. Isidore Geoffroy Saint-Hilaire, est-il regardé comme un de ces hommes qui ne terminent rien, mais qui osent tout commencer. Toutefois, si son histoire des animaux caractérise imparfaitement le naturel du bœuf, du mouton, etc., si cet ouvrage ne peut être considéré comme un livre utile pour l'homme qui veut connaître les traits distinctifs des êtres, et si ce chef-d'œuvre n'est intéressant pour l'agriculteur que sous le rapport de la description des beautés de l'ensemble des animaux qu'il multiplie, entretient ou perfectionne, ses idées sur la *dégénération des animaux* et sur les *limites que les climats assignent aux espèces*, seront longtemps encore nécessaires à ceux qui chercheront à améliorer les individus soumis en domesticité.

Si la génération actuelle pardonne à *Buffon* d'avoir été plus ingénieux à peindre la nature dans ces scènes magnifiques ou terribles que dans ses beautés vulgaires, que dans ses détails de composition et d'organisation, elle ne l'excusera jamais d'avoir abandonné pendant plusieurs années le collaborateur que sa ville natale lui avait donné et qui s'était contenté de n'être que son ami après avoir été son compagnon d'enfance. *Daubenton* (c'était lui), doué d'une perspicacité peu commune et d'un esprit remarquablement réfléchi, suivit dans ses travaux une voie différente de celle que l'imagination ardente de *Buffon* avait choisie. Pénétré de l'importance des travaux analytiques, il saisit le scalpel, dirigea son regard et sa pensée dans l'intérieur des animaux pour y dévoiler les mystères de leur organisa-

tion, pour connaître et décrire les parties qui composent le squelette et celles que comportent les viscères. Ces études, jointes à celles qu'il fit sur les formes des êtres animés et leur dimension, furent pour *Buffon* d'une immense utilité ; il est incontestable aujourd'hui, que les travaux considérables de *Daubenton* sur l'*anatomie comparée*, qui laissaient loin d'eux les observations faites vers le milieu du xviie siècle, par *Duverney*, sur les analogies organiques, lui ont permis de rendre son histoire des animaux moins erronée, plus vraie, plus intéressante, plus scientifique.

Daubenton n'était pas seulement zoologiste ingénieux, anatomiste profond, il s'est montré habile zootechniste. Le bonheur qu'il éprouvait chaque jour au milieu des animaux et des immenses collections dont le Muséum s'enrichissait d'année en année, le conduisit à s'occuper du perfectionnement des animaux domestiques. C'est sur les bêtes à laine qu'il a dirigé principalement ses efforts et ses recherches. Ses connaissances zoologiques, ses études anatomiques l'ayant conduit à supposer que l'état de domesticité avait suffi pour changer le poil du moufflon, qui était le bélier sauvage, en laine d'Espagne, et le poil du mâtin, qui était le chien des Gaules, en poil fin de bichon, il pensa qu'en faisant des essais de mélanges médités de différentes races de béliers et de brebis, on obtiendrait plus sûrement et plus promptement des laines fines que le hasard n'avait pu les produire. En se livrant à de telles expériences, *Daubenton* s'était proposé de faire naître en France des animaux capables de produire des laines aussi fines que celles d'Espagne, afin de libérer la France du tribut énorme qu'elle payait chaque année à cette contrée européenne. Ses expériences furent longues et difficiles, mais il eut la douce consolation de résoudre le problème qu'il s'était posé, et de démontrer que l'intelligence humaine surmonte souvent les obstacles que lui présente la nature. *Daubenton* a consigné ses recherches, ses travaux, les résultats qu'il obtint, dans son *Instruction pour les bergers et les propriétaires de troupeaux*, livre utile encore à l'agriculteur, et qui lui démontre que sans l'étude de la zoologie, il est presque impossible de connaître le naturel des animaux, de modifier leur tempérament, leurs formes et leur structure, et de vaincre l'influence de la nature du sol, du climat et des saisons. Son *Mémoire sur la rumination et le tempérament des bêtes à laine* restera longtemps classique, comme la partie descriptive de son *Histoire naturelle* pour les naturalistes et les agriculteurs.

Les travaux anatomiques de *Daubenton* ont eu d'autres résultats non moins favorables aux progrès de la zootechnie. *Bourgelat*, le célèbre fondateur des écoles de vétérinaire, qu'un penchant naturel avait conduit à aimer le cheval avec passion, comprit bientôt que pour s'occuper activement et fructueusement de la médecine des animaux domestiques, il devait imiter l'illustre collaborateur de *Buffon*, et connaître complétement leur structure anatomique. L'aridité de cette étude n'arrêta pas son œil scrutateur, et, après plusieurs années pendant lesquelles il observa froidement chaque objet qui compose la charpente d'un animal, il publia son *Traité de l'anatomie comparée du cheval, du bœuf et du mouton*, qui fut bientôt suivi d'un *Traité de la conformation extérieure du cheval*. Ces deux ouvrages ont eu pendant longtemps une portée immense : ils ont reculé les bornes qui limitaient la multiplication de l'espèce chevaline, ils ont largement contribué à répandre parmi les populations des lumières propres à modifier et à améliorer quelques-unes des races de chevaux indigènes au sol de notre patrie.

Vicq-d'Azyr, qui a professé l'anatomie comparée à l'école de médecine vétérinaire d'Alfort, et qu'une mort prématurée a ravi à la zoologie et à l'agriculture, a laissé d'importants travaux zoologiques, études anatomiques que l'on doit regarder comme précurseurs de celles qui ont pris naissance dans ces derniers temps. Son *Traité d'anatomie et de physiologie*, et son *Système anatomique des quadrupèdes*,

qui est resté malheureusement incomplet, renferment de hautes et incontestables vérités inconnues jusqu'alors. Les leçons de ce célèbre anatomiste ont porté d'heureux fruits. *Gilbert*, qui eut le bonheur d'apprécier dès son enfance l'importance des études scientifiques, et qui a senti naître un jour sa vocation en lisant l'éloge grandiose que *Buffon* a fait du cheval, après avoir été l'élève de *Bourgelat* et de *Daubenton* devint bientôt leur collègue. Mais en publiant ses *Instructions sur les moyens les plus propres à assurer la propagation des bêtes à laine d'Espagne*, il était loin de penser qu'il partagerait le sort de *Vicq-d'Azyr*, son ancien maître et ami, qu'il succomberait en s'intéressant à la prospérité des sciences et à l'honneur de sa patrie, et que son nom resterait à jamais attaché à l'introduction des mérinos en France et comme naturaliste et comme agriculteur !

Quand on réfléchit aux travaux intellectuels qui ont contribué aux progrès de la zoologie pendant le XVIIIe siècle, on est frappé d'étonnement que Rozier n'ait pas plus vivement senti la nécessité de s'emparer des découvertes dues aux recherches ingénieuses des esprits qui s'étaient proposé d'accroître et de perfectionner l'admirable édifice élevé aux sciences naturelles par *Linné*. *Rozier*, qu'un penchant naturel avait conduit à étudier la physique, la chimie et la botanique, parait être resté presque complétement étranger à l'étude de la zoologie. Son *Cours d'agriculture*, en effet, n'indique, en aucune manière, que la zoologie, vers la fin du siècle dernier, commençait à sortir du chaos, dans lequel elle est restée plongée jusqu'à l'apparition des travaux de *Linné* et de *Buffon*. Ainsi la partie zootechnique ne comporte aucune vérité nouvelle, elle ne devance en aucune manière les travaux de ceux qui s'étaient voués antérieurement à l'étude des animaux soumis en domesticité ; les opinions qu'elle renferme semblent indiquer qu'aucune observation spéciale n'avait été faite sur la composition, l'organisation, la vie des êtres organisés ; que la multiplication des animaux domestiques n'avait été fécondée par aucune étude scientifique, par aucun développement de la pensée. Certes, *Rozier*, qui avait été appelé, en 1763, à la direction de l'école vétérinaire de Lyon, pouvait élargir le cercle de ses travaux et les rendre plus lumineux. En s'imposant la mission d'être l'interprète des dernières études zoologiques dans leur rapport avec l'existence des êtres soumis en domesticité, il aurait enrichi son livre d'observations véritablement utiles à l'agriculteur, il aurait imprimé une impulsion nouvelle à l'éducation des animaux domestiques et précipité leur amélioration. Mais les mammifères et les oiseaux ne sont pas les seules parties où la science de l'observation fait défaut, la description des insectes ne comporte, pour ainsi dire, aucune des recherches faites par les esprits qui se sont immortalisés par leurs observations dans cette branche de la zoologie. Aussi est-on en droit de penser que *Rozier* avait ignoré les admirables travaux de *Réaumur* sur les *Mœurs des insectes*, et les précieuses *Observations entomologiques* de *Fabricius*.

L'époque pendant laquelle *Rozier* publia son Cours d'agriculture, livre dans lequel les erreurs se voilent à chaque page sous un style élégant, fut le berceau de *Cuvier* et de *Lamarck*. Les travaux de *Lamarck* se rattachent assez indirectement à l'étude des animaux domestiques, et c'est en vain qu'on ouvre sa *Philosophie zoologique* avec l'espérance d'y puiser ces détails qui doivent éclairer l'intelligence du zootechniste sur les faits qu'il lui importe de connaître. Toutefois, si les principes qu'il a posés sur l'organisation primitive et rudimentaire des êtres qui vivent et sentent, l'ont conduit à établir pour la première fois, une division entre les animaux vertébrés et ceux invertébrés, division qu'il n'a pu créer qu'après avoir étudié et suivi les progressions des organes et de la vie qui en résulte, l'agriculteur doit plus vivement se préoccuper de cette classification méthodique, que de ses méditations philosophiques qui ne peuvent conduire qu'à des idées tout hypothétiques, quoiqu'elles démontrent combien est grande la progression qui

dut être observée par le Créateur pour la complication des animaux.

G. Cuvier, que l'on regarde à juste titre comme le flambeau de notre époque, a laissé des travaux d'une telle étendue qu'ils ont permis de le considérer comme le créateur de la zoologie moderne. *Cuvier* n'a pas rendu seulement son nom désormais impérissable par ses travaux profonds et vastes sur la paléontologie réelle, dont personne, avant lui, n'avait compris toute l'importance, et par laquelle il retira des mondes entiers de leur ruine; il détermina une foule d'animaux en reconstruisant leur squelette au moyen des débris qu'il arracha au néant; mais il a laissé d'autres études non moins glorieuses pour la France et pour les siècles à venir. *Cuvier*, qui avait été frappé des imperfections que présentait la classification artificielle de *Linné*, se livra à de nombreux travaux de dissections, et après des études et des recherches nombreuses, il revisa la classification des mammifères de concert avec *Geoffroy Saint-Hilaire*. Cette ébauche ne satisfit pas complétement sa pensée, bien qu'elle obtint l'entière approbation des savants les plus distingués, et il entreprit quelque temps après de créer une classification approfondie de tous les êtres des diverses classes. Son *Tableau élémentaire des animaux* fut le prélude de ses immenses travaux qui devaient l'élever au point le plus haut; cet ouvrage, après avoir subi diverses modifications, forma la base de son *Règne animal*, ou classification coordonnée d'après les lois des affinités naturelles. Contrairement aux idées toutes métaphysiques et systématiques qui ont poussé *Lamarck* à suivre un ordre ascendant, et à admettre que la nature procède d'abord par des générations spontanées, hypothèse qui devait conduire ce zoologiste à penser que l'homme était en quelque sorte le complément de la création, et qu'il devait par conséquent procéder du simple au composé, *Cuvier* a fondé sa méthode sur l'ordre descendant, arrangement dans lequel il place les animaux les plus complexes au sommet et ceux les plus simples à la base. Cette classification naturelle, qui était alors l'expression exacte des caractères des animaux, détruisit ces erreurs, ce vague, cette incertitude que la méthode de *Linné* présentait ; elle a donné à la zoologie une importance toute nouvelle , elle l'a établie sur des bases à jamais véritables, et elle a puissamment concouru à hâter ses progrès. Nonobstant , bien que *Cuvier*, se fût déjà occupé activement de l'entomologie, bien qu'il eût modifié avec succès , dans son tableau élémentaire des animaux , la classification des insectes proposée par *Fabricius* , et imprimé une heureuse direction aux études de cette branche de la zoologie , il abandonna à *Latreille* , qui s'était fait connaître par son *Précis des caractères génériques des insectes* , la tâche de grouper ces animaux suivant la méthode qui lui paraîtrait la plus naturelle et de dessiner à grands traits leur physionomie et leurs caractères distinctifs. La classification que *Latreille* a créée a contribué aux progrès rapides que l'entomologie a faits depuis le commencement de ce siècle ; c'est qu'elle a été regardée comme parfaitement naturelle , et qu'elle a détruit les erreurs que présentaient les méthodes artificielles de *Linné*, de *Fabricius*, et celle que *Duméril* avait donnée dans sa *Zoologie analytique.*

Cette coordination du règne animal n'est pas la seule des conceptions ingénieuses de *Cuvier* qui doive fixer l'attention du zootechniste. Ce savant naturaliste a laissé d'autres travaux bien plus utiles au perfectionnement des animaux domestiques. Obligé de faire marcher de front, ainsi qu'il le dit, l'anatomie et la zoologie , les dissections et le classement, afin d'arriver à un système zoologique plus vrai, plus parfait. *Cuvier* fit sortir de cette fécondation mutuelle des deux sciences l'une par l'autre, un corps de doctrine anatomique propre à servir de développement et d'explication à sa méthode naturelle ; et les faits qu'il observa furent coordonnés avec tant de clarté , tant d'harmonie , qu'ils révolutionnèrent les esprits qui ne connaissaient que les travaux anatomiques de *Vic-d'Azyr*, et qu'ils permirent de considérer l'anatomie comparée comme définitivement créée. Tous les riches

et innombrables matériaux qu'il recueillit , lui permirent de suppléer Mertrude dans la chaire du Muséum ; et bientôt ses *Leçons d'anatomie comparée* furent publiées par les soins et la collaboration de MM. *Duméril* et *Duvernoy.* Cet ouvrage monumental a reçu dans ces derniers temps des développements d'une telle importance , qu'il faut le regarder comme complet , et renfermant toutes les lois de conditions d'existence du règne animal. Ces lois ont une telle certitude mathématique , que , par leur concours , on arrive à saisir facilement la clef des principales modifications organiques qui font varier les rapports des êtres animés et des fonctions spéciales qui leur permettent d'exister. Certes, c'est par le concours de tant de prémices matérielles que l'agriculteur parviendra à comprendre combien il lui importe de diriger ses regards vers l'étude de la zoologie, s'il veut connaître ces différences de structure , de force, de développement, que présentent chaque jour les animaux qu'il multiplie ou qu'il veut modifier. Alors qu'il n'était question, pour le zootechniste, que de multiplier les animaux qu'il possède en domesticité , l'anatomie et la physiologie ne lui offraient aucun attrait , aucun intérêt. Aujourd'hui , les conditions qui enveloppent l'existence des êtres soumis à la domestication sont entièrement changées, et le but vers lequel doivent tendre tous les efforts , toutes les pensées du cultivateur, doit être de produire sans cesse des êtres supérieurs à ceux qu'il possède. Or, pour modifier l'organisme par les accouplements , les croisements , ou par l'alimentation , il faut connaître la charpente osseuse, la structure des organes , les fonctions vitales par le concours desquelles les êtres ont la faculté de s'assimiler les molécules nutritives des aliments et l'action de ces derniers sur l'organisme. En donnant aux leçons de *Cuvier* tous les développements qu'elles étaient susceptibles de recevoir, MM. *Duvernoy* et *Laurillard* ont non-seulement donné plus d'importance à l'anatomie comparée , mais ils ont fourni au zootechniste des faits propres à vaincre ses préjugés, détruire ses erreurs, et à agrandir la sphère de son activité et de ses jouissances. Si de tels travaux, si de telles observations étaient plus connus des agriculteurs, ceux-ci auraient déjà obtenu les résultats qu'ils ne peuvent pas encore prétendre réaliser, et qu'ils n'obtiendront évidemment que quand la zoologie marchera de concert dans les écoles d'agriculture avec les autres sciences naturelles, ou que l'anatomie et la physiologie comparées seront plus répandues.

Geoffroy Saint-Hilaire, qui a contribué avec tant d'éclat aux progrès que la science zoologique a faits depuis un demi-siècle, considéra l'étude des êtres organisés sous un point de vue autre que celui sous lequel *Cuvier* les envisagea. Il se livra à une étude sérieuse des rapports des êtres entre eux, et, après des observations nombreuses, il fut convaincu que l'organisation des animaux est soumise à une seule et même loi de composition, à une unité typéale. L'idée qu'il existait des rapports philosophiques entre les animaux avait été, il est vrai, déjà pressentie par *Aristote*, *Newton*, *Buffon*, *Cuvier* et *Vic-d'Azyr*, mais ces savants naturalistes n'avaient envisagé l'unité de composition organique que sous un point de vue théorique, pour ne pas dire historique. C'est à *Geoffroy Saint-Hilaire* qu'était dévolue la tâche de démontrer par des études vraiment scientifiques, et après avoir vérifié les faits signalés, que les animaux sont réellement soumis au même mode d'uniformité, c'est-à-dire qu'il existe bien une analogie caractéristique entre les uns et les autres. Les lois qu'il a déduites des faits qu'il a religieusement observés et qu'il a publiées dans sa *Philosophie anatomique*, ont donné naissance à l'anatomie philosophique, science qui appartient moins au présent qu'à l'avenir, et elles ont eu pour complément celles qu'il forma par le concours de la tératologie. L'anatomie philosophique n'éclaira pas seulement la zoologie; il est certain, aujourd'hui, qu'elle jettera de vives lumières sur les principes qui régissent les croisements et les hybridations des animaux domestiques.

Tous ces travaux scientifiques, empreints d'une facture large, profonde et inattendue, permirent à la science zoologique de s'organiser, de se créer définitivement. Malheureusement les vérités qu'ils proclamèrent n'eurent aucune influence prononcée pendant les trente premières années de ce siècle sur le perfectionnement des animaux domestiques, et ils n'éveillèrent en aucune manière l'attention dès hommes spéciaux. Ce défaut d'action tenait à deux causes profondes; d'abord, au manque de connaissances scientifiques des agriculteurs; ensuite, de ce que les vérités des sciences, toujours difficilement accessibles, ne sont comprises et ne deviennent utiles que par leur application. Or, jusqu'à ce jour, on ne compte que quelques hommes qui se soient voués à la réalisation de leur application dans la multiplication et l'amélioration des animaux vivant en domesticité, et qui aient cherché à déterminer les préceptes généraux et spéciaux qui résultent des lois formulées par la science, et que tout zootechniste doit graver dans son esprit, parce qu'ils lui permettent de poursuivre fructueusement la réalisation de ses espérances. *Bosc* est, sans contredit, celui qui, de nos jours, avait mieux compris l'importance de la lumière des sciences pour un agriculteur, et le brillant avenir qui était réservé à la botanique et à la zoologie, sciences par le concours desquelles l'homme peut modifier, altérer, perfectionner les plantes et les animaux que Dieu a créés pour son usage. Ainsi, dans le *Cours complet d'agriculture*, il se préoccupa des mammifères et des insectes nuisibles à l'agriculture, et les travaux qu'il a laissés, les faits nombreux qu'il y a constatés, les données positives qu'il a fait connaître, témoignent hautement de l'importance qu'il attachait à l'étude des sciences naturelles. Quant aux ruminants et aux pachydermes domestiques, ils n'ont pas été décrits, étudiés, comme ils auraient dû l'être. Les détails que *Tessier* a donnés sur les bêtes bovines et celles ovines sont vrais, mais ils ne sont qu'historiques. Ce fait n'a rien qui étonne. À l'époque où écrivaient et

Tessier et *Parmentier*, on ne se préoccupait, et au sein des Sociétés d'agriculture et au milieu des champs, que du terre à terre de la vie agricole. Ainsi, il n'était question alors que de simplifier les procédés de culture, de perfectionner les instruments et les machines agricoles, d'encourager la découverte de nouveaux moyens de fertilisation, la propagation des plantes fourragères, et le perfectionnement de celles destinées à la sustentation de la société. Les seuls animaux qui ont un peu préoccupé, pendant cette période, les hommes instruits et ceux fortunés sont les moutons mérinos et les chevaux pur sang. Les premiers attiraient l'attention publique, parce que les toisons qui les recouvraient étaient fort belles et fournissaient des laines fines, et non parce qu'ils manquaient de précocité, qu'ils s'engraissaient lentement, et que leur viande était de qualité imparfaite ; les seconds furent l'objet d'études spéciales, de soins particuliers, non parce que leur organisme était imparfait, leur condition physiologique mauvaise, leurs caractères physiques défectueux, mais bien parce que, d'un côté, les courses de chevaux venaient d'être importées en France, et que le gouvernement accordait des récompenses aux étalons de races supérieures, primes qui rehaussaient l'orgueil de ceux qui avaient été assez heureux pour les obtenir, et que, de l'autre, on avait agrandi le cercle de l'enseignement scientifique au sein des écoles vétérinaires qui s'occupaient exclusivement de l'étude du cheval.

Toutefois, cette vive impulsion imprimée de part et d'autre à l'étude de l'espèce chevaline ne fut pas sans résultats heureux pour la zootechnie ; *N. F. Girard* dota cette branche de la zoologie de remarques et d'observations très-judicieuses faites sur le système dentaire du cheval, qui furent plus tard complétées par des détails importants constatés par **M.** *J. Girard* sur le développement et les caractères des dents des autres animaux domestiques. Certes, ce n'est pas sans raison que l'on a considéré son *Traité de l'âge du cheval* comme le complément du remarquable travail de *F. Cuvier* sur les

Dents des mammifères, qui a jeté tant de lumières sur la structure et la physionomie de ces organes. Mais ce livre, et son *Traité du pied*, ne sont pas les seuls travaux scientifiques qui aient rendu son nom si cher aux hommes qui se sont voués à l'étude des animaux soumis à l'état de domesticité. Convaincu que le traité d'anatomie de *Bourgelat* n'était pas en rapport avec les progrès faits par l'anatomie comparée, **M.** *J. Girard* s'arma d'un scalpel, et, après des études suivies, qui lui permirent de surmonter toutes les difficultés que présentaient alors des études aussi spéciales, il publia son *Traité d'anatomie vétérinaire*, qui a agrandi glorieusement le cercle dans lequel *Cuvier* avait été obligé de se renfermer. Ce livre, qui est un examen complet, judicieux et sévère de tous les organes et des fonctions qu'ils exécutent, qui caractérise avec bonheur les différences d'organisation, de structure, existant entre les quadrupèdes domestiques, doit être regardé comme le véritable précurseur des études anatomiques de *Rigot*, qu'une mort prématurée a ravi, il y a quelques années, à la médecine vétérinaire. Il appartenait, en effet, à l'élève de **M.** *J. Girard*, de diriger ses investigations dans les animaux domestiques, et notamment dans le cheval et le bœuf, et de s'éloigner, dans ses travaux, de la route suivie jusqu'alors par ceux qui l'avaient précédé dans de telles études. Malheureusement, son *Traité de l'anatomie des animaux domestiques* est resté incomplet. Nonobstant, les travaux qu'il a laissés sur la syndesmologie, l'ostéologie, la myologie et l'angéiologie, ont rendu désormais son nom impérissable parmi les anatomistes spéciaux ; et il est certain que ses études révèlent des secrets que la nature tenait encore cachés, résultats qui font comprendre combien ont dû être grandes, sérieuses, ardues, les investigations auxquelles il s'est livrées, et qui permettent d'apprécier la perte, peut-être irréparable, que la zootechnie a faite quand *Rigot* lui a été enlevé !

Toutefois, je dois le reconnaître, ces travaux de la pensée ne sont pas les seuls qui furent publiés vers 1825, sur les animaux domestiques ; mais c'est en vain qu'on voudrait considérer les ouvrages dont on a enrichi l'agriculture à cette époque comme ayant eu une grande influence sur le perfectionnement de nos races. Il est vrai que quelques-uns témoignent des recherches, des observations nombreuses, mais, en général, ces livres ne considèrent l'éducation et même l'amélioration du bétail que sous son côté pratique et opératoire. Si quelques ouvrages présentent des considérations d'un ordre plus élevé, celles-ci se rattachent entièrement à des idées administratives, statistiques et politiques. Cela est si vrai, que la plupart de ces livres ont aujourd'hui presque entièrement disparu de la pensée du cultivateur et des intelligences spéciales, bien qu'ils eussent été écrits par des hommes d'un haut mérite.

Les écoles de Roville et de Grignon ne dirigèrent nullement les idées des zootechnistes vers des études plus réfléchies, plus complexes, plus scientifiques. C'est que la scolastique de ces universités agricoles avait pour but unique de compléter la pensée de ceux qui, dans les premières années de ce siècle, s'étaient proposé de diminuer l'étendue consacrée annuellement aux jachères. Il est vrai que par le fait de l'extension qui fut donnée à la culture des fourrages, les animaux domestiques augmentèrent en nombre ; mais, malgré cet accroissement, ce changement d'état des choses, qui fut réellement le seul qu'on put constater, les animaux restèrent généralement ce qu'ils avaient été, et ce n'est que çà et là qu'il fut possible de remarquer quelques différences dans leurs formes, quelques changements dans leur structure.

L'époque actuelle vient de modifier de la manière la plus éclatante et la plus heureuse la voie suivie par ceux qui, s'occupant de l'étude des races domestiques, se sont plutôt appliqués à découvrir, à constater des faits, qu'à en chercher l'explication et les causes, et en ce moment une ère nouvelle s'ouvre pour le zootechniste. Cette voie s'est fait jour sous l'influence des méditations les plus sagaces des esprits doués de volonté et d'intelligence, qui, après avoir rapproché les faits des principes, ont voulu déduire de la science zoologique des lois générales et même spéciales au perfectionnement des animaux domestiques et à la domestication d'espèces, d'individus jusqu'alors inconnus de l'agriculteur, et hâter le moment où cette application pourrait être réalisée au profit de la société de tous les temps. Cette conception, aussi large qu'imprévue, des siècles passés, a amené une véritable révolution dans la science technologique qui s'occupe de la multiplication et du perfectionnement des animaux, révolution qu'il faut considérer comme le prélude de l'amélioration graduelle, progressive et constante à laquelle nos races doivent parvenir dans l'intérêt de l'humanité et qui vient d'enchaîner des adeptes en grand nombre, parmi lesquels on distingue MM. *A. Richard*, *Eug. Gayot* et *H. Magne*. Parmi les novateurs zoologistes qui ont creusé le sillon qui doit conduire le cultivateur dans la voie de la vérité et du progrès, on aime à proclamer M. *Isidore Geoffroy-Saint-Hilaire* qui a révélé avec tant d'éclat les mystères de l'évolution des êtres, les déformations des organismes ou les *anomalies de l'organisation chez les animaux*. Les travaux de ce savant zoologiste auront des conséquences immenses dans leur résultat ; c'est qu'après s'être préoccupé de la science philosophique et spéculative, il a abordé l'étude de ses applications pratiques, profondément pénétré qu'il était que toutes les sciences doivent concourir au bien de la société. Déjà, l'agriculture lui doit des considérations philosophiques remarquables par leur profondeur, par la justesse de leurs aperçus sur la *domestication et l'acclimatation des animaux*, études qui avaient été complétement abandonnées des zoologistes depuis *Buffon* et *Daubenton*. Ce n'est pas de nos jours seulement que M. *I. Geoffroy-Saint-Hilaire* a aperçu à l'horizon l'opportunité de tels travaux. Il y a plusieurs années, ses études l'entraînèrent sur un terrain d'où il devait faire briller des lumières nouvelles et presque inconnues aux esprits qui avaient cru que le perfectionnement des animaux se rattache exclusivement à l'initiation de la pratique, et qui étaient loin de penser que la zootechnie, cette branche nouvelle de la zoologie, est à la fois mathématique et physiologique. Ces études qui viennent remplir avec tant de bonheur la lacune qu'offrait la zoologie dans ses progrès actuels, qui le conduisirent et l'obligent encore à insister pour qu'un établissement de naturalisation soit créé dans le midi de notre patrie, dans lequel on soumettrait le Lama, l'Alpaca, la Vigogne, etc., à des études sérieuses et suivies, ces études, dis-je, qui sont plutôt destinées à profiter aux générations nouvelles qu'à celles actuelles, ont eu pour complément les travaux de M. *Flourens* sur *l'instinct et l'intelligence des animaux*, sentiment et faculté naturels dignes des méditations du zootechniste et par l'étude desquels il parvient à saisir combien l'homme l'emporte sur l'animal.

Je m'arrête. Je ne prolongerai pas cet exposé en rappelant les travaux des entomologistes modernes dans leurs rapports avec la multiplication des insectes utiles ou nuisibles; j'ai l'espérance d'avoir suffisamment démontré l'étroite solidarité qui existe entre la zoologie et la zootechnie, bien que je ne sois entré dans des détails spéciaux, dans l'énumération de faits particuliers appartenant à la science ou à la pratique. Toutefois, je ne puis terminer ces considérations rapides sans rapporter, de M. *Isidore Geoffroy-Saint-Hilaire*, ces paroles pleines de vérité : « L'étude des animaux domestiques, » dit-il, est, jusqu'à ce jour, restée » presque entièrement en dehors de la » zoologie et surtout de la physiologie. » Les naturalistes ont paru croire qu'il » leur suffisait d'avoir rapporté d'une » manière générale les innombrables » variétés de ces animaux à l'influence » de la domesticité, et de les avoir in-» scrites, comme en appendice, à la » suite des diverses espèces dont elles » sont ou dont on les suppose issues. » Pour l'analyse approfondie de leurs » caractères extérieurs et des modifica-» tions de leur organisation interne, » pour l'observation de leurs mœurs, » pour la détermination de leur patrie, » à peine a-t-on admis qu'il pût être » utile de s'en occuper, et de discuter » toutes ces questions à l'égard des » races utiles à l'homme, avec un peu » de cet intérêt qu'inspire d'ordinaire » leur solution dès qu'il s'agit d'une co-» quille nouvelle ou d'un passereau » exotique (1). » Espérons que l'époque où ces considérations si graves, si évidentes, si pleines d'actualité, perdront de leur utilité, de leur opportunité, n'est pas éloignée de notre ère! Le jour où les naturalistes se préoccuperont complétement d'élever un édifice à la zootechnie, une nouvelle lumière jaillira aux yeux de l'agriculteur, et celui-ci ne redoutera plus d'attaquer les questions les plus ardues que présente le perfectionnement de nos races domestiques.

---

(1) *Essai de zoologie générale*, 1841, p. 262

COURS

DE

ZOOLOGIE AGRICOLE

PROFESSÉ

A GRAND-JOUAN,

Par M. Gustave HEUZÉ,

AGRICULTEUR, SOUS-DIRECTEUR ET PROFESSEUR DE L'INSTITUT AGRICOLE DE GRAND-JOUAN.

(EXTRAIT DE L'AGRICULTEUR FRANÇAIS.)

---

*Définition, but, importance, division
de la Zoologie agricole.*

La zoologie est, sans contredit, la partie la plus importante de l'agriculture et de l'économie rurale : elle embrasse tous les animaux que l'homme a contraint de vivre avec lui après avoir subjugué leurs passions ou leur inclination naturelle, modifié leur structure et perfectionné leur qualité. Ces animaux, qui sont réduits à l'état de domesticité, servent, soit à la culture des terres, soit à la nourriture de la société, soit enfin à la production de quelques substances propres à l'industrie.

Dans la classification générale du règne animal, les animaux domestiques appartiennent à quatre grandes classes :

1° Les MAMMIFÈRES, ou animaux lactifères, portant une mâchoire munie de dents, et ayant des appendices locomoteurs au nombre de quatre et des téguments couverts de poil ou de laine, ont été classés en cinq ordres :

1° Les *solipèdes :* le cheval, l'âne et le mulet ;

2° Les *ruminants :* le bœuf, le mouton, la chèvre ;

3° Les *pachydermes :* le cochon ;

4° Les *carnassiers :* le chien, le chat ;

5° Les *rongeurs :* le lapin.

2° Les OISEAUX, ou animaux ovipares à enveloppe calcaire, portant une mâchoire privée de dents, et ayant des appendices locomoteurs consistant en deux pieds et en deux ailes, et des téguments couverts de plumes superposées, ont été divisés en deux classes :

1° Les *gallinacées :* la poule, le dindon, le pigeon ;

2° Les *palmipèdes :* le canard, l'oie.

3° Les INSECTES, ou animaux ovipares respirant au moyen de trachées, ayant des appendices locomoteurs consistant en six pattes et en deux ou quatre ailes, subissant des métamorphoses avec l'âge, et n'engendrant qu'une fois, ont été divisés en deux classes :

1° Les *hyménoptères* : les abeilles ;

2° Les *lépidoptères* : les vers à soie

4° Les POISSONS, ou animaux ovipares sans enveloppe calcaire, n'ayant pour appendices de locomotion que des nageoires, étant fécondés sans accouplement et ayant pour téguments des écailles, comprennent : le brochet, la carpe, la tanche, la perche, le gardon et l'anguille.

L'agriculture n'a point égard à la classe, à l'ordre, à la famille, au genre, établis par la science, et auxquels appartiennent les animaux domestiques ; elle donne aux uns le nom

De *bêtes de travail* ou de *trait* ;

Aux autres elle applique la dénomination

De *bêtes de rente* ou de *produit*.

Sous le nom de bêtes de travail, elle comprend tous les animaux qui sont employés à tirer et à porter des fardeaux, comme le cheval, l'âne, le mulet, le bœuf, le taureau et la vache.

Sous celui de bêtes de rente, elle range tous les animaux que l'homme des champs entretient ou qu'il élève pour leurs produits matériels, comme la vache, le mouton, le cochon, la chèvre, le lapin, et tous les oiseaux élevés en domesticité.

Quant au chien et au chat, elle leur donne le nom d'*animaux de service*.

Enfin la pratique agricole désigne sous le nom collectif de

Bêtes chevalines : le cheval, l'âne et le mulet ;

Bêtes bovines : le bœuf et la vache ;

Bêtes ovines : le mouton et la brebis ;

Bêtes porcines : le porc et la truie ;

Bêtes caprines : le bouc et la chèvre ;

Gros bétail : le bœuf, la vache, le cheval ;

Menu bétail : le mouton, le porc, la chèvre ;

Bêtes à laine : le bélier, la brebis, le mouton ;

Bêtes à cornes : le bœuf, la vache, le taureau ;

Oiseaux de basse-cour : la poule, l'oie, le canard, le dindon ;

Oiseaux de colombier : le pigeon.

Tous ces animaux ont des produits bien différents, et ils nous sont utiles sous bien des rapports. Les uns nous servent pendant leur existence :

1° Par leur intelligence ;

2° Par leur force ;

3° Par leurs produits ;

4° Par leurs déjections.

Les autres nous sont utiles, après leur mort, par leurs produits qui

1° Nous alimentent ;

2° Nous vêtissent et servent à nos besoins, aux arts et à l'industrie.

1° Les animaux domestiques qui nous sont utiles par leur intelligence sont : le *cheval*, qui vit sans cesse sous le joug de la volonté de l'homme, partage sa joie, sa gloire, sa douleur et son péril ; le *chien*, le gardien fidèle du troupeau et de l'habitation du laboureur, le serviteur le plus attaché à son maître, le compagnon et l'ami de l'homme, l'ennemi des animaux nuisibles ; le *chat* , qui sert à détruire les animaux qui dévastent nos habitations, nos granges , nos greniers et nos champs.

B Les animaux chez lesquels on fait usage de la force, de l'énergie, sont : le *cheval*, qui sert comme le *bœuf* et la *vache*, au labour , à la traction des voitures, au mouvement des machines, pour détruire l'inertie des corps ; l'*âne* et le *mulet*, qui sont aussi employés à tirer, mais plus spécialement à porter des fardeaux dans les pays très-accidentés, parce qu'ils retiennent mieux que le cheval dans les descentes , se fatiguent moins dans les montées et tournent plus aisément.

C Les produits que nous demandons aux animaux domestiques pendant leur vie , sont : le *lait*, que nous fournissent la vache, la chèvre et la brebis ; la *laine*, que nous procurent les moutons et les brebis ; le *crin*, obtenu sur les chevaux ; le *duvet*, que nous enlevons aux chèvres ; la *plume*, que nous donnent les oies, les canards ; les *œufs*, que nous fournissent les poules ; le *miel* et la *cire*, que nous procurent les abeilles.

D Les engrais et les fumiers que nous fournissent les animaux qui ornent nos fermes, ne sont pas des produits que nous demandons en première ligne ; ces matières ne sont pour l'agriculteur que des produits indirects, et cependant elles sont nécessaires pour maintenir ou accroître la fertilité de la terre. Les fumiers sont produits en plus ou moins grande quantité selon l'espèce d'animaux, la nourriture, le but que l'on s'est proposé dans l'alimentation et l'empaillement, et leurs propriétés varient suivant les fonctions et l'organisation des individus qui les ont produits ; néanmoins le cheval et le mouton nous fournissent des *fumiers chauds* ; le bœuf, la vache et le porc nous donnent des *fumiers froids* ; les pigeons nous fournissent *la colombine* et les volailles *la fiente*.

E. Après leur mort, le bœuf, la vache, le veau, le mouton, la brebis, le chevreau, le porc, etc., nous fournissent de *la chair*, *du sang*, de *la graisse* qui alimentent les boucheries et les charcuteries et constituent nos aliments les plus nutritifs ; les dindons, les oies, les canards, les poules, les poulets, les chapons, les poulardes, les pigeons, les lapins alimentent les marchés à volaille et nous procurent des denrées de consommation non moins substantielles, mais peut-être plus délicates ; enfin le brochet.

l'anguille, la carpe, la tanche, la brème, sont pour notre existence des richesses non moins précieuses.

F. Enfin, nous enlevons encore sur les animaux domestiques, après leur mort : des PEAUX que préparent les tanneurs, mégissiers, chamoiseurs, corroyeurs, hongroyeurs et parcheminiers : celle du *cheval* est la matière première du sellier-carossier, bourrelier, layetier ; celles de l'*âne* servent à la reliure des livres, à la confection des tambours, des tamis, des cribles, des parchemins grossiers ; celles du *bœuf* et de la *vache* sont utilisées de préférence par les cordonniers et les selliers pour la confection d'équipages de luxe ; celle du *mouton* sert à faire des tabliers pour les ouvriers et de la basane et, comme celle de la chèvre, elle sert à la confection des gants, des culottes, des souliers, du parchemin et de la maroquine ; celle du *cochon*, après avoir été tannée, forme d'excellents cuirs employés par les selliers ; les peaux de *chèvre* garnies de leurs poils servent à la confection des outres et des vêtements dits par-dessus ; celles de *chien* font parfois d'excellentes fourrures, et celles de *chat* des pelleteries. Des os mis en œuvre par les tabletiers, boutonniers, couteliers, bimbelotiers, évantaillistes ; réduites en poudre, ces matières sont employées en agriculture comme engrais : calcinées, elles servent à la fabrication du noir d'os, noir d'ivoire ; converties en colle, elles sont employées dans la fabrication des chapeaux et l'apprêt des toiles de coton. De la CHAIR qui sert à la nourriture des porcs, des volailles, et que l'agriculture emploie à fumer les terres. Du SANG qui nourrit les volailles, engraisse les terres, qui entre dans la fabrication du bleu de Prusse, du noir qui sert à la clarification du sucre et des sirops, que l'on emploie en agriculture pour donner de la solidité aux aires en terre de grange. Du SUIF que l'on retire du bœuf et du mouton et qui est spécialement employé à la fabrication de la chandelle. De la GRAISSE que fournissent le *cheval*, l'*âne* et le *porc* ; celle des premiers est employée comme le suif par les fabricants de savon, mais elle sert principalement à la préparation des peaux, à la fabrication de l'huile employée par les émailleurs ; celle du porc, en vieillissant, forme le vieux oing employé pour graisser les charrettes, diminuer le frottement des machines. De l'HUILE que l'on retire des *pieds de bœufs* et qui sert à l'éclairage, à l'assouplissement des cuirs. Des

BOYAUX qui forment la baudruche , que l'on emploie en agriculture comme engrais ; ceux de *chat* et de *moutons* servent principalement à la fabrication de cordes à boyaux. Des TENDONS qui servent à la fabrication de la colle forte. Des CORNES, SABOTS et ONGLONS avec lesquels les tabletiers fabriquent des peignes, des boîtes, des manches de couteaux , des lanternes et divers objets de bimbeloterie. Des CRINS, de la BOURRE qui sont employés par les bourreliers, tapissiers, selliers, et les maçons pour fabriquer le blanc de bourre ; les crins de *cheval* servent principalement aux matelassiers, aux fabricants de cordes de crins, de crinoline. Du POIL que fournit le *lapin* et qui sert à la confection des chapeaux, des gants, des bonnets. De LAINE qui, lorsqu'elle est adhérente à la peau, forme les housses utilisées par les bourreliers. Des PLUMES que l'on arrache des ailes et de la queue des oies et qui constituent le bout d'aile ou la penne dont nous nous servons pour écrire. Du DUVET que nous fournissent les volailles pour confectionner des matelas , des traversins, des édredons. Enfin la SOIE, qui nous est fournie par le cocon du *bombyx* dit ver à soie.

La zoologie agricole s'occupe de toutes ces productions , c'est-à-dire elle étudie les animaux les plus utiles à l'homme sous tous les points de vue de leur existence. D'abord, elle examine les rapports qui existent entre l'éducation , l'amélioration et l'engraissement; l'influence des agents atmosphériques, du sol, de la nourriture, des systèmes de culture, etc. , sur l'existence animale ; elle recherche les moyens qui permettent au cultivateur d'éviter les dégénérations et de précipiter l'amélioration des animaux qu'il multiplie; elle établit des règles fixes et invariables d'après lesquelles ont lieu l'appareillement , le croisement ; elle rappelle l'examen que l'on doit faire des reproducteurs, l'influence du père et de la mère sur les descendants, la transmissibilité par voie de génération des qualités et des défauts, et les avantages et les inconvénients qui résultent de l'introduction d'une race étrangère. Après avoir déterminé ces principes, la zoologie agricole étudie les substances alimentaires , elle détermine les rations d'entretien et de production, et cherche à connaître les effets des aliments sur les divers systèmes organiques. Alors elle étudie chaque espèce d'animaux domestiques en particulier : elle s'occupe des différentes races, de leur mul-

tiplication , de l'élevage, de l'alimentation, de l'entretien , des services auxquels on les destine , etc. , etc., et analyse leurs rapports avec l'ensemble de la culture proprement dite et l'économie rurale. Enfin , la zoologie agricole s'occupant des produits de chaque race, rappelle les limites étroites dans lesquelles la pratique de l'engraissement est enchaînée, les transformations que nous avons à faire subir aux produits pour qu'ils soient appropriés à nos besoins, à ceux du commerce et de l'industrie.

Cet exposé du plan que nous nous sommes tracé, démontre toute l'importance que nous attachons à l'étude des animaux domestiques qui est en ce moment une question toute vitale. C'est que les bestiaux sont les véritables auxiliaires de la fécondité de la terre , et que l'agriculture de notre patrie ne sera réelle et prospère que lorsqu'elle produira tous les animaux nécessaires à l'existence de la société. On a dit, dans ces derniers temps , que si les animaux étaient pour l'humanité une denrée de nécessité première, leur existence n'était plus aussi impérieuse pour que la fertilité de la terre augmente en même temps que l'intelligence agricole se développe, parce que l'agriculture possède aujourd'hui de puissants moyens de fertilisation qu'elle crée suivant la volonté, et qui suppléent victorieusement aux fumiers : ce raisonnement est une erreur grave. La question des bestiaux se lie à celle des céréales d'une manière inséparable. Buffon a dit : *à côté d'un pain il naît un homme* ; mais pour que cet aliment puisse apparaître à la surface de la terre , il faut une puissance indépendante de la volonté humaine, et cette cause c'est la machine animale. De là résulte, selon nous, cette maxime qui doit être regardée comme le principe de la stabilité de l'équilibre social et de la diminution du paupérisme : *à côté d'un animal, il naît une famille;* cette pensée n'est point une utopie. L'homme, ce roi des animaux, a dit l'immortel Cuvier, ne subsiste qu'à leurs dépens, et c'est leur multiplication qui fait la base de la science ; n'ayez point assez de bestiaux, et bientôt les champs effrités ne représenteront plus qu'un sol aride et épuisé qui refusera de reproduire le pain que le peuple demandera en tumulte. Si quelques provinces ou même quelques fermes ont trouvé dans les découvertes faites par la chimie, quelques procédés de fabrication d'engrais sans le secours de la machine animale.

l'agriculture entière de notre pays ne peut se contenter de moyens d'action aussi faibles. Non-seulement, il est reconnu aujourd'hui parmi toutes les populations agricoles, même les moins éclairées, qu'il n'est pas d'agriculture lucrative possible sans le concours d'animaux domestiques, mais on sait encore que les bestiaux sont les seules machines que nous possédions sur lesquelles nous réalisons en argent la valeur des plantes fourragères qui ne peuvent être converties en foin et la production herbacée trop faible pour être séparée du sol. « C'est chose confessée d'un chacun, a dit le patriarche de l'agriculture française, que le plus assuré gain, est celui qui vient avec le moins de coust : sur laquelle maxime estant fondé Caton, oracle de son temps, donna ceste tant notable response : *que pour devenir bien riche falloit bien paistre : pour estre moyennement riche, moyennement paistre :* et interrogé plus outre, *pour estre riche, mal paistre :* voulant dire par tel rude avis, qu'encores qu'on soit mal entendu au gouvernement du bestail, ne laisse-on pourtant d'en tirer profit. Par où il semble vouloir conclure, le nourrir du bestail, estre l'unique moyen pour bien faire des besongnes en mesnage, et que les autres biens de la terre ne sont qu'accessoires du bestail, d'autant qu'avec peu de despence il s'entretient, eu esgard à celle qu'il convient de faire pour le recouvrement des blés et des vins (1) ! »

PRÉLIMINAIRES.

De l'espèce, de la race, de la variété, du métis, de l'hybride et du genre.

La zoologie désigne sous le nom d'*espèces*, les familles d'individus qui descendent les uns des autres par un mode direct et constant de génération et qui se ressemblent entre eux beaucoup plus qu'ils ne ressemblent à d'autres. Les espèces sont éternelles, c'est à-dire elles ont une durée indéterminée. Il suit de là, que les espèces organiques ne subsistent qu'en vertu de la propriété naturelle qu'elles possèdent de pouvoir reproduire des êtres qui ont la même organisation physiologique. Ainsi, on a constaté dans les individus l'ensemble des caractères qui distinguent l'espèce à laquelle ils appartiennent de toutes les autres espèces du règne animal. L'espèce du bœuf, par exemple, se compose de tous les individus qui ont vécu, vivent ou vivront sur la terre. Et ceux-ci différeront toujours du cheval par la nature de leurs fonctions : la mastication, la digestion, la locomotion, les sensations, etc.

Sous le nom de *races*, elle comprend les individus qui ont éprouvé des modifications ou des changements sous l'influence du climat, de la nature du sol, de la nourriture, de la domesticité, de l'éducation, etc., et qui peuvent se multiplier par voie de génération. Les races sont pour ainsi dire infinies, et aucune ne ressemble parfaitement à une autre. Et quoiqu'elles puissent transmettre à leurs descendants les caractères qui les différencient, on doit reconnaître qu'elles ne peuvent pas toujours se perpétuer sans s'altérer. Il faut, pour qu'il existe entre elles une démarcation bien apparente, les propager à force de soins, les placer sans cesse sous l'empire des causes qui ont produit les signes distinctifs qui les caractérisent : c'est ainsi que l'on maintient le volume, les formes, la stature chez quelques animaux en les confinant dans de gras pâturages ou en les nourrissant à l'étable ou à l'écurie avec des substances abondantes mais humides. Ainsi le cheval poitevin doit ses formes massives, son poids considérable à l'humidité du sol, du climat, des plantes distinguant le Bas-Poitou ; et la légèreté, l'élégance du cheval limousin résultent de la nature sèche du sol, de la qualité nutritive des plantes et de la température qui est plus calorifique. Ces deux individus forment deux races appartenant à l'espèce chevaline. Quoi qu'il en soit, les races sont peu durables, et il n'est pas rare de voir parmi les animaux domestiques, des races disparaître, s'éteindre complètement, et d'autres apparaître sous l'empire des soins ou de l'incurie de l'homme avec d'autres caractères, c'est-à-dire former de nouvelles branches qui semblent entièrement dissemblables par leurs qualités ou leurs défauts. Mais ces nouveaux individus peuvent aussi se perpétuer et transmettre à leurs produits les qualités qu'ils possèdent et l'anomalie qui les caractérise.

Sous le nom de *variétés*, on désigne des animaux qui se distinguent des individus de la généralité de l'espèce à laquelle ils appartiennent. Parmi les modifications qu'éprouvent les individus qui constituent des variétés, quelques-unes peuvent se reproduire durant

(1) *Théâtre d'agriculture*, par Olivier de Serres, pag. 501, t. I,

un temps plus ou moins long par la génération, de manière à constituer des groupes aussi distincts que les races le sont entre elles. Ainsi, le cheval boulonnais du pays de Caux, celui du pays picard, sont deux variétés de la race boulonnaise quoiqu'ils possèdent des caractères assez différents.

Sous la dénomination de *métis*, on désigne le produit de l'alliance entre deux individus de la même espèce, mais de races dissemblables. Les métis n'héritent pas en proportions égales des qualités ou des défauts des deux reproducteurs ; tantôt ils tiennent du père pour la conformation et la vigueur, tantôt ils participent de la femelle pour la taille, mais au fond les métis n'ont pas plus les caractères de l'un que les signes distinctifs de l'autre, et on ne les perpétue qu'à force de soins. Toutefois, il est des individus métis qui se rapprochent davantage du type considéré comme améliorateur ; ce fait s'observe principalement lorsque ce dernier est remarquable par sa *constance*. Nonobstant, le métis peut transmettre à ses descendants les qualités dont il a hérité.

Enfin, on donne le nom d'*hybrides* aux individus qui résultent de l'accouplement de deux espèces appartenant au même *genre*. Sous cette dernière dénomination, on désigne un groupe d'espèces s'enchaînant mutuellement par des analogies de structure et de forme. Ainsi le cheval et l'âne, le chien et le loup, le porc et le sanglier forment des genres, parce qu'ils se ressemblent l'un à l'autre par des caractères essentiels de spécification. Les hybrides constituent des espèces nouvelles qui ont certaines ressemblances avec les espèces auxquelles elles doivent l'existence. Ainsi le mulet, animal résultant de l'accouplement de la jument et de l'âne, est un hybride. La plupart des hybrides peuvent se reproduire : ils sont généralement féconds ; mais on évite toujours qu'ils accouplent. Les règles zoologiques ne permettent pas de supposer un seul instant qu'il en résulterait un avantage pour l'agriculture. Les caractères qui distinguent ces individus sont trop fugaces, pour qu'après quelques générations les produits puissent apparaître avec tous les signes distinctifs de l'hybride, premier reproducteur de cette survivance organique.

De la multiplication, de l'élevage, de l'éducation, de l'entretien, de l'amélioration et de l'engraissement des animaux domestiques.

On peut définir la *multiplication*, l'action de propager les races d'animaux par l'accouplement sans chercher à modifier leurs formes et leur stature ; ici on cherche seulement à éviter une dégénérescence. Et pour parvenir à ce résultat on contrarie, par un bon choix dans les reproducteurs, un appareillement judicieux, l'action secrète de la nature qui tend sans cesse à ramener les animaux domestiques à leur état primitif ; mais la multiplication ne pourra être favorable au cultivateur qu'autant que celui-ci se sera préalablement rendu compte de la destinée ultérieure des produits.

Le mot *élevage* indique les soins particuliers que réclament les espèces et les races depuis leur naissance jusqu'à leur âge adulte. En d'autres termes, l'élevage est l'art d'élever les animaux domestiques. Cette pratique, si simple en apparence, est difficile en réalité ; elle est régie par des principes qui déterminent d'une manière rigoureuses, les soins, le régime, les locaux que demande chacune des espèces d'animaux, eu égard à leur constitution organique, au climat, au sol qu'elles habitent. L'élevage a une puissance marquée sur la permanence des races et la constance des individus. C'est par son concours que dans un grand nombre de circonstances le cultivateur prévient la dégénérescence des individus.

Par *éducation*, on doit entendre la manière de gouverner, de dresser les animaux quels qu'ils soient ; le bœuf comme le cheval, le mouton comme le porc, demandent à être conduits avec douceur. Mais de tous les animaux domestiques, ceux dont il faut plus spécialement soigner l'éducation, sont le cheval et le bœuf, à cause des services auxquels on les destine. Le cheval aime les caresses de l'homme, il plie et folâtre sous son influence : son intelligence, son élasticité, sa souplesse le rendent agréable et majestueux sous tous les climats ; quant au bœuf, il n'est pas moins sociable que le cheval ; il obéit à la voix et s'attache à l'homme qui le nourrit. C'est donc à tort qu'on négligerait l'éducation des animaux soumis à l'état de domesticité ; sans elle le cheval serait moins utile à l'homme, le bœuf conserverait son caractère de sauvagerie, et la vache d'abandonnerait plus à des mains caressantes le lait qui remplit ses mammelles.

Le mot *entretien* s'applique aux individus adultes que le cultivateur nourrit et qu'il destine au travail, à la reproduction ou à la production d'une denrée nécessaire à l'existence humaine ou aux besoins de l'industrie et du commerce. Cette partie est une des plus compliquées, des plus difficiles de la zoologie agricole ; car il ne suffit pas de savoir et pouvoir multiplier les animaux, il faut encore connaître les soins, les nourritures qui s'allient avec leur destination ultérieure. Ainsi, par exemple, le bœuf à l'engrais ne doit pas être soumis aux mêmes règles hygiéniques que le bœuf de travail, la vache laitière ne peut participer aux soins, à la nourriture que réclame la vache qui traîne chaque jour une charrue.

L'amélioration nous représente tous les efforts, tous les soins du cultivateur qui tendent à rendre les animaux qu'il possède plus parfaits, plus utiles en changeant leurs formes, augmentant ou diminuant leur stature ; en leur donnant plus d'aptitude au travail, à l'engraissement, à la production du lait ; en métamorphosant une laine longue, grossière, vrillée, en une laine fine, ondulée, tassée, etc. Toutefois, pour que l'amélioration soit réellement un perfectionnement, il est nécessaire que les animaux modifiés puissent vivre sur l'exploitation qui a nourri les types procréateurs. Si la production fourragère, la fertilité du sol ne répondent pas aux exigences des individus qui ont éprouvé des modifications, si ceux-ci exigent d'autres nourritures que celles produites sur la ferme, l'amélioration, aux yeux du praticien, n'est pas autre chose qu'une dégénération. Nonobstant, tout animal qui, sous l'influence de causes diverses, s'éloignera sensiblement d'un ou des deux animaux qui l'auront produit et qui pourra transmettre par génération les modifications favorables qui lui auront été imprimées, devra être regardé comme animal amélioré.

Enfin, par *engraissement*, on désigne la pratique par laquelle on augmente la quantité de graisse ou de viande chez les animaux domestiques. Engraisser un animal est donc augmenter son embonpoint dans le but de rendre son suif plus abondant et sa viande plus savoureuse et nourrissante. Cet état est toujours accompagné chez les animaux, quels qu'ils soient, d'une diminution d'activité dans les fonctions vitales. Ainsi, un animal gras est triste, sa démarche devient lourde et cadencée et sa sensibilité s'accroît. L'engraissement est un art de localité, c'est au cultivateur qu'il appartient de déterminer suivant les débouchés qui l'environnent, les fourrages qu'il possède, les animaux qu'il entretient, si l'engraissement peut lui offrir quelques résultats heureux.

PREMIÈRE PARTIE.

RÈGLES ZOOLOGIQUES RELATIVES À LA MULTIPLICATION ET À L'AMÉLIORATION

DES ANIMAUX DOMESTIQUES.

SECTION PREMIÈRE.

De l'influence du climat.

Lorsqu'on multiplie une race, on doit s'imposer la production d'individus non moins parfaits que ceux qui forment l'espèce sur laquelle on agit. Les faits naturels confirment cette théorie. Ainsi, tous les animaux domestiques subissent avec l'âge et par l'incurie de l'homme une détérioration lente et annuelle, et cette dégénération nous pousse sans cesse vers la recherche de la perfection. Sans doute qu'un bon choix dans les reproducteurs ; qu'une nourriture bien appropriée aux tempéraments des animaux, ont une action puissante sur les qualités, la taille et la conformation des individus. Mais l'intégrité d'une espèce est plus difficile à maintenir qu'on ne le suppose généralement, si surtout on cherche à multiplier une race chevaline appartenant aux contrées orientales dans le nord de l'Europe. Ici, sous l'influence de diverses causes, les unes naturelles, les autres artificielles, loin d'être héréditaire, la taille, les formes, le tempérament et les bontés de cette race, éprouvent des variations, des anomalies tout à fait frappantes. C'est ainsi que s'est changée la race arabe sous le climat toujours brumeux de l'Angleterre, changement, toutefois, qui loin d'être une dégénération, est une grande perfection, en ce sens qu'elle a plus d'aptitude à remplir nos intentions.

Mais, si dans cette acclimatation, l'homme a lutté avec bonheur contre la nature qui avait destiné cette race à vivre sous un climat brûlant, il faut reconnaître que les résultats obtenus résultent plutôt de la *constance* du cheval d'Orient à conserver ses caractères particuliers et ses qualités originelles, que de l'intelligence de l'homme.

Au nombre des effets de la dégénération qui sont indépendants de notre pouvoir, nous devons placer en première ligne les agents atmosphériques qui agissent continuellement sur l'organisme des animaux. Considérés sous un point de vue théorique, ces éléments plus vivifiants que la nature du sol, agissant d'une manière occulte sur l'organisation intérieure et extérieure des individus, de telle sorte que l'homme ne peut, quels que soit les moyens artificiels dont il peut disposer, obtenir les mêmes caractères sous toutes les zones climatériques et souvent prévoir les effets d'une dégénération qui résulte d'une action secrète de la nature. Ces causes efficientes qui produisent la dégénération des races, lorsqu'elles vivent sous un climat qui n'est point leur véritable patrie, en diminuant leur force, modifiant leurs formes et leurs aptitudes primordiales, parce que l'air ambiant est ou très-sec ou trop humide, l'herbe ou trop aqueuse ou plus fibreuse, démontrent l'harmonie coordonnée qui existe dans la nature. C'est sous l'influence de quelques-unes de ces conséquences, que la race poitevine conserve ses formes massives et son tempérament lymphatique, et que celle arabe, sous l'influence des circonstances les plus favorables à sa manière d'être, c'est-à-dire sous l'empire d'un climat brûlant où les plantes sont plus élaborées, conserve sa force, son énergie et son tempérament sanguin.

Quelquefois, cependant, on arrive à contre-balancer cette marche naturelle par des nourritures plus énergiques et des soins hygiéniques parfaitement appropriés à la race et à l'espèce ; mais il est bien rare que les êtres ainsi entretenus ou créés ne s'éloignent pas de ceux que la nature possède. Ainsi, par exemple, le cheval des déserts de l'Arabie, importé en Angleterre, a conservé sa vitesse absolue, mais il a perdu cette rusticité, cette faculté de pouvoir supporter sans éprouver de détériorations aucunes, sans subir les effets impérieux de la loi naturelle, des courses longues et rapides, des privations très-grandes, qui sont le propre du cheval des sables de l'Arabie. C'est

qu'il ne suffit pas de pouvoir rivaliser avec la nature dans le régime alimentaire des animaux ; il faudrait, pour que l'arabe restât parmi nous avec ses caractères durables et typiques et son énergie prolongée, que la puissance de l'homme pût suppléer à la chaleur ardente du soleil qui donne cette essence de bonté, de rusticité et de force.

De là, dérive cette loi générale et applicable à tous les êtres organisés et dont on ne peut refuser l'évidence : *L'état physique de l'atmosphère, sous une zone déterminée, augmente ou diminue les formes, la structure des animaux et modifie leur tempérament.* Ainsi, les animaux qui vivent dans le sud de l'Europe, ont en général un poil fin et soyeux ; leur constitution est plus vigoureuse et leur existence est d'une durée un peu plus longue ; les muscles sont plus gros, plus énergiques ; les os sont plus petits et plus denses ; les cornes sont sèches, plus longues et plus étroites quoique les animaux paraissent être de la même nature que ceux des contrées humides. C'est qu'ici, non-seulement les plantes ont une certaine harmonie sympathique avec le climat et plus d'homogénéité avec le tempérament des animaux, mais sous un moindre volume, elles produisent des effets plus sensibles.

Il ne faut pas croire, toutefois, que ces causes, qui sont moins saisissables aux sens que celles produites par les soins et l'intelligence ou l'incurie et l'incapacité de l'homme, qui sont plus agissantes, puissent être le résultat unique du calorique. La vertu native du sol et sa manière d'être, ont aussi des effets très-puissants. Il existe dans le centre de la France et sur quelques points de la Bretagne des sols déserts et souvent arides, sur lesquels vivent des chevaux excellents et très-remarquables par leur vigueur et leur agilité.

Quoi qu'il en soit, les animaux des climats très-tempérés perdent beaucoup par la transpiration, et leur volume et leur taille n'acquièrent jamais un développement aussi grand que les animaux élevés en Allemagne, en Russie, etc. ; mais par contre, ces individus conservent mieux leurs dispositions naturelles et leur perfections : c'est que la nature a suppléé à la pauvreté native du sol en peuplant ce dernier de plantes qui, par leurs propriétés végétatives et nutritives, correspondent parfaitement avec le climat, les besoins des animaux qu'il possède, et donnent à ces derniers la vigueur qui les caractérise , et les obligent à être sobres.

Il n'en est pas ainsi sous le climat du nord ; les animaux possèdent des caractères tout à fait opposés à ceux des individus des contrées méridionales. En général , ils sont flegmatiques et plus lourds ; leurs os sont gros et plus spongieux ; leurs formes sont plus gracieuses, plus fortes ; leurs allures moins dégagées : leur peau plus rude et épaisse, et leur poil gros et dur. Cette modification ou cet éloignement des animaux du nord de ceux du midi, a pour cause la température toujours brumeuse et froide et l'humidité du sol et des plantes ; aussi les races mecklembourgeoise et normande n'ont-elles pas le nerf, la durée, la souplesse et la résistance des races andalouse et navarrine. La chair des premières est molle, sans élasticité , et si elles rachètent ce défaut par des formes plus belles, un ensemble plus harmonieux , caractères qui ne sont pas dans la nature, et qui doivent être considérés comme artificiels , il faut reconnaître qu'elles ont des maladies toujours plus fâcheuses que celles qui affectent les animaux d'une zone brûlante.

Ainsi que nous l'avons dit précédemment , les animaux qui ont pour patrie un climat brûlant , subissent des modifications organiques bien sensibles. Leur perspiration est tellement abondante, qu'elle produit parfois la faiblesse. Mais si la soif est toujours plus vive , la digestion plus lente , la circulation des fluides est plus active. la respiration plus fréquente. Les effets d'un froid excessif n'ont pas les mêmes conséquences qu'une température élevée : les animaux restent petits, leurs poils sont grossiers et leurs peaux épaisses , et on remarque que la transpiration cutanée est suspendue au détriment de l'organisme de la vie , que le sang perd de son énergie, de sa vitesse de circulation. Considéré sous un autre point de vue, l'air froid possède l'avantage d'exciter, d'augmenter l'appétit des animaux , de précipiter favorablement leur digestion, de les rendre plus aptes à l'exercice du travail.

L'action de l'air tempéré est non moins sensible que les effets d'une température basse et élevée ; mais son influence n'est pas aussi défavorable, elle est constante et entretient sans cesse la régularité des fonctions vitales. C'est ainsi que l'appétit des animaux y est toujours plus satisfaisant, que la digestion s'y exécute plus promptement, que les sécrétions ont toujours de féconds résultats ; enfin cette température moyenne favorise la fermeté des chairs, la force des tempéraments sanguins, la richesse du sang , et prédispose toujours les animaux à l'amélioration.

Mais les climats ne sont pas seulement doués de facultés prépondérantes sur la vie des animaux, à cause de leur chaleur ou de leur froidure. L'humidité de l'atmosphère agit aussi immédiatement sur tous les êtres organisés qui vivent sur la terre. Sous l'influence d'un climat humide, la circulation du sang est peu prononcée, l'appétit modéré, la nutrition moins active, le tempérament plutôt lymphatique que sanguin , les tissus manquent d'énergie, de vigueur, le volume du corps est plus apparent, la transpiration difficile ; toutefois, la température humide n'est pas constamment défavorable aux animaux qui subissent son influence ; elle favorise particulièrement l'abondance de sa chair et l'accumulation de la graisse. Ainsi, aucune température ne favorise davantage l'engraissement des animaux au pâturage, que l'humidité atmosphérique qui caractérise la Normandie, le Holstein , la Hollande , etc. Ici les animaux vivent nuit et jour à l'état de liberté au sein des pâturages d'embouches et leur constitution n'éprouve aucune anomalie bien frappante.

A côté des influences des climats , tantôt heureuses, tantôt pernicieuses, se rangent les effets des transitions atmosphériques qui ont aussi une action puissante sur la dégénération, l'abâtardissement ou le perfectionnement et l'amélioration des bestiaux. Il est bien peu d'animaux qui possèdent assez de vertu naturelle pour résister à l'influence modificative des températures dont nous avons précédemment rapporté les diverses influences. Tous les animaux, quels qu'ils soient, éprouvent des impressions lorsqu'ils passent rapidement d'une température sèche et élevée à une température froide et humide, et ces modifications peuvent être mortelles pour plusieurs individus , si les soins et l'intelligence de l'homme ne contribuent pas à rétablir promptement l'équilibre entre l'organisme de la vie et les principes vivifiants au milieu desquels les animaux doivent vivre librement. Toutefois, il faut distinguer l'état physique et l'âge des individus qui peuvent éprouver ces transitions brusques de température. Lorsque les animaux sont arrivés à l'âge adulte et que leur organisation est parfaite, ils sont généralement peu affectés de l'inclémence persévérante des saisons. Il n'en est pas ainsi malheureusement lorsque les individus sont encore jeunes ou que leur constitution est délicate, ils demandent des soins nombreux, des nourritures particulières, pour que leur organisme n'éprouve point des altérations sensibles.

SECTION II.

De l'influence du sol.

Les animaux domestiques que l'on oblige de vivre pendant plusieurs années, de se multiplier sur des terres argileuses imperméables, couvertes d'eau stagnante une partie de l'année, constituent généralement des êtres différents de la chaîne des individus qui forment les races auxquelles ils appartiennent. Ici, ils sont presque tous affectés de maladies organiques héréditaires. Là, ils sont faibles, mous et ont un tempérament lymphatique. Plus loin l'organisme de la vie disparaît sous l'influence de la cachexie aqueuse. Enfin, ailleurs, le farcin, la morve, les affections catarrhales, occasionnent une débilité très-prononcée de la plupart des organes et rendent les individus impropres aux services auxquels la nature et la volonté de l'homme les destinaient. Ces modifications qu'éprouvent tous les animaux lorsqu'ils vivent dans de tels lieux, ont pour causes l'humidité du sol, de l'atmosphère et des plantes naturelles. Ces dernières sont si aqueuses parfois, qu'elles sont peu nutritives à cause de la faible quantité de matière saccharine, de fécule qu'elles renferment.

En général, les animaux qui vivent sur les terres argileuses humides ont une très-grande taille, un tempérament plutôt lymphatique que sanguin, peu d'énergie et de vigueur, une peau épaisse et des crins longs, abondants et grossiers. Les chevaux y augmentent leurs formes qui deviennent massives, leur chair qui est flasque, leur tissu cellulaire qui amoindrit la force et l'énergie des muscles. La tête de ces animaux est toujours forte et la vue mauvaise; leur ventre est volumineux, les pieds sont généralement plats et la corne manque de rigidité. Les bêtes à laine augmentent aussi en élévation; mais leur laine est longue, lisse, grossière, sans élasticité, quoiqu'elle soit très-abondante. Ces animaux ne vivent pas très-longtemps sur ces terrains; ils contractent aisément la pourriture et s'y engraissent assez difficilement. Les moutons mérinos et Leicester ou Dishley ne peuvent y réussir avantageusement. Les bêtes bovines n'y sont pas toujours très-bonnes laitières; elles s'y engraissent avec beaucoup de lenteur, comme sur les terres argileuses insalubres de la Bresse et du Bas-Poitou, et sont plutôt des animaux de travail pour les localités sèches que des animaux de rente.

Les sols calcaires sont les terrains par excellence pour la multiplication et l'entretien des chevaux et des bêtes ovines. Les premiers animaux s'y perpétuent avec la finesse, l'agilité, l'énergie qui les caractérisent. Les seconds n'ont pas une stature élevée; mais leur caractère sanguin, la finesse et le tassé des toisons rachètent avantageusement ce léger défaut. Comme les chevaux, les moutons y résistent parfaitement aux transitions de température. Les légumineuses et les graminées qui tapissent la superficie de la terre empêchent que les uns soient affectés de la fluxion périodique et que les autres contractent la cachexie aqueuse. Ces derniers cependant sont sujets à être affectés du piétin dans les saisons humides, alors que la terre arable est boueuse. Quant aux vaches, elles sont remarquables non pas à cause de leur taille qui est moyenne, mais par la quantité et la qualité du lait qu'elles donnent sous l'influence des fourrages légumineux qui croissent sur le sol calcaire avec une très-grande vigueur.

Les sols siliceux nourrissent toujours des animaux d'un tempérament excellent, quoique le pâturage soit moins abondant que sur les terrains argileux. Ces individus, qui sont toujours de petite taille à moins que le sol soit très-fertile, se maintiennent en bonne santé et sont remarquables par leur énergie et leur sobriété. Les chevaux y ont une chair ferme, élastique, des os consistants, mais leurs formes sont moins belles, moins agréables que celles qui caractérisent les chevaux que l'on élève sur des terres argileuses. Ainsi les chevaux de l'Arabie, du Morvan, des Landes, de la Bretagne, qui vivent sur des terrains siliceux ou granitiques, ont des formes plus anguleuses, des hanches plus saillantes que le cheval normand, percheron et franc-comtois. Les bœufs, quoique petits de taille, sont très-énergiques et ardents au travail, et ils s'engraissent avec facilité; tels sont les bœufs du Limousin et du Bocage de la Vendée. Les bêtes à laine y ont toujours une très-petite taille, une laine courte, mais une chair très-savoureuse. Enfin les porcs s'y multiplient et s'y engraissent avec facilité par le concours du gland qui abonde toujours sur les terrains siliceux.

L'élévation et la position des lieux attirent aussi les animaux vers leurs centres d'harmonie. Sur les coteaux, les bœufs, les chevaux, les moutons sont encore de petite taille. Toutefois ces animaux sont rustiques et assez robustes pour résister avantageusement aux alternatives du froid et de la chaleur, ou passer d'une chaleur brûlante du milieu du jour à la fraîcheur de la nuit. Ainsi vivent les belles races suisses bovines, celles de la Haute-Auvergne, le cheval du Limousin, de l'Auvergne et des Ardennes, etc. Toutes les qualités que l'on rencontre chez les animaux qui habitent les montagnes résultent de l'air qui est plus vif que dans la plaine et des plantes qui sont plus nutritives que celles des vallées, qui sont plus abondantes. Les animaux des vallées ont beaucoup plus de force, plus de masse que les individus des lieux élevés; les vaches donnent un lait très-abondant, mais moins riche en beurre; les bêtes à laine ont une très-haute taille, mais leur laine est rude et grossière. Ainsi les races chevaline et bovine qui vivent dans les excellentes vallées de la Normandie, du Perche, de la Limagne, du Charollais, fournissent à l'agriculture, au commerce et à l'industrie, d'excellents animaux de travail, ou de très-bonnes vaches laitières; les provinces de l'Artois, de la Normandie, de l'Anjou, nourrissent des races ovines qui se distinguent des autres races françaises par la supériorité de leur taille et la longueur de leur laine.

Toutefois il est nécessaire, pour avoir une idée exacte du rapport qui existe entre la manière d'être des animaux et l'élévation des lieux, d'avoir égard à leur composition minéralogique. Lorsqu'on passe des montagnes calcaires aux montagnes granitiques, dit de Saussure, on est frappé des différentes influences que ces deux sols ont sur les vertus nutritives des végétaux de ces lieux. J'ai reconnu que les animaux qui se nourrissent sur les granits étaient plus petits, plus maigres, et fournissent moins de lait que ceux qui se nourrissent sur les terrains calcaires, quoique les végétaux crûs sur les deux sols fussent les mêmes, et que les qualités de ces végétaux fournies aux animaux dans ces deux cas, fussent égales. J'ai reconnu de plus que le lait des montagnes granityques était moins chargé de parties butyreuses et caséeuses que celui des montagnes calcaires. Il n'est point de coureur de montagnes des contrées que j'habite, qui n'ait pu apercevoir la différence de consistance qui distingue la crème du Jura, montagne calcaire, de celle des montagnes granitiques attenantes à la vallée de Chamouni (1).

La position des lieux joue aussi un rôle important sur l'existence des animaux. C'est ainsi que nous voyons sur les bords des mers et dans les localités du nord-ouest, nord-est, les animaux exister une très-grande partie de l'année au sein des herbages et des pâturages toujours favorables à leur existence. C'est que l'air ambiant qui enveloppe constamment ces animaux ainsi que les plantes qu'ils consomment sont chargés de molécules salines qui ont une influence favorable sur leur constitution. Aussi suit-il de là que ces individus sont recherchés par la boucherie à cause de leur chair qui est plus savoureuse et plus agréable, et de leur taille qui est toujours satisfaisante. Enfin j'ajouterai que les contrées boisées sont généralement favorables à la multiplication de la race bovine. Les bois qui arrêtent les grands vents, qui empêchent la dessiccation de la couche arable et qui servent d'abris durant l'été, favorisent la végétation des plantes et la présence de rosées bienfaisantes. Il faut distinguer, toutefois, les effets des bois sur les terrains siliceux et calcaires de ceux qu'ils produisent sur les sols argileux. Dans le premier cas, il est bien rare que cette influence puisse être regardée comme nuisible. Dans le second, au contraire, ces abris rendent le sol trop trop humide pour les chevaux et les bêtes à laine.

SECTION III.

De l'influence de l'alimentation.

Il est un principe qui régit dans toutes les contrées l'existence animale, et qui a autant de puissance sur elle que le climat et la nature du sol. Cette règle est celle-ci : *La nourriture, quelle qu'elle soit, modifie la taille, les formes et le tempérament des animaux.* Cette loi n'est point une fiction; les faits constatent chaque jour sa vérité et son importance. Ainsi, un animal chétif, abâtardi, amoindri sous tous les rapports, est-il conduit dans un pâturage fertile, sur une terre abondamment couverte de plantes alimentaires, il acquiert en peu de temps une amélioration, un perfectionnement très-sensible. Si cet animal continue à vivre dans un

---

(1) *De l'influence du sol*, Journal de l'hysique, 1800, t. II, p. 9.

tel lieu, il arrive bientôt une époque où il existe un équilibre parfait entre lui et la nature, c'est-à-dire entre la vertu naturelle du sol et les forces organiques de l'individu, à tel point que ce dernier ne se ressent plus de l'infertilité du sol sur lequel il vivait primitivement. Mais cette transformation, cette modification, due à cette force d'harmonie coordonnée qui existe dans la nature et pour les animaux sauvages et les espèces domestiques, ne peut constituer un perfectionnement réel et éternel. Tout ce que l'individu a acquis est en disposition de périr s'il ne reste point dans les mêmes circonstances. Pour que l'amélioration, imprimée chez cet animal avec autant de force et d'énergie, puisse se maintenir pendant toute l'année, pour que l'organisme conserve sa puissance nouvelle, l'homme doit prévoir à l'avance la dissidence qui peut survenir sous l'inclémence persévérante des saisons entre la nourriture et l'animal. La nature s'abandonne toujours à elle-même, et les animaux qu'elle nourrit s'enchaînent avec elle. Toutefois elle ne dote les animaux de la faculté de supporter sans périr de longues et fréquentes privations que lorsqu'ils ont vécu, ou, pour mieux dire, ont pris naissance au milieu des circonstances qu'elle circonscrit. C'est alors que le peu qu'elle leur fournit suffit à leur puissance vitale, sans qu'il existe une dégénération dans l'ensemble qui les caractérise. Donc, il résulte de ce que nous venons de dire, que l'animal qu'une nourriture plus abondante et plus nutritive a métamorphosé, ne pouvant se soutenir naturellement au point où il est parvenu, se trouve encore abandonné à la puissance de l'homme. En effet, c'est à lui qu'il appartient désormais de maintenir ou chercher à faire naître un équilibre ou un balancement entre la nourriture et les besoins nouveaux de l'individu. Si l'homme ne remplit pas cette condition, qui est désormais indispensable à la conservation des qualités acquises, l'animal perd ses nouveaux caractères et retourne à son existence primitive.

C'est sous l'empire de ces réalités que le cultivateur éprouve toujours des difficultés immenses, lorsqu'il veut introduire, nourrir, élever, multiplier une race, qui a pour patrie une localité, un sol bien différents de ceux qu'elle doit habiter. Cependant lorsqu'une race a vécu et a été multipliée sur un sol aride, peu fertile, sur lequel les productions végétales sont peu abondantes, et qu'elle est conduite sur des terres de même nature, mais plus fertiles et situées sous la même latitude, elle gagne en taille, en stature, et ses formes primitives et ses caractères essentiels se conserveront, et s'ils éprouvent des modifications, ces changements ne pourront être que favorables. Si, au contraire, le sol sur lequel cette race a pris naissance est très-riche, si les pâturages qui ornent sa surface sont abondants et composés de très-bonnes plantes, toutes susceptibles de servir à l'alimentation, et que cette même race soit confinée au sein d'un sol aride, de contrées couvertes de bruyères, elle ne périra point, elle poursuivra son existence. Mais quelle dissemblance entre ses produits et les procréateurs de cette race ! En quelques années seulement, les descendants auront perdu, par le fait d'une mauvaise alimentation, les caractères généraux qui distinguaient ses ascendants. Ainsi, la taille sera moins élevée, ses formes, ses qualités pourront être entièrement changées.

Toutes choses égales d'ailleurs, sous l'influence d'une nourriture abondante mais sèche, mais riche, les chairs conservent leur fermeté et leur élasticité, les os, les muscles ne perdent pas de leur consistance : la taille grandit et les formes se développent. Lorsque les fourrages sont nutritifs mais humides, l'animal perd de son énergie, les os perdent de leur densité et deviennent plus gros, les chairs sont plus abondantes mais distendues, la sécrétion du lait est toujours abondante. Quand les fourrages sont abondants, mais aqueux et peu substantiels, les formes deviennent volumineuses, les organes perdent une partie de leur énergie ; les poils, la laine, la corne s'allongent et grossissent.

C'est en examinant l'influence de la nourriture sur tous les êtres organisés que l'on est convaincu des rapports qui doivent exister entre la nature et la fertilité du sol, les plantes et les animaux. Lorsque l'herbier du cultivateur se rétrécit, lorsque les plantes qui le composent n'ont plus des couleurs aussi variées, c'est que le sol est peu fertile. Alors les animaux peuvent être nombreux, mais leur taille est petite et leur conformation peu favorable. Lorsqu'au contraire ce même herbier est rempli d'une foule de plantes, qui jettent sur les prairies et les champs des teintes variées et brillantes, et non un aspect morne et uniforme, comme dans le premier cas, le sol est fertile et les animaux sont remarquables sous tous les rapports. Il est triste à l'agriculteur de ne recueillir que des fourrages homogènes dénués de cette odeur, de cette saveur et vertu nutritive, qui distinguent les foins des prairies artificielles ou des prairies émaillées de mille couleurs. Lorsque le cultivateur vit au sein d'une telle réalité, que les plantes qui fournissent les fourrages secs ou verts sont le ray-grass, le seigle, le brôme, le sarrasin, etc., il ne peut qu'*attendre* et *espérer !* L'homme, par son industrie et par les mystères de la culture, peut parfois changer en quelques années la surface du sol sur lequel il vit, en riches et verdoyantes prairies naturelles, toujours nécessaires à la prospérité de l'agriculture animale.

Lorsque les animaux sont mal nourris, que les rations ne sont pas en rapport avec leurs besoins, que les fourrages sont de mauvaise qualité, tous les individus restent maigres, ne donnent que de faibles produits, et ne rendent que de mauvais services. S'agit-il de bêtes de travail, les forces que déploient les animaux sont plus faibles. Est-il question de vaches, le lait est peu abondant et ne suffit pas toujours à l'alimentation convenable et rationnelle des jeunes individus, si les mères ont une taille élevée. Possède-t-on des bêtes à laine, celle-ci est peu adhérente sur la peau, et perd promptement de sa finesse, son nerf et sa largeur.

Ainsi donc *tout est dans tout*, le bien et le mal, et dans toutes choses, il faut avoir égard aux forces de la nature et suivre exactement les lois qu'elle a posées. Ces principes ont une influence décisive sur l'existence de tous les êtres organisés. C'est un fait parfaitement prouvé qu'ils permettent au cultivateur d'éviter des mécomptes ou des résultats défavorables.

SECTION IV.

De l'influence du travail et du repos.

L'exercice est nécessaire à l'existence animale. C'est sous son empire que se développent et la force et la vigueur.

Lorsque le corps reste dans l'inaction, la circulation du sang diminue au fur et à mesure que les autres fonctions se ralentissent ; les membres s'engorgent, et parfois les muscles perdent de leur rigidité et se pénètrent plus facilement de substance graisseuse. Lorsque au contraire l'animal est soumis à un travail modéré et régulier, et que cet exercice est secondé par un air pur très-vif et des aliments sains et nutritifs, le système nerveux prend une activité vraiment remarquable ; la circulation du sang est plus active, les fonctions de transpiration ont lieu avec régularité, la respiration est facile et continue, enfin les membres sont secs et les articulations sont amples et souples.

C'est alors qu'il existe chez la machine animale un équilibre parfait entre toutes les fonctions organiques. Aucune d'elles n'acquiert une prépondérance sensible au détriment d'un ou plusieurs organes. On ne saurait toutefois apprécier l'influence de l'exercice et de l'inaction sous un point de vue général sans tomber dans l'erreur. Pour avoir une idée exacte des effets du mouvement et du repos, il est nécessaire de considérer les animaux en général sous trois points de vue :

1° La jeunesse ou l'éducation,
2° L'être parfait,
3° La vieillesse ou l'état sénile.

1° On ne peut, sans raison, priver un jeune animal de sa liberté. L'exercice est pour lui la condition la plus impérieuse de son existence et de son avenir. En effet, le jeune individu qui vit au pâturage, que l'on élève au sein de la plaine ou des montagnes, reçoit de la nature des caractères particuliers : vigueur, sobriété, longévité, et il est à la fois l'emblème de la force et du courage. Habitué dès sa naissance à respirer un air vif, pur, à recevoir l'action des rayons solaires, à se nourrir de plantes sapides et nutritives, ses chairs sont plus fermes, ses os plus denses, son tempérament meilleur. Lorsqu'un jeune animal a été élevé et a vécu jusqu'à l'âge adulte à l'état de repos, au sein d'une étable ou écurie, ses organes n'ont pas une constitution aussi remarquable, ses muscles ont moins de puissance, le tempérament est moins bon et l'existence a moins d'avenir ; enfin, cet individu ne constitue pas un bon animal sous tous les rapports.

2° L'animal, quel qu'il soit et quel que soit son mode d'éducation, arrive à l'état d'être parfait. Alors il constitue pour l'agriculteur un animal de rente ou de travail.

Lorsque cet animal a été destiné par la nature à produire du lait ou de la graisse, ou de la viande, le repos a une influence marquée sur ces productions. Le lait est généralement plus abondant à l'étable qu'au pâturage, si la sécrétion a été puissamment secondée par une alimentation aqueuse ou nutritive très-abondante. Dans le cas contraire, c'est-à-dire lorsque les aliments sont peu nutritifs, lorsqu'ils sont donnés en petite quantité, la sécrétion est plus abondante avec le concours du pâturage et de l'exercice. Mais lorsque l'individu doit produire de la graisse, etc., le repos lui devient nécessaire. Cette inaction, qui ralentit l'activité des fonctions et des sécrétions, et qui donne aux tissus moins de rigidité, favorise la concentration de la graisse au sein des fibres musculaires. C'est que l'inaction soutenue et prolongée, et l'absence d'une lumière vive, rendent les animaux maladifs, affectent un grand nombre d'individus d'obésité ou d'atonie. Lorsque au contraire un animal est destiné à effectuer un travail, ce dernier doit être régulier et modéré pour ne point produire des effets défavorables. L'ensemble du corps conserve son état normal, il entretient la liberté des mouvements ; et c'est au repos qu'il appartient de réparer les pertes faites pendant le travail.

Si le travail auquel est soumis un animal est forcé ou opiniâtre, les fonctions s'exécutent mal, l'appétit diminue, la constitution organique s'altère, les membres perdent de leur aplomb et de leur vivacité. Si l'individu est soumis au service de la selle, sa conformation éprouve des anomalies frappantes. Ainsi, le corps s'allonge, rend la croupe plus horizontale et l'animal ensellé. Si au contraire il éprouve de rudes fatigues continues sous l'exercice du tirage, le corps se raccourcit, les reins augmentent de largeur, la croupe prend une position plus oblique, le corps perd de sa longueur.

Si l'animal, soumis à un exercice qui exige de grands efforts, appartient à la race bovine, il éprouve des modifications organiques non moins remarquables : le tissu musculaire devient dur, et l'individu ne peut prendre la graisse que difficilement et lentement.

Toujours est-il que le repos est indispensable à cet âge après un exercice forcé, et que les principaux effets du repos sont de permettre aux muscles de reprendre leur énergie et leur contractilité.

3° Mais c'est surtout chez les individus arrivés à l'état sénile qu'il est nécessaire que le travail soit modéré, qu'il ne soit pas forcé. Leur constitution organique ne leur permet point de développer un travail aussi actif. Les fonctions organiques, qui ont perdu de leur force et de leur puissance, ne sauraient contre-balancer des pertes sensibles avec succès. Aussi importe-t-il d'accorder aux animaux âgés le repos qui leur est si nécessaire, et parfois même une longue inaction.

Quoi qu'il en soit, on ne peut choisir avec bonheur des animaux reproducteurs que parmi les individus qui ont été élevés, pour ainsi dire, à l'état de liberté, et sous l'influence de la lumière et de la chaleur sans cesse vivifiante. Chez de tels individus, l'organisme tout entier est dans un parfait état de constance, c'est-à-dire d'ordre et d'harmonie. *Les individus nés et élevés à l'abri de la lumière doivent être regardés comme des animaux indignes de se transmettre par génération.* Leurs muscles, leur tempérament, etc., n'ont pas les qualités qui caractérisent les animaux qui ont joui dès leur naissance du grand air, et de l'action de la lumière et de la chaleur du soleil !

SECTION V.

De l'influence des soins et des habitations.

Il ne suffit pas au cultivateur de saisir les conséquences qui résultent de la nature du sol, du climat, d'une bonne alimentation, etc., il faut encore qu'il reconnaisse les immenses résultats qu'on peut obtenir en donnant des soins constants et incessants dans la multiplication ou l'amélioration des animaux. Ici, rien n'est le résultat du hasard : la perfection, ou, pour mieux dire, l'amélioration et le bien-être, résultent de l'intelligence de l'homme. Lorsque la nature nourrit et élève un animal, elle prévoit presque toujours les anomalies, les dissidences des saisons, les mauvaises situations. En est-il ainsi lorsqu'un animal a été placé sous la domination de l'homme ? Non ! En effet, cet individu ne peut se soustraire à l'influence fâcheuse d'une température froide ou trop élevée, trop sèche ou trop humide. Il faut qu'il subisse une modification heureuse ou défavorable. Dans la nature les transitions climatériques, les extrêmes de chaleur ou de froid sont moins nuisibles. A l'état, pour ainsi dire, sauvage, les animaux sont façonnés, modelés, suivant le climat sous lequel ils doivent vivre ; c'est donc au cultivateur qu'il était réservé de pouvoir modifier ou augmenter la température des habitations, eu égard toutefois à la race qu'il possède. Si tous les animaux avaient la même manière d'être, le même tempérament, si les saisons étaient sans cesse constantes, si enfin les nourritures produisaient toujours des effets semblables, il est bien évident que les dégénérations seraient bien moins redoutables, et que tous les animaux arriveraient à un point très-rapproché de la perfection ou de l'idéal même. Malheureusement il n'en est pas ainsi ; sous l'influence de ces diverses causes, toujours dissemblables, la dégénération est plus évidente que l'amélioration, et les races ont sans cesse une certaine tendance à se précipiter.

Il résulte de là que le cultivateur a, pour ainsi dire, une omnipotence absolue sur l'existence des animaux qu'il a placés sous sa domination ; qu'il peut, par des soins et des locaux appropriés aux tempéraments des races, les maintenir dans une voie d'amélioration. S'il néglige de considérer la facilité ou la difficulté avec laquelle tels ou tels animaux exécutent leur fonction, il survient alors des circonstances critiques pour le jeune âge ou l'individu très-âgé. Ainsi les animaux peuvent être exposés à des transpirations trop abondantes, à une alimentation qui n'est nullement en rapport avec les forces, la vie, les circonstances locales ; à des émanations, des exercices, une température trop humide, nuisibles à leur constitution.

Toutes choses égales d'ailleurs, l'homme, dans ces circonstances, peut tout ce qu'il désire. Il a une suprématie prépondérante sur les forces secrètes de la nature. Par des soins constants, une alimentation coordonnée, des locaux appropriés, il peut modeler, pétrir, façonner, c'est-à-dire, créer les animaux que la nature lui refuse ou qu'elle ne semble faire naitre qu'à regret et dans quelques positions spéciales.

SECTION VI.

De l'influence de l'âge.

Le seul animal qui se plie sous la puissance de l'homme, celui qui se modifie sous l'influence des soins et de la nourriture, c'est l'individu non arrivé à l'âge adulte. Ainsi, quelle que soit la race à laquelle il appartient, nous pouvons améliorer, changer son tempérament, modifier, bouleverser sa constitution physique.

Lorsqu'un animal est arrivé à l'état d'être parfait, que son accroissement est terminé, nous ne pouvons plus altérer ou perfectionner sa taille. Nous ne pouvons plus qu'une seul chose, c'est modifier ses formes, pallier, détruire quelques-uns de ses défauts organiques. Dès qu'il est créé être parfait, sa structure interne n'éprouve des modifications qu'à de rares intervalles.

Toutefois, il est nécessaire que le jeune animal possède la faculté d'arriver le plus promptement possible à l'âge adulte, parce qu'il devient réellement un animal utile ; si au contraire cette croissance est fort longue, l'individu consomme beaucoup et ne paye que faiblement la valeur vénale des aliments qui lui ont été donnés.

Le jeune âge présente encore des avantages ; il suit plus facilement la volonté de l'homme. Ainsi ce dernier a toujours plus de puissance pour lui faire exécuter les mouvements qu'il désire.

Mais si l'âge adulte est peu favorable sous quelques rapports, si dans les circonstances ordinaires il a moins de faculté à acquérir des modifications, il faut reconnaitre qu'il a une immense puissance dans la reproduction. Il imprime toujours à ses descendants les qualités, les formes, les caractères qui sont devenus son apanage.

Enfin, il arrive une époque dans la vie où les facultés reproductives ont comme disparu. C'est qu'à un âge trop avancé les animaux ne peuvent souvent procréer que des animaux faibles ou chétifs ou possédant des formes imparfaites ; nous ne développerons pas ici les conséquences graves qui peuvent résulter de l'accouplement d'un ou deux individus âgés. En parlant du choix des reproducteurs, nous aurons occasion de revenir sur le sujet qui nous occupe en ce moment.

Ce que nous venons de dire pour la reproduction s'harmonise avec les règles de l'engraissement. Lorsqu'un animal est trop jeune, la viande est peu délicate, la graisse trop fluide ; lorsqu'il est trop âgé, la chair est dure et reste sans saveur et qualité.

SECTION VII.

De l'influence de la taille.

On ne saurait poser de règles fixes par rapport à la taille des animaux. Les principes qui régissent cette propriété résultent toujours de la fertilité, de la nature du sol et du climat ; et il n'est pas encore démontré si un animal de petite taille paye aussi bien, ou mieux, la nourriture qu'il consomme qu'un individu de grande stature. C'est au cultivateur qu'il appartient de déterminer quelle est l'espèce qu'il doit adopter ou créer, s'il doit préférer une petite taille pour la graduer, c'est-à-dire l'élever au fur et à mesure que la fertilité des pâturages et l'augmentation de la nourriture s'accroîtront.

Mais il faut le reconnaître, ces deux statures ont des avantages et des inconvénients. Les animaux de petite taille sont préférés par les raisons qui suivent :

1° Les animaux de petite taille sont d'un entretien très-facile, et ils conviennent mieux à la consommation générale ; leur viande est plus savoureuse, et le grain de celle-ci est plus fin, plus serré, plus délicat; elle est mieux marbrée de graisse, c'est-à-dire, cette dernière est répandue en couches peu épaisses dans le tissu cellulaire.

2° Un animal de petite taille vit mieux sur les terres légères en *période pacagère et fourragère ;* il peut s'engraisser au pâturage avec beaucoup de facilité, et sur les sols argileux il possède l'avantage de moins pétrir la couche arable.

3° Les petites vaches se vendent généralement avec plus de facilité, et, chose extraordinaire, elles donnent proportionnellement plus de lait que les grandes dans toutes les périodes de fécondité.

4° Non-seulement, on a presque toujours plus de facilité à se procurer des animaux de choix dans les petites races, mais ces dernières sont plus rustiques, plus sobres, et leur développement et leur croissance sont plus rapides.

5° Les animaux de travail de petite stature sont plus actifs et ils exigent moins de repos que les grands individus. Leur épaule étant plus près de terre, ils perdent moins de force ; l'angle formé par le sol et la ligne de tirage étant moins ouvert, la traction se fait avec plus d'avantage et de liberté.

6° Enfin, les animaux de petite taille sont plus agiles, plus nerveux ; leur capital d'achat et d'entretien est moins considérable, ainsi que les chances ou la perte que l'on redoute dans le cas de mortalité.

On objecte pour ou contre la grande taille :

1° Que les animaux de haute stature payent mieux la nourriture qu'ils consomment depuis leur naissance jusqu'à leur âge adulte ;

2° Qu'on leur accorde toujours la préférence sur les marchés d'approvisionnement, que leur chair convient mieux pour les salaisons et que leur cuir est généralement mieux estimé ;

3° Qu'ils exigent une nourriture plus abondante et de qualité supérieure et qu'ils périssent là où la petite taille s'engraisse ;

4° Que la grande race ne peut exister avec avantage que sur les terrains arrivés en *période de fertilité céréale et commerciale :*

5° Qu'elle ne peut vivre dans les pays de montagne avec profit, et qu'elle a toujours une tendance à acquérir un tempérament mou ou lymphatique ;

6° Que l'engraissement des animaux de grande taille est plus lucratif à l'étable que celui de la petite stature ;

7° Que les grandes races ont une disposition plus tranquille, et que deux forts animaux attelés à un véhicule produisent autant d'effets utiles, sinon davantage, que quatre petits animaux.

8° Enfin, que l'élevage des veaux de petite taille, qui consomment moins de lait que les forts veaux, procure à leur propriétaire un profit plus élevé.

Quoi qu'il en soit, ces objections émises en faveur ou contre la petite et la plus grande taille par John Sainclair, etc., nous conduisent à reconnaître qu'il n'existe rien de bien positif à l'égard de telle ou telle stature. Cependant, si l'exploitation manque de capitaux pour activer ou pour faire croître pour ainsi dire spontanément de nombreux fourrages, il est évident qu'on ferait une mauvaise spéculation en y introduisant des animaux de grande taille. Ceux-ci ne se soutiennent avec profit sur un sol, que lorsqu'il produit tous les fourrages qui leur sont nécessaires. Je ne crois pas qu'on puisse réaliser quelques profits, lorsque l'alimentation est soutenue par des substances achetées en dehors. Aussi est-ce seulement dans cette circonstance que la maxime de **M. Crud**, *le bétail est un mal nécessaire*(1), est réelle et vraie. On sait en effet qu'il existe beaucoup d'exploitations, où le compte des animaux domestiques se solde en perte, parce qu'ils ne reçoivent pas tous les fourrages qu'ils doivent avoir, et qu'ils ne peuvent payer les substances alimentaires commerciales au prix où elles ont été achetées sur les marchés.

---

(1) *Économie théorique et pratique de l'agriculture*, t. I, p. 237.

Quelle que soit la nature du sol, qu'il soit siliceux, argileux ou calcaire, s'il réside dans les périodes de fertilité pacagère et fourragère, il faut adopter de préférence une taille petite ou au plus moyenne. Tous les efforts du cultivateur sont vains pour soutenir une grande taille sur des sols de fertilité aussi peu élevée. La propriété d'une race de haute stature dans une telle position, si toutefois elle peut y prospérer, devient moins le fruit du sol que de l'intelligence combinée avec les effets fructueux de capitaux considérables, consacrés à l'amélioration du sol cultivable. On a dit à ce sujet que, réduire les ressources en bétail aux apparences primitives du sol, était une grave erreur, et qu'on devait tout espérer des avances et des soins donnés au terrain. Mais deux choses sont nécessaires pour suivre cette voie : 1° un long bail ou la propriété du sol ; 2° des capitaux proportionnés à l'étendue et aux améliorations. Je le demande, ces deux conditions sont-elles toujours réunies ? Le fermier peut-il assurer l'existence de son bétail sur la plus-value foncière ? Le propriétaire est-il toujours disposé à rendre à l'exploitant le temps, l'argent qu'il n'a pas pu récupérer honnêtement ? Le tenancier accède-t-il toujours à la demande de son fermier, lorsque celui-ci veut un long bail ? Toutes ces questions sont d'une solution difficile ; et malheureux est le fermier qui ne les considère pas sous toutes leurs faces !

Si on étudie l'influence des forces productives du sol sur la taille des animaux en véritable praticien, on arrive bientôt à reconnaître qu'il est toujours prudent d'avoir égard à la nature du pâturage, aux productions herbacées de la terre, afin que les animaux ou la race qu'on y entretient y persistent sans qu'elle dégénère et qu'elle tende au contraire au progrès et à l'amélioration. Toutefois, il arrive une époque sur une exploitation bien dirigée et qui primitivement résidait dans une période de fertilité inférieure, moment qui résulte de la marche lente et graduelle des choses, où la petite race et même la taille moyenne ne suffit plus, où elle doit être remplacée par une forte stature. Deux causes forcent donc le cultivateur à adopter de grands animaux. La première, est que le sol, qui est arrivé en période céréale ou commerciale, peut produire des plantes épuisantes.

Or ces récoltes exigent l'enfouisse-

ment de grandes masses d'engrais pour que le sol conserve sa fécondité, c'est-à-dire pour qu'il ne se détériore pas ; et ces matières organiques ne peuvent être obtenues que par le concours d'un puissant bétail, alors que les ressources fourragères sont en rapport avec ses exigences. Dès lors conservera-t-on la petite taille, et augmentera-t-on le nombre des animaux ? Il est bien rare que les circonstances locales, je veux dire les bâtiments, permettent au cultivateur d'adopter cette marche. Dans la généralité des cas, les bâtiments de l'exploitation sont insuffisants pour que cette seconde cause puisse être surmontée ou vaincue avec succès. Et d'ailleurs, en admettant que les étables, les écuries, etc., permissent de doubler, tripler, quadrupler même, les animaux de vente et de travail, l'alimentation, sous le rapport de la main-d'œuvre, deviendrait trop coûteuse, la surveillance très-difficile, et le capital cheptel trop considérable pour beaucoup de fermiers.

Donc, lorsque le sol est arrivé, par le fait du travail et de l'intelligence de l'homme, à produire des fourrages nombreux, une quantité de nourriture bien plus grande que celle qui était nécessaire aux animaux qui ont aidé primitivement cette production, on peut, avec raison, pour ne pas dire qu'il le faille, adopter une branche plus forte. La culture est devenue désormais une dépendance naturelle entre l'animal et le sol qui le nourrit. Loin de perdre une partie de sa puissance et de sa fécondité, le sol doit accroître encore la richesse, la production du fumier étant toujours en rapport avec la force vitale des végétaux que le sol produit et doit produire. Et c'est ici seulement que je considère la stabulation comme utile, comme nécessaire ; mais ce séjour à l'étable sera plus ou moins absolu, selon le système de culture.

SECTION VIII.

De l'influence des systèmes de culture.

On se tromperait étrangement si l'on pensait que l'éducation, la multiplication et l'engraissement des animaux sont des industries toujours indépendantes de la pratique de l'agriculture. Le système de culture influe aussi puissamment sur la spéculation que le cultivateur doit adopter que les débouchés ; et il détermine non-seulement l'espèce , la taille, il indique encore à l'homme des champs si l'éducation ou l'entretien est plus facile, plus avantageux , ou moins favorable que l'engraissement.

Je comprendrai cette influence sous trois points de vue principaux :

1° Les systèmes herbifères,

2° Les systèmes granifères,

3° Les systèmes industriels;

et j'examinerai d'une manière générale les spéculations animales que déterminent ces divers genres de culture.

§ 1. SYSTÈMES HERBIFÈRES.

Pâturages naturels. Lorsque le pâturage existe sur des fonds graveleux, sur des plaines imperméables, sur des pentes rapides, des sols escarpés, sur le sommet de montagnes inaccessibles à la charrue, le seul bétail qui puisse utiliser avantageusement la production herbacée sont les animaux d'élevage ou d'entretien. De tels sols sont trop peu fertiles, trop arides, pour que le pâturage soit d'un ordre élevé, et que la spéculation de l'engraissement des animaux de très-haute stature y soit possible, c'est-à-dire favorable. On ne peut suivre ou adopter dans de telles conditions que trois genres d'industrie : 1° l'élevage de la race bovine, celles chevaline et ovine ; 2° l'entretien de la race bovine ; 3° l'engraissement de la race ovine. Ainsi, au sein des montagnes de la Franche-Comté, de l'Auvergne, du Forez, du Jura ; des terrains incultes de la Bretagne, du Berry, de la Sologne, du Perche, etc., etc., où la production herbacée est peu abondante, où elle est tantôt fine, délicate, odoriférante, tantôt grossière et peu nutritive, mais toujours suffisante à l'entretien des mères, on multiplie et on élève la race bovine, et cette spéculation animale donne des résultats pécuniaires satisfaisants, eu égard à la valeur foncière de ces terrains. Ainsi encore on élève, sur les montagnes du Doubs, des Pyrénées ; sur les éminences prononcées de la Bretagne, du Morvan, des Ardennes ; au sein du delta du Rhône, etc., des chevaux de petite taille, mais très-remarquables par leur vigueur et leur

rusticité. Quant à la race ovine, on l'élève et on l'entretient sur toutes les terres incultes des montagnes et des plaines du Berry, des Pyrénées, du Béarn, des Alpes, de la Provence, de la Bretagne, etc. : et c'est dans les pâturages les plus riches de ces lieux qu'on y engraisse soit à l'automne, soit au printemps, quelques troupeaux de jeunes moutons.

Nonobstant, il faut reconnaître que lorsque les parties montagneuses sont couvertes d'arbres, ou que le pâturage qui les recouvre est plus humide, plus productif durant l'été que les ressources hivernales que l'on peut y posséder depuis l'automne jusqu'au printemps, les vaches y donnent un lait abondant et précieux pour la fabrication des fromages, qui constitue une branche d'industrie agricole éminemment utile pour ces lieux. Ainsi, sur les cimes élevées des Alpes, du Jura, de la Franche-Comté, du Forez, de l'Auvergne, des Vosges, du Dauphiné, du Vivarais, etc., les vaches donnent beaucoup de lait, que l'on convertit sur les lieux mêmes en fromages renommés, qui varient suivant les localités, la nature du lait, l'habileté du manipulateur, et qui donnent au montagnard plus de bénéfices que les cultures agricoles ou forestières qu'il pourrait y établir.

Ce que nous venons de dire des pays peu fertiles d'une vaste étendue, s'identifie parfaitement avec toutes les exploitations en *période forestière*, quelles que soient leur situation et la nature de leurs terres. Ces dernières, qui sont généralement couvertes de pâturages très-maigres, souvent même très-arides, ne permettent que la multiplication et l'entretien d'animaux de petite taille. C'est principalement au sein des landes de la Sologne, du Berry, de la Guienne, de la Bretagne, qu'il est de toute importance d'avoir égard à l'influence de la production fourragère dans les spéculations animales. Une industrie mal choisie, mal déterminée, peut avoir des conséquences excessivement graves, elle peut précipiter défavorablement la marche de l'entreprise. Lorsqu'on habite une terre aussi pauvre, sur laquelle la production des fourrages artificiels doit être regardée comme impossible, et où il est nécessaire de suivre et d'adopter la *culture pastorale pure*, il ne faut pas oublier un seul instant que l'engraissement des animaux domestiques, quels qu'ils soient, est une industrie qui doit être et qui sera toujours inconnue des populations qui vivent au sein des landes de bruyères. La race ovine, qu'elle soit petite, et que sa toison soit formée de laine courte, grossière et mélangée de poils morts, s'y entretiendra ; elle élèvera sa progéniture. et même, à la pousse de la lande, elle pourra s'y engraisser parfois, si elle a été confinée sur ce pâturage déjà en bon état de chair, alors souvent que la race bovine y vivrait avec peine.

Il me paraît inutile de rappeler ici l'avantage des races indigènes dans les pâturages naturels abandonnés à la dépaissance de la race bovine et ovine. Les faits prouvent chaque jour qu'il est indispensable de conserver les races d'animaux, et les spéculations que la nature a déterminées au sein des grands pâturages de montagnes ou de bruyères qui doivent être généralement dévolus à l'élevage et à l'entretien. C'est que la nature a contracté avec l'homme de ces lieux, dont l'existence est entièrement nomade, une obligation bienfaisante, celle de nourrir victorieusement les animaux qu'elle y fait naître, de manière à ce qu'il les considère comme utiles et indispensables.

Pâturages artificiels permanents. Sous cette dénomination, je comprends tous les pâturages que l'homme a conquis sur la nature, et qui résident soit sur le bord des fleuves, des rivières, des cours d'eau, soit dans le fond de larges et profondes vallées. On ne peut mettre en doute que ces pâturages ne soient pas le résultat immédiat des efforts, du travail, de l'intelligence de l'homme qui a secondé la nature dans ses créations ; aussi est-il nécessaire, pour que la fertilité de tels pâturages se maintienne, pour que l'herbe y soit chaque année abondante, que l'homme associe son travail à celui de la nature. Sans cette union, cette dernière pourrait s'abandonner à elle-même et ne plus présenter les mêmes richesses.

Au sein de lieux aussi riches, le but du cultivateur est tout à fait changé. Ce n'est plus l'éducation, l'entretien même des animaux qui occupent principalement ses pensées ! L'herbe de ces pâturages, auxquels on donne le nom d'*embouches*, a une valeur trop élevée et végète avec trop de vigueur pour qu'on puisse la faire consommer par de jeunes bêtes. Cette production ne peut être pâturée que par des animaux à l'engrais. des bœufs ou des vaches, qui consomment une très-grande quantité de nourriture dans un faible espace de temps. Mais cet en-

graissement, ou, pour mieux dire, ce genre de consommation, exige plus de connaissance ; il demande un esprit agricole éminemment supérieur. Au sein des landes, des bruyères, des pâturages des montagnes, l'élevage ou l'entretien n'est qu'une routine, une tradition ; et il ne suffit au pasteur que de savoir saisir l'à-propos lors de la vente, et de placer, autant que cela lui est possible, les animaux qu'il possède ou que l'on a confiés à sa garde, à l'abri de certaines influences atmosphériques. L'engraissement exige, au contraire, des connaissances spéciales. C'est qu'il ne suffit pas à l'herbager de savoir vendre, il faut qu'il sache acheter, et qu'il connaisse toutes les finesses de l'art. On conçoit combien le tact, l'habitude des affaires, caractérisent un homme habile dans ce genre d'industrie animale.

Les spéculations que l'herbager peut adopter dans les gras pâturages sont déterminées par l'usage de la contrée et la valeur absolue de ces embouches ; mais ces industries sont peu étendues, elles sont limitées à l'engraissement de la race bovine et ovine, à l'entretien de grandes vacheries et à l'éducation de chevaux très-étoffés. Dans la vallée d'Auge, et celle du Cotentin en Normandie, on engraisse des bœufs, des vaches, que les herbagers vont acheter dans la Bretagne, le Maine, l'Anjou, le Poitou, le Berry, etc., quelques moutons, qui consomment l'herbe délaissée par les premiers, et on élève des chevaux. Dans le pays de Bray, au sein de la vallée de Neufchâtel, on entretient des vaches, et le lait de ces animaux est converti en beurre et en fromage, et sert à l'engraissement des veaux et des porcs. Le Charolais engraisse des bœufs qui ont été élevés dans le département de Saône-et-Loire et dans les provinces voisines ; la vallée de Lurcy, dans le Nivernais, engraisse des bœufs du pays et de l'Auvergne, et un assez grand nombre de veaux. On en engraisse aussi sur quelques sommets élevés : le haut Languedoc engraisse des bêtes bovines qu'il tire de l'Auvergne, du Rouergue, du Limousin ; certains plateaux du Jura et des Alpes engraissent des bœufs, des vaches, au commencement de la belle saison, etc., etc.

Toutefois, on commettrait un crime de lèse-pâturage si on abandonnait ces diverses spéculations à elles-mêmes. Il faut savoir à l'avance quelle est la race et quels sont les animaux que l'on doit choisir et confiner au sein de l'embouche , si, à telle ou telle époque de l'année , l'élevage n'est pas plus lucratif que l'engraissement , et si l'entretien même de certaines espèces et de races spéciales ne s'allie pas avec cette pratique , qui offre toujours des difficultés à vaincre. Tous les pâturages qui appartiennent à la *période herbifère* n'ont pas la même fertilité et la même valeur foncière. Ainsi les pâturages des marais du Bas-Poitou, de la Saintonge et de la Vendée, où on élève et multiplie les races bovine et chevaline du Poitou , et où on engraisse de grands bœufs maraîchins , que la boucherie de Paris estime peu , ne sont pas aussi riches que les embouches de la Normandie ; les herbages du Maine ne peuvent être mis en parallèle avec les riches pâturages du Charolais. Cette dissemblance de fertilité et de richesse doit donc, dans toutes les circonstances de la vie agricole , engager l'herbager à proportionner la taille et les exigences des individus sur lesquels il veut spéculer, à la nature et à l'abondance de l'herbe des embouches sur lesquelles il habite.

§ 2. SYSTÈMES GRANIFÈRES.

La vie nomade qui existe dans toute sa pureté au sein des terres arides de bruyères et d'ajoncs, au sein des montagnes des Alpes , de l'Auvergne , du Jura, etc., sur les plaines de la Camargue , dans les vallées du Charolais, de la Normandie , etc., perd de son caractère lorsque la charrue favorise la croissance des céréales. Ici , l'homme n'est plus pasteur, il est agriculteur, et la charrue qui l'enchaîne à la terre recule les bornes des peuples civilisés. Mais l'homme , qui ne subsiste qu'aux dépens des animaux , ne peut abandonner leur éducation et leur multiplication. Nous avons dit qu'à côté d'un animal il naissait une famille , et qu'à côté d'un pain il naît un homme. Sans les animaux , qui concourent puissamment à la production de cette denrée si nécessaire à l'existence de l'homme , le sol ne présenterait partout qu'un champ aride et sauvage , et deviendrait le partage de la nature. Il suit donc de là que la culture du sol et la multiplication des animaux sont corrélatives entre elles , et que l'homme ne peut sacrifier l'une d'elles sans compromettre l'existence de l'humanité tout entière. N'oublions pas, toutefois, que ces deux industries peuvent être modifiées de diverses manières et par des circonstances très-multipliées.

Agriculture pastorale mixte. Cette culture consiste à abandonner pendant plusieurs années une partie de terres arables à la nature, qui les couvre d'herbes avant de les soumettre de nouveau à la charrue. Ces pâtures terminent toujours les rotations de culture , quelle que soit leur durée ; et c'est sur leurs produits que repose la multiplication du bétail. Lorsque la culture pastorale mixte existe sur des terrains siliceux ou silico-argileux, ces pâturages ne sont bien garnis que quand le sol est de moyenne fertilité. Si la couche arable repose sur un sous-sol inerte, et si les produits en céréales ne sont pas très-remarquables , les plantes qui couvrent la terre ne permettent guère que l'entretien d'un bétail indigène de petite taille. Leur production herbue est faible , et même , dans beaucoup de lieux, elle n'a pas de très-grandes propriétés nutritives. Les sols argileux sont généralement supérieurs à ces terrains quant à la production herbifère. On remarque toujours moins de plantes inutiles , et le ray-grass , le poa , le trèfle blanc, s'emparent avec facilité de la couche végétale.

Mais , si ce système de culture ne permet pas toujours de nourrir victorieusement les animaux durant l'hiver, lorsque l'exploitation ne possède point de prairies naturelles , et si le pâturage d'été est parfois insuffisant à la nourriture du bétail parce que la végétation des plantes est arrêtée par le manque d'humidité du sol et la chaleur élevée de l'atmosphère , cette culture s'identifie parfaitement avec les sols pauvres , certains climats et quelques habitudes des populations. Sur des terres qui ne peuvent produire le trèfle, la luzerne , le sainfoin, ce système , quelque sauvage qu'il puisse être , est nécessaire et utile, puisqu'il suffit à nourrir les animaux qui favorisent la croissance des plantes servant à la nourriture de ceux qui le dirigent. Sans lui , à moins que le cultivateur n'ait recours à des moyens spéciaux, de grands déboursés de capitaux, par exemple, ces terres reprendraient leur caractère sauvage et forceraient l'homme à redevenir pasteur.

La culture pastorale mixte existe en France dans un grand nombre de provinces et sur des sols de diverses natures, et de fertilité différente. On la rencontre dans les Vosges, les Ardennes, les Cévennes, l'Anjou, la Bretagne, le Berry, etc. , etc. , et chaque contrée a , pour ainsi dire , sa spéculation animale. Ici , au sein des montagnes , l'élevage , soit des bêtes à laine , soit des bêtes bovines , soit même de la race chevaline , est une nécessité , et cette industrie est rarement infructueuse. Là , au sein de la plaine, le cultivateur multiplie de préférence la race ovine, et souvent son engraissement utilise avec succès le pâturage des *terres en repos* , et des chaumes durant l'automne. Ailleurs , où les haies divisent et subdivisent les champs , la multiplication de la race bovine et l'engraissement de quelques lots de moutons constituent des industries très-lucratives.

La fertilité de la terre , ainsi que l'ordre des cultures, c'est-à-dire les rotations, modifient puissamment les espèces , les races d'animaux et les spéculations qui permettent au cultivateur de convertir en argent les productions herbacées. Lorsque la terre est sortie de la *période pacagère* , et qu'elle est arrivée dans la *période fourragère*, que les cultures fournissent des pailles suffisantes pour l'empaillement des animaux, lorsque ceux-ci commencent à séjourner à l'étable, que le trèfle est fauchable , puis pâturable, que les prairies naturelles suffisent à la nourriture du bétail pendant l'hiver, le cultivateur dirige principalement ses vues vers l'éducation du gros bétail. La race ovine n'est pour lui qu'un animal secondaire , à moins que le sol ne soit sec et très-siliceux. Lorsque le sol réside dans la *période céréale* , où la terre produit des fourrages nombreux et remarquables par leurs facultés alibiles , où la culture de la betterave, du navet, des vesces , du trèfle, etc , etc., est facile et productive , l'engraissement mixte , de pouture de la race bovine , occupera les pensées premières du cultivateur, à moins qu'il ne se trouve placé dans une contrée où la vente du lait , la fabrication du fromage , du beurre , l'engraissement des veaux , lui permettent d'entretenir une grande vacherie. Ainsi , dans le Bocage de la Vendée, on engraisse des bœufs du pays , du Maine , de la Saintonge , de l'Auvergne , du Poitou , etc., et ces animaux , qui sont âgés de 6 à 12 années , ont été élevés dans les contrées qui leur donnent leurs noms , mais ils ont travaillé généralement dans les provinces voisines de la contrée où on les engraisse. On multiplie et on élève aussi la race bovine dans cette partie de la région de l'ouest, comme on élève et on engraisse dans le Limousin , mais cette industrie n'est que très-secondaire. Lorsque les bœufs d'élève,

je ne parle pas des jeunes femelles , elles ne sont pas, pour ainsi dire , exportées du Bocage , ont utilisé les pâturages naturels qui sont le plus souvent couverts de genêts durant une ou deux années , les cultivateurs les livrent à des marchands qui les conduisent dans toutes les contrées environnantes où ils travaillent pendant plusieurs années. Ce genre de spéculation est aussi en usage dans le Nivernais , le Berry , le Bourbonnais , le Lyonnais , etc. , et il est bien rare qu'il ne procure pas au cultivateur des bénéfices sensibles. Enfin , il est des contrées où les pâturages de ce genre de culture servent encore à nourrir , depuis le mois de juillet jusqu'à l'automne , des moutons que l'on engraisse à la bergerie pendant l'hiver, et de jeunes poulains d'un an , depuis le printemps jusqu'au moment où les foins ont disparu des prairies.

Ainsi donc , plus qu'aucun autre système de culture , l'agriculture pastorale mixte favorise l'existence du bétail, quelle que soit la nature et la fertilité de la terre. Dans les *périodes pacagère et fourragère* , les animaux, par rapport aux bénéfices nets qu'ils peuvent donner, auront toujours une prééminence très-prononcée sur la culture des céréales , et ils doivent être regardés comme moyen transitoire entre la vie pastorale mixte et l'existence agricole proprement dite ; et si , dans la *période céréale* de ce système de culture , quelques-unes des industries animales nécessitent un capital d'exploitation et de circulation assez considérable , le produit net de ces spéculations n'en surpassera pas moins les bénéfices que l'on est en droit d'attendre de la culture des plantes alimentaires pour l'homme , si surtout le cultivateur a en égard à la fertilité du sol, et à la taille et au volume des animaux sur lesquels il spécule , et s'il n'a point adopté des industries de fantaisie que les usages et les débouchés ne commandent pas.

Agriculture biennale et triennale. L'agriculture biennale, qui ne laisse point ses terres arables se couvrir de pâturage , favorise particulièrement l'éducation des bêtes à laine ainsi que la culture triennale. Ces cultures , qui sont l'apanage des plaines peu fertiles , ou riches , mais soumises aux effets déplorables de la *vaine pâture* , ne connaissent pas , pour ainsi dire , l'éducation de la race bovine. On n'y entretient que des vaches pour le lait, la fabrication du beurre , l'engraissement des veaux, et la race chevaline n'y est multipliée que sur une très-petite échelle.

Il est nécessaire, toutefois, de distinguer les cultures biennale et triennale primitives de celles qui ont perdu leurs caractères primordiaux. Ainsi, il est des localités où la culture biennale, au lieu de présenter la rotation suivante : 1° *jachère fumée*, 2° *froment;* ou 1° *jachère fumée*, 2° *seigle;* ou encore 1° *jachère fumée*, 2° *orge*, est ainsi conçue : 1° *navets*, 2° *seigle;* ou 1° *navets, pommes de terre*, 2° *seigle*. On conçoit combien ces navets ou ces pommes de terre peuvent changer les spéculations animales que l'on adopte. En effet, c'est par la culture du turnep introduit dans la culture biennale des comtés de Durham et d'York, en Angleterre, que les cultivateurs de ces provinces, où le sol est généralement graveleux, sont arrivés à élever et même à engraisser les animaux si remarquables qui caractérisent ces comtés. On sait que l'introduction du trèfle dans les plaines de la Beauce, de la Moselle, de Caen, etc., a modifié favorablement l'assolement triennal qui y était en usage depuis plusieurs siècles. La rotation, qui était alors : 1° *jachère fumée*, 2° *froment*, 3° *avoine*, se présente ainsi aujourd'hui : 1° *orge*, 2° *trèfle*, 3° *froment;* ou 1° *froment*, 2° *avoine*, 3° *trèfle*, ou autre légumineuse, et il existe toujours hors d'assolement une ou plusieurs soles en *sainfoin* ou *luzerne*. L'introduction de cette sole fourragère a métamorphosé l'ancien ordre de choses quant aux animaux. De nombreux troupeaux de bêtes ovines à laine fine, soit mérinos pur, soit métis, ont succédé aux animaux d'origine française, dont la toison est flottante et la laine grossière et lisse, et sur quelques points l'élève du cheval a attiré les regards d'un grand nombre de cultivateurs à céréales, et les bêtes bovines de rente ont augmenté en taille, en volume, et ont été nourries presque exclusivement à l'étable, surtout pendant l'hiver et l'été.

Il résulte donc de ces faits, que les dénominations que l'on donne à ces cultures granifères ne peuvent être utiles pour connaître les spéculations animales qu'elles peuvent comporter, qu'autant qu'elles indiquent la nature des produits. Néanmoins, lorsque l'assolement biennal ou triennal existera sur une ferme dans toute sa pureté, et que l'exploitation ne possédera pas une étendue considérable de prairies dites naturelles, les animaux que le sol pourra nourrir seront peu remarquables sous tous les rapports, à moins cependant que, placé dans une position exceptionnelle, l'homme ne supplée par son intelligence et ses capitaux à l'ingratitude de la vie végétale. L'agriculteur ne pourra se livrer qu'à l'entretien de quelques vaches et à la multiplication des bêtes à laine. Quant à l'engraissement, il se réduira à ces derniers animaux, et sera mis en pratique sur les chaumes des céréales, depuis la moisson jusqu'au commencement de la saison hivernale.

§ 3. SYSTÈMES INDUSTRIELS.

L'influence des assolements commerciaux sur les spéculations animales résulte plutôt de l'alternance et de la nature des récoltes, que de la composition du sol qui réside dans la *période commerciale*.

Si l'assolement comporte des soles fourragères en quantité rationnelle, les animaux nécessaires à l'exploitation peuvent exister, se multiplier, changer d'état, quand bien même la ferme ne posséderait aucune prairie dite naturelle, et dès lors le cultivateur peut élever, engraisser, tous les animaux domestiques que les débouchés locaux réclament. Mais, si les rotations sont toutes commerciales, comme l'assolement suivant, par exemple, en usage dans le département du Nord, aux environs de Lille : 1° *pavots*, 2° *blé*, 3° *fèves*, 4° *blé*, 5° *orge*, 6° *trèfle*, 7° *blé*, 8° *colza*, 9° *blé*, 10° *avoine*, il est évident qu'il faut le concours de très-grandes étendues en prairies pour que la culture puisse se soutenir, ou acheter beaucoup de fumier ou d'engrais pulvérulent. Les spéculations que permettent de semblables assolements à l'intérieur des terres se resument ainsi : élevage et engraissement de la race ovine, entretien et engraissement de la race bovine. Il ne peut être question de l'éducation de cette espèce de bétail, à moins que les jeunes animaux ne soient élevés en stabulation absolue, ou que les prairies n'occupent une très-grande surface de terrain. Mais, comme il importe de produire une grande quantité de fumier, afin de maintenir la fertilité du sol, il faut se livrer à l'engraissement de la race bovine, qui pourra avoir lieu, soit durant l'hiver avec la production sèche des prairies, soit au printemps avec leur production verte. Cette spéculation augmentera considérablement la masse des fumiers.

On sait que les engrais sont d'autant plus abondants que les animaux sont confinés plus longtemps à l'étable.

Lorsque les assolements commerciaux comportent des soles fourragères de produits très-divers, tels que betteraves, pommes de terre, luzerne, sainfoin, vesce, trèfle, etc., toutes les spéculations animales sont possibles. Je dis *possibles*, je ne veux point dire lucratives! Ici, l'engraissement des bœufs et des vaches pourra être nécessaire pour consommer les fourrages, qui n'ont aucune valeur commerciale, et à cause de la production des fumiers, et être un mal nécessaire; là, l'entretien des vaches sera peut-être indispensable, parce qu'il importe encore de produire des engrais, et qu'une laiterie ou une fromagerie peut diminuer la perte qui résulte de l'entretien d'une vacherie. Mais fût-il vrai que, dans telle ou telle exploitation, il soit impossible de renoncer à l'une ou l'autre de ces spéculations, l'élevage ou l'engraissement des bêtes à laine n'en reste pas moins une opération lucrative. Non-seulement ces animaux, dans les cultures qui comportent des plantes industrielles, utilisent des productions herbacées qui, sans eux, seraient complétement perdues, mais, à certaines époques de l'année, ils parqueront et faciliteront les travaux de culture. Durant l'hiver, s'ils sont mis à l'engrais, ils permettront encore, comme l'engraissement des bêtes bovines, de réaliser la valeur vénale de certains fourrages, tout en augmentant la masse des fumiers. Quant à la multiplication de la race bovine, il est bien rare qu'elle soit favorable si elle a lieu à l'étable. Cette branche d'industrie n'est réellement lucrative que lorsqu'elle a lieu en liberté, au sein de prairies ou de pâturages *ad hoc*, comme cela a lieu pour la race chevaline.

Quoi qu'il en soit, c'est à l'agriculteur industriel, suivant les circonstances au sein desquelles il cultive, à déterminer la spéculation ou les industries animales qu'il peut adopter. Le sol, les circonstances locales, les débouchés, sa position comme fermier ou comme propriétaire, la longueur du bail, les récoltes industrielles qu'il peut et doit produire, les engrais qu'il doit créer ou fabriquer, auront toujours une influence sensible dans les déterminations qu'il pourra prendre. Enfin, la force de son capital de circulation devra être aussi prise en considération. On sait que l'engraissement des bœufs, des vaches, des moutons, nécessite toujours un capital de roulement plus considérable que celui que nécessitent l'élevage et l'entretien de ces animaux.

SECTION IX.

De l'Appareillement.

La vie animale, soumise à la domesticité, n'est qu'une dégénérescence continuelle, et cette altération, cet amoindrissement, doit être le but vers lequel doivent être sans cesse dirigées les vues de l'éleveur. Si les animaux domestiques persistaient dans un état de conformation et d'ensemble parfait ou favorable malgré un mauvais choix dans les individus reproducteurs, l'alliance des mâles et des femelles ne serait pas soumise à des lois aussi fixes et aussi invariables que celles qui régissent l'accouplement. Dans la nature, les animaux ne travaillent pas, et nous ne leur demandons aucun produit journalier ou annuel. La liberté, l'influence d'un air toujours pur favorisent leur existence à tel point qu'ils ne connaissent pas pour ainsi dire les maladies qui affectent les individus que nous possédons dans nos étables. Et il faut reconnaître, d'un autre côté, que le repos qu'ils peuvent prendre à volonté et les nourritures que la nature leur fournit sans cesse les placent dans des conditions naturelles privilégiées, circonstances où ils résistent parfaitement aux transitions atmosphériques, quelque brusques qu'elles puissent être. Cette propension des animaux sauvages à se maintenir continuellement dans un parfait état d'existence, doit forcer le cultivateur à se reporter toujours vers l'état naturel, et à arrêter la dégénération dès qu'elle se manifeste sur les races qu'il possède.

Le procédé le plus naturel qui permet au cultivateur la reproduction d'individus supérieurs ou au moins égaux, aux animaux reproducteurs qui vivent sur son exploitation, sans le concours de moyens particuliers, est l'acte zoologique auquel on a donné le nom d'*appareillement*. Sous ce mot on entend la jonction ou l'accouplement d'individus de sexes différents appartenant à la même race, mais choisis de manière à améliorer celle-ci ou à empêcher qu'elle ne périclite, ou qu'elle ne se dégrade. Ainsi, l'appareillement de deux animaux nous représente un accouplement raisonné par lequel on veut *produire mieux* ou empêcher une race de dégénérer.

L'amélioration d'une race par elle-même ou par le concours de l'appareillement, est beaucoup plus certaine que par l'œuvre de croisement, et elle demande et nécessite moins de surveillance, de soins et de capitaux ; mais elle est moins rapide, moins prompte et exige une longue série de générations. Mais pour qu'un perfectionnement imprimé chez un animal par le concours de l'appareillement puisse être regardé comme une véritable amélioration, il faut que les animaux, pendant cette métamorphose ou cette régénération, ne perdent aucune de leurs qualités typiques originelles. La vitesse, l'énergie, la force ou la puissance musculaire, la rusticité, l'agilité, la sobriété, etc., sont des propriétés qu'on ne peut regarder comme des défauts et dès qu'elles disparaissent, ou que l'une d'elles s'amoindrit entièrement, il faut regarder ce fait comme une dégénération.

Quelle que soit la race que l'on désire régénérer, il faut, pour produire des individus qui aient le moins de défauts et le plus de qualités possible, que les mâles et les femelles présentent un ensemble parfait de formes, ou que les défauts de l'un soient entièrement opposés aux qualités de l'autre. Un juste ensemble ou un rapport exact de caractères extérieurs a une prépondérance sensible sur la conformation et la manière d'être des produits, et il est bien rare que cette similitude ou cette différence ne précipite pas favorablement la régénération d'une race si elle est multipliée dans la localité d'où elle est originaire. Sous l'influence d'un tel accouplement, c'est-à-dire d'une correspondance prononcée entre les défauts et beautés, les produits gagnent un juste équilibre entre le mâle et la femelle. Ces conditions sont loin d'être réalisées chaque jour au sein des campagnes. Les accouplements ont lieu généralement sans choix préalable, à cause de la difficulté que l'on éprouve d'approprier un mâle à la femelle que l'on veut faire saillir, et de l'impossibilité dans laquelle on se trouve souvent de posséder un animal mâle reproducteur. De là, il résulte que la vertu fructifiante de la femelle répond difficilement à la force et à la beauté des mâles, et que les produits naissent très-fréquemment décousus, sans équilibre, que la valeur de la race diminue ou reste stationnaire. D'un autre côté, il faut reconnaitre que les mâles, ceux surtout appartenant à la race chevaline et à celle bovine, résident le plus ordinairement sur des exploitations riches en substances fourragères, et que leur volume et leur stature ne sont que très-rarement en harmonie avec l'ensemble des femelles avec lesquelles on les accouple. Ces individus reproducteurs, généralement plus grands que les femelles, impriment aux extraits une force trop sensible et toujours disproportionnée avec le produit alimentaire que la mère est susceptible de lui accorder. Cette marche dégénérante est plus grave qu'on ne le croit communément, et il faut de longues années pour réparer ce mal. Sans aucun doute, il serait préférable d'appareiller deux animaux qui réuniraient un ensemble parfait quant aux formes et à la stature ; mais il est bien rare de posséder un mâle et une femelle qui aient la même taille, la même conformation, les mêmes qualités. Aussi considère-t-on un tel accouplement, sinon comme impossible, du moins comme très-difficile. Il faut donc sans cesse chercher, par le concours de l'appareillement, à corriger, à combattre les défauts d'une race. Toutefois, il est indispensable de diriger l'assortiment de manière à ne détruire, ou pour mieux dire, ne combattre qu'un défaut à la fois, si on veut éviter des mécomptes. Pendant longtemps on avait cru que la nourriture pouvait modifier entièrement une race. Cette idée était une erreur. La nourriture, quelle qu'elle soit, développe les perfections, mais ne les fait pas naître, et même je dirai que dans beaucoup de cas elle reste impuissante et laisse prédominer les vices et les défauts. C'est par l'appareillement seul que l'on arrive à fuser ou à contre-balancer les imperfections ou les défectuosités d'une race. On sait que des contrastes nait toujours l'harmonie.

L'appareillement a donc pour but de modifier une race, de la rendre préférable selon le sol, la localité, les services auxquels on la destine et les produits qu'on lui demande. Cet acte zoologique est soumis à des règles pour ainsi dire fixes et invariables. Ces lois se rapportent :

1° à l'âge des reproducteurs ;
2° à leur taille ;
3° à leurs formes ;
4° à leurs qualités et leurs défauts ;

Et leur influence sur les extraits est d'autant plus sensible et favorable qu'on a pour but de prévenir la dégénération et l'abâtardissement d'une race, et non d'en créer une par ce procédé d'ac-couplement.

1° Il est un principe qu'on ne peut contester, c'est que les meilleurs pro-duits proviennent toujours des animaux adultes. En effet, lorsque les animaux reproducteurs sont parvenus à leur en-tier développement les extraits sont meilleurs et ont moins de prédisposi-tions à s'abâtardir, et il est certain que les mâles et les femelles conservent plus longtemps leurs facultés généra-trices.

En général, on emploie pour la re-production des animaux trop jeunes. Il semble qu'il y ait nécessité à profiter de l'accroissement des individus femelles qui est généralement plus prompt que celui des mâles. Cette erreur est grave, et elle porte avec elle des conséquences par fois très-fâcheuses. Les femelles que l'on fait couvrir trop jeunes exercent une influence toujours défavorable sur les produits, si surtout le mâle est vi-goureux et plus volumineux que la ju-ment ou la vache. Le fœtus tenant plus du père que de la mère se trouve res-serré dans l'utérus et y éprouve un malaise toujours nuisible à son avenir; et la parturition devient difficile et pé-nible pour la mère. Ainsi, le premier veau d'une génisse est toujours chétif, et donne une viande de qualité infé-rieure. Le premier poulain que donne une pouliche est toujours plus petit, moins vigoureux, que ceux qui naîtront par la suite. Il ne faut pas croire que cette débilité, cette petitesse, résultent d'une première naissance. Si ces pro-duits sont peu remarquables, si ces extraits sont, ainsi que le dit Buffon, indignes d'être élevés, cela tient uni-quement à ce que les femelles avaient été accouplées trop jeunes. On a dit que cette chétiveté ne pouvait être regardée comme un mal, et que la nourriture corrigeait victorieusement un tempéra-ment délicat. On ne doit pas oublier que la nourriture est souvent impuis-sante pour corriger les défauts de la na-ture ou de l'imprévoyance de l'homme, et qu'une femelle qui devient mère de trop bonne heure, ne fournit pas à son produit tout le lait qu'il doit recevoir pour grandir et prendre un développe-ment remarquable dans son jeune âge. On a dit encore qu'une femelle pouvait être couverte très-jeune avec succès si elle vivait sur une exploitation abon-damment pourvue de substances four-ragères. Ce raisonnement est encore une erreur. Une jeune femelle qui a été saillie par un mâle plus vigoureux qu'elle, quoique bien nourrie par des aliments très-nutritifs, n'existe pas dans des conditions satisfaisantes. D'une part, étant dans un état de croissance elle a besoin pour elle-même de toute la nourriture qu'elle consomme, et alors le produit reste rabougri ; de l'autre, si les substances alimentaires qu'elle reçoit profitent favorablement au fœtus, elle reste petite, manque de sta-ture, et on peut craindre un avortement. On conçoit quelles fâcheuses influences ces causes peuvent avoir pour l'avenir d'une race, et quels soins il faut donner aux extraits et aux mères si on veut éviter une prompte dégénération.

Quant aux mâles, il faut, autant que possible, ne les employer que lorsqu'ils sont remarquables par leur force et leur vigueur. Un mâle qui n'est pas arrivé à un état satisfaisant, qui n'a pas toutes ses facultés reproductrices, se ruine en vains efforts ou produit toujours un amoindrissement dans la taille, les formes, la vigueur des extraits. Toute-fois, les inconvénients qui résultent de l'emploi d'un mâle trop jeune sont moins graves que les effets qui découlent de l'accouplement d'une jeune femelle avec un mâle adulte. Ainsi, l'influence du mâle ne se manifeste que pendant le temps de la gestation, et si cet animal n'exécute pas des saillies nombreuses, qui ne soient pas en rapport avec son état normal, et si la nourriture et les soins qu'il reçoit répondent aux fatigues qu'il éprouve, il résistera néanmoins assez avantageusement. Il n'en est pas de même de la femelle, l'influence d'un accouplement prématuré se fait sentir pendant la gestation et longtemps, pour ne pas dire toujours, après la naissance du produit.

Quoi qu'il en soit de ces principes, on ne peut fixer d'époque fixe, invariable, pour les accouplements. L'âge le plus favorable pour l'appareillement des re-producteurs, est l'époque où les animaux sont dans toute leur force, où ils ma-nifestent depuis quelque temps le désir de s'accoupler, et ce moment sera plus ou moins tardif selon les espèces et la force, la vigueur des individus. On doit écarter avec soin de la génération les individus trop âgés qui ne produisent la plupart du temps que des ani-maux chétifs et rabougris, et qui sou-vent même ne procréent rien, quoiqu'ils manifestent des signes de chaleur.

2° Les opinions à l'égard de la taille des animaux que l'on doit appareiller, sont très-divergentes, surtout pour celle de l'étalon. Quelques zoologistes préten-dent, contre les Anglais, que la taille des animaux domestiques n'est pas dans le sac à l'avoine, parce que la taille des produits, lorsqu'ils sont adultes, dépend plus de la femelle que du père ; et on cite à cet égard les mulets qui résultent de l'accouplement du baudet et de la jument. Cette théorie, qui peut être vraie dans quelques circonstances, ne doit pas être prise dans un sens absolu. L'expérience sanctionne chaque jour qu'un étalon petit ne peut donner naissance à des produits élevés, si surtout la femelle ne se distingue pas par une haute stature et un ensemble parfait de conformation. Il ne faut pas, toutefois, que la taille de la femelle soit très-peu élevée. Si celle-ci est de très-petite stature et le mâle de très-haute taille, il en résultera encore de mauvais produits, des extraits abâtardis, décousus et très-disproportionnés dans leurs formes. Le mâle aura imprimé une force, une impulsion de croissance extraordinaire qui, au lieu de se répandre sur toutes les parties du corps pour établir un juste équilibre entre les formes, se jettera sur quelques-unes, soit sur la tête, soit sur les membres, soit sur la poitrine, etc., etc.

Des faits nombreux confirment aujourd'hui la théorie du docteur H. Cline, qui veut que les femelles soient appareillées avec des mâles proportionnellement plus petits qu'elles. On a généralement imaginé, dit-il, qu'une race s'améliorait par l'emploi de mâles de la plus haute taille. Cette opinion a été la cause de considérables mécomptes, et en aurait produit davantage si elle n'avait eu pour contre-poids le désir de ne choisir que des animaux bien conformés et bien proportionnés, beauté qui se rencontre rarement dans les bêtes de grande taille. L'expérience a prouvé que le croisement n'a eu de vrai et éminent succès que dans les circonstances où les femelles ont été plus grandes que les mâles, dans la proportion de grandeur des femelles aux mâles, et qu'il a généralement été sans bon effet toutes les fois que les mâles ont été d'une taille disproportionnée avec celle des femelles. La taille et la dimension du fœtus sont généralement en rapport avec celle de l'étalon son parent mâle ; il s'ensuit que, quand la mère est d'une petitesse disproportionnée, il n'y a plus assez de nourriture pour le produit, dont les formes, naturellement, accusent toutes les disproportions d'un animal affamé. Au contraire, quand, par sa taille et sa bonne constitution, la femelle est supérieure à sa tâche, et peut donner plus petit qu'elle. la croissance de ce fœtus doit être d'au-

tant plus vigoureuse, et quand la naissance est venue, le jeune être trouve une nourriture abondante dans une mère chez laquelle la quantité de lait est en raison de sa taille et de sa force (1).

Cette doctrine a été réfutée par plusieurs zoologistes. Selon lord Spencer, cette théorie est contraire aux usages de la nature, et, en suivant ce mode d'accouplement, peu de générations suffiraient pour réduire la taille des mâles et des femelles, et pour en diminuer considérablement la valeur ; il n'est pas possible, dit-il, qu'on ait voulu que, dans la même race, le mâle fût plus petit que la femelle. Sans doute, ne vouloir, avec Cline, que les mâles les plus petits, c'est renoncer aux avantages obtenus en élevant de beaux, de grands individus : c'est méconnaître les vues de la nature, qui a fait les mâles plus grands que les femelles, et qui n'accorde qu'aux plus forts le droit de propager les espèces ; c'est renoncer à l'avantage de pouvoir, quand, par des améliorations agricoles, on a produit les fourrages convenables. avancer par un bon croisement le perfectionnement des animaux de plusieurs générations (2). Mais, ainsi que le fait observer John Sinclair (3), la doctrine de Cline a été souvent mal comprise. Il ne demande pas que la femelle soit plus grande que le mâle, mais que sa taille soit supérieure à la taille ordinaire des femelles, comparée à celle des mâles. Thaër partage l'opinion du docteur anglais. Il dit que, si l'on veut élever du gros bétail, il faut choisir des mères grandes et qui aient achevé leur crue ; car la grosseur et l'étendue du corps s'héritent décidément plus de la mère que du père, et ce fait se remarque en Suisse, où l'on cherche à maintenir les taureaux petits, à tel point que souvent le taureau est le plus petit animal de tout le troupeau (4).

Il résulte de la concordance de ces diverses opinions, qu'il faut élever la stature des extraits par le concours de l'alimentation et non par le mâle ; sans doute on citerait des faits qui prouveraient que, par le concours de mâles d'une petitesse extrême ou d'une très-

(1) *Traité sur la forme des animaux*, traduit par M. Sainte-Marie, *Annales de Grignon*, 3e livraison.
(2) Magne, *Traité d'Hygiène vétérinaire*, t. I, p. 235.
(3) *Agriculture pratique et raisonnée*, t. I, p. 194.
(4) *Principes raisonnés d'Agriculture*, t. IV. p. 183.

haute stature, on a obtenu des résultats favorables, et qu'on est parvenu à régénérer des races de la plus basse extraction. Mais ces faits ne sont que des exceptions à la règle générale et aux résultats que l'on obtient chaque jour. En général, les nains et les géants sont des animaux défectueux qui doivent être rejetés d'une ferme où il importe de produire de bons animaux. Il faut laisser à une nourriture copieuse et très-nutritive le soin de développer la taille, et reconnaître que, dans les accouplements par appareillement, les femelles proportiellement plus grandes que les mâles, auront toujours plus de vertu fructifiante et d'influence prépondérante sur la taille que les mâles, et qu'il faut demander à ces derniers l'énergie, la vigueur et des formes très-développées, qualités qu'ils peuvent transmettre avec succès à leurs descendants, et espérer des femelles le volume et la masse. Les extraits qui résulteront de l'appareillement d'un mâle de taille élevée et d'une petite femelle seront toujours de mauvais produits, tandis que les individus qui auront pour ascendants un père de taille moyenne et une mère de taille élevée, mais bien conformée, auront toujours un ensemble plus agréable et un accroissement plus régulier.

3° Si l'on observe ce qui a lieu chaque jour parmi les animaux qui vivent à l'état sauvage, on voit que les unions sexuelles ne sont pas toujours vagues et sans choix, que la femelle recherche le mâle le plus vigoureux, le plus robuste, et que celui-ci a un penchant très-prononcé pour les femelles fortes et élevées. C'est cette propension naturelle qui porte l'un vers l'autre les individus qui se ressemblent le plus par la vigueur et la beauté de leurs formes qui a conduit Grognier à penser que toutes les espèces se soutenaient à leur hauteur primitive. C'est aussi cette même propension qui rend les animaux indomptables et féroces lorsqu'ils sont en rut, ce qui devient souvent la cause des combats que se livrent les mâles, à la suite desquels la jouissance appartient au vainqueur; et cette récompense, qui est l'apanage du plus robuste, écarte de la génération les plus faibles, et montre le but de la nature, qui tend sans cesse à maintenir et à perpétuer favorablement les espèces.

L'appareillement des animaux domestiques doit se rapprocher autant que possible des lois posées par la nature, afin de faire naître sur les produits les formes les plus parfaites. Ainsi, il faut donner à des femelles vigoureuses des mâles pleins de vigueur et d'énergie, et que tous les deux aient une conformation aussi parfaite que possible. Mais, comme il est rare de posséder, ainsi que je l'ai dit précédemment, des mâles et des femelles sans défectuosité, que la plupart des reproducteurs ont des caractères généralement imparfaits, il en résulte qu'on doit chercher à corriger ou à fuser les défauts de l'un avec les qualités ou les défauts de l'autre : *Contraria contrariis sanantur.* Mais, pour obtenir la fusion des formes, il faut procéder avec lenteur. Ce n'est pas, ainsi que le fait observer M. Eugène Gayot (1), par des oppositions violentes et heurtées qu'on arrive, qu'on obtient un succès : c'est, au contraire, par de doux contrastes habilement ménagés que l'on parvient au but qu'on se propose d'atteindre. Il faut suivre toujours une marche graduelle : une différence trop tranchée dans les formes des individus ne peut donner naissance qu'aux disparates les plus choquantes. Et encore ce n'est souvent qu'à la seconde, et quelquefois à la troisième alliance, que les défauts les plus apparents commencent à disparaître.

Avant de procéder à l'amélioration des formes d'une branche d'individus, il faut étudier attentivement et les défauts de l'un et les qualités de l'autre qui doivent être opposés. Ainsi, une jument est-elle défectueuse par une tête longue ou busquée, par un garrot peu élevé, par un corps trop long, une encolure trop grêle, il faut l'accoupler avec un étalon qui sera remarquable par une tête courte ou carrée, un garrot très-sorti, un corps un peu court et une encolure fortement chargée de parties musculeuses. Une vache a-t-elle une poitrine étroite, un corps mince, une tête volumineuse, il y aura nécessité de l'appareiller avec un taureau ayant une poitrine douée d'une grande capacité et d'une largeur proportionnelle, un corps épais, carré, descendu, une tête petite, courte et peu chargée de cornes. On comprend toutefois que, dans une telle alliance, la différence entre les défauts ou les imperfections de ces deux animaux ne doit pas être très-disparate ; si cette différence était très-apparente, la fusion serait difficile, et l'un de ces défauts pourrait même s'exagérer sur les

_____

(1) *Économie du bétail*, agriculture de l'Ouest, t. I, p. 107.

produits , et persister dans la lignée de générations en générations , c'est-à-dire devenir héréditaire et d'une destruction presque impossible. C'est là , il faut le reconnaître , où réside la principale difficulté des appariements , et la cause première des dégénérations qui apportent ces changements si brusques et si funestes contre lesquels l'impuissance de la nourriture , des soins , de la volonté de l'homme même , s'annihilent toujours , et qui constituent des types où la nature primitive , le caractère essentiel , s'effacent presque subitement. Cette altération de l'organisation animale arrivée à un degré de perfectionnement qui satisfait aux exigences de la société , et qui rappelle sans cesse que la puissance de la nature n'a point de bornes , indique au cultivateur l'influence de la force intérieure d'accroissement , et l'action prépondérante de la négligence, de l'abandon , qui ont pour cause des transformations successives toujours défavorables , et l'invite à suivre une voie qui le conduise à obtenir une amélioration précieuse , un perfectionnement réel et durable tout en marchant avec le temps !

4° Il ne suffit pas que l'animal destiné à la reproduction soit exempt de vices ou de maladies héréditaires, qu'il présente une conformation conforme aux services auxquels il est destiné , il faut qu'il ait de la solidité sur ses membres , que son tempérament soit bon , qu'il ait de la vigueur, de l'énergie , et une très-grande aptitude à résister aux privations et à de longues fatigues. Une forte tête entraîne toujours un individu qui s'engraisse difficilement ; de gros os sont généralement l'indice d'animaux qui ont été imparfaitement nourris ; un cuir dur et épais est le partage d'individus peu propres à l'engraissement ; de gros crins emportent toujours des animaux massifs , lourds , à parties musculeuses , flasques et molles. Ces défauts , que l'on passe parfois sous silence , diminuent constamment la valeur des animaux qui les comportent et l'énergie des races auxquelles ils appartiennent , et il est rare que leurs descendants n'héritent pas de ces monstruosités, que quelques agriculteurs regardent encore comme des qualités. C'est à l'éleveur à diriger l'appareillement de ses animaux de manière à détruire ces difformités. Le balancement d'une prédominance organique est facile , si la connexion des défauts dominateurs de l'un et de l'autre des reproducteurs est parfaite ,

et si elle a lieu suivant les principes de coordination que nous avons rappelés précédemment. Ainsi, si l'on voulait rendre la toison d'un troupeau plus régulière , moins flottante , plus tassée, il faudrait les mâles qui auraient une laine serrée , dont le parallélisme des brins serait parfait. Et si , après avoir obtenu un tel résultat , succès qui ne peut se réaliser qu'après plusieurs générations , et en appareillant toujours les femelles présentant les plus belles toisons avec des mâles possédant les qualités de ceux précités , on voulait diminuer la grosseur du brin, il faudrait renoncer à ces reproducteurs mâles, et les remplacer par d'autres de la même race qui auraient la laine la plus fine et la plus ondulée.

SECTION X.

Du croisement.

Sous le nom de *croisement* on désigne l'union de mâles et de femelles de races différentes , mais de même espèce. Cette opération a pour but la production d'individus qui tiennent plus ou moins des uns ou des unes, mais que l'on regarde comme plus parfaits que les deux races procréatrices. M. Eug. Gayot, contrairement aux principes admis par la zoologie , a cherché à séparer le mot *croisement* du mot *métissage*, que l'on a regardés jusqu'à ce jour comme synonymes et ayant la même signification , et il a donné au dernier une valeur nouvelle. Métisser deux races, dit-il, c'est les modifier toutes deux, en altérant les types dans leurs descendants, et en créer une nouvelle intermédiaire , qui participe et diffère à la fois de l'une et de l'autre , et se distingue par un genre d'aptitude nouveau qu'on ne retrouve au même degré ni dans l'une ni dans l'autre. Par le croisement , on ne détruit le type que de l'une des deux races sur lesquelles on opère , on établit une lutte entre deux puissances inégales; la plus ancienne et la mieux fondée l'emporte, la plus faible cède, disparaît et se perd ; la plus forte gagne encore et se fortifie à chaque génération nouvelle et persiste seule à la fin. Dans une race métisse , au contraire, les deux types créateurs se sont amoindris, effacés plus ou moins ; mais l'on retrouve en elle, diversement combinés et groupés, les caractères distinctifs des deux races employées au métissage ; toutes deux sont ainsi reproduites, modifiées ; ni l'une ni l'autre ne s'éteint complètement (1). C'est à tort que l'on accorderait une certaine importance à ces définitions. Les effets du croisement sont de donner aux individus qui en résultent des qualités qui participent du type paternel et de la souche maternelle, je veux dire des deux races que l'on croise ; et il n'est pas d'exemple que les caractères typiques de l'une des races accouplées aient été complètement détruits. Soit que l'on donne à l'union de deux individus de même espèce, mais de races dissemblables, le nom de *croisement*, soit qu'on la désigne sous le nom de *métissation*, il me paraît impossible de changer de fond en comble la race sur laquelle s'est opérée la croisure de manière à la rapprocher de la souche paternelle au point qu'il soit impossible de l'en distinguer extérieurement. Je crois donc, avec M. Huzard, que le croisement et le métissage sont la même action, soit qu'on la pratique pour avoir une race nouvelle inconnue, soit qu'on l'exécute pour convertir une race en une autre, ou, ce qui est la même chose dans ce second cas, pour donner à l'une les qualités de l'autre, et qui consiste alors à prendre chaque production obtenue et à la croiser de nouveau avec le type régénérateur pendant un plus ou moins grand nombre de générations successives (2).

Le croisement est une opération délicate, difficile, et qui demande plus de soins, plus d'attention que l'accouplement par appareillement. Il est vrai que le croisement est un moyen plus prompt, plus assuré de régénération que cette dernière opération, mais on ne doit y avoir recours que quand la race que l'on possède, et que l'on désire perfectionner davantage, ne suffit plus au sol, que lorsqu'elle ne satisfait plus et le cultivateur, et le commerce, et l'industrie.

L'homme, par le concours du métissage, pétrit à son gré, pour ainsi dire, et les formes et le naturel ; il fait naître chez les descendants des qualités, des modifications physiques et morales beaucoup plus aisément qu'il ne peut le faire par l'accouplement ordinaire. Celui-ci demande, pour régénérer complétement une race, des années nombreuses et souvent même la vie de plusieurs hommes ; la métissation au contraire, par l'intermédiaire d'une race différente de celle que l'on possède, mais supérieure, permet presque toujours, si le croisement a eu lieu d'après les règles que la zoologie a établies, d'arriver promptement à un véritable succès, à un perfectionnement réel. Ainsi, par une ou plusieurs générations seulement, on peut déjà augmenter la force ou la vitesse d'une race chevaline, diminuer ou accroître la finesse ou la longueur de la laine qui recouvre la race ovine, augmenter ou affaiblir la production du lait ou l'aptitude à prendre la graisse chez la race bovine, suivant que les défauts ou les qualités de la race indigène s'affaiblissent, se combinent ou se neutralisent avec les qualités et les beautés de la race étrangère ou celle indigène amélioratrice.

Le point le plus important dans cette opération est de choisir, comme sujet améliorateur, une race qui soit en harmonie avec la race que l'on veut croiser et toutes les circonstances locales et atmosphériques. Si la race amélioratrice ne se rapproche pas du type de la race indigène, si elle est d'une naturalisation difficile, si les circonstances diverses au milieu desquelles elle est appelée à vivre doivent exercer sur elle des influences défavorables, il est bien rare qu'il n'en résulte pas pour cette race des modifications profondes, des altérations sensibles dans les formes et les qualités qui la distinguent. Si, au contraire, la race indigène ou étrangère amélioratrice a une aptitude marquée à résister aux influences du sol et du climat, celle-ci se naturalisera promptement, elle conservera et transmettra plus aisément les caractères qui la caractérisent et qui la distinguent de la race avec laquelle elle doit être croisée.

Par *race indigène*, on doit entendre celle qui habite depuis une époque qu'on ne peut déterminer une contrée, un pays, une localité, et que la nature et les hommes qui se sont succédé dans ces lieux ont façonnée à l'influence du sol, du climat et de la vertu habitative des plantes que la terre produit. Ainsi toutes les races locales qui vivent dans notre patrie, qui s'y multiplient depuis des années sans éprouver d'altération apparente, sans perdre toutes les qualités ou tous les défauts qui les distinguent les unes des autres, ont toutes un caractère d'indigénat qui les rend

---

(1) *Agriculture de l'Ouest de la France*, t. I, p. 118.

(2) *Annales de l'Agriculture française*, 1840, p. 332.

invariables. C'est cette hérédité des races individuelles qui fait que souvent, malgré la négligence et l'incurie de l'homme, la plupart de nos animaux domestiques se perpétuent chaque jour par la génération avec l'intégrité de leurs formes, de leurs qualités et de leurs défauts essentiellement déterminés. C'est elle aussi qui s'oppose à la dégénération très-sensible de nos races, qui contrarie chaque jour l'influence puissante de l'abandon ou des mauvais accouplements. Sans cette propriété organique que toutes les races sauvages possèdent lorsqu'elles vivent sur leur terre natale, il nous serait difficile de les posséder aujourd'hui avec leur pureté originelle. Il est vrai que nous avons perdu notre race de chevaux bressans si renommés aux temps des ducs de Savoie, que notre belle race chevaline limousine tend chaque jour à s'éteindre. Mais il faut l'avouer, cette disparition, cette dégénération de ces deux belles races et de tant d'autres n'a pas pour cause l'action secrète de la nature. Si le cheval du Limousin vit aujourd'hui sans caractère de race, s'il s'éloigne du type primitif de l'espèce, s'il a perdu les attributs de sa race, c'est que l'homme n'a point compris son caractère et qu'il a oublié son origine, et qu'en se mésalliant avec certaines races équestres étrangères, il l'a dégradé, il lui a détruit ses qualités morales et physiques, et l'a complétement éloigné du type organique qui lui a donné naissance.

Les animaux que l'on importe d'un pays ou d'une contrée lointaine, soit de l'Europe, soit de l'Arabie, sur notre patrie, doivent être regardés, dans la plupart des cas, comme de qualité supérieure à nos races. Ces *reproducteurs étrangers*, auxquels on donne le nom de *pur sang*, croisés avec des individus appartenant à la même espèce, préviendront la dégénération de la race avec laquelle ils seront accouplés, et la modifieront, la perfectionneront mieux que ne pourrait le faire toute autre cause ou les soins les mieux combinés de l'intelligence humaine. Ainsi les produits revêtiront de nouvelles formes, un nouvel aspect, des caractères particuliers et un ensemble plus beau que celui qui est l'apanage de la race indigène. Mais pour qu'une race étrangère contribue au perfectionnement d'une espèce ou d'une race animale, pour que, par le croisement d'une race étrangère avec une indigène, les descendants montent à un degré supérieur d'amélioration, il est indispen-

pensable qu'il n'y ait aucun vice chez l'animal régénérateur. Si l'on constate des caractères spécifiques faiblement imprimés sur l'ascendant étranger, si les formes, les qualités de cet individu sont fugaces, les descendants ne pourront jamais être qu'ébauchés. Pour espérer un perfectionnement réel, une amélioration constante, pour que l'ascendant puisse transmettre ses qualités, en tout ou en partie, à ses descendants, il est indispensable que celles-ci soient inhérentes et parfaitement acquises à l'état organique. Les modifications frappantes héréditaires qui forment race ont moins pour cause une production soudaine extraordinaire qu'une culture lente et systématique, selon Delabère Blaine. Ce n'est pas tout : pour ennoblir une race, c'est-à dire la rendre plus conforme à nos désirs et à nos besoins, il faut que l'animal étranger existe dans un état tout à fait normal. Si les parties organiques de l'individu sont altérées profondément, si elles sont affectées de quelques lésions, de quelques particularités insolites, nous ne pourrons regarder cet être que comme un individu indigne de la croisure. C'est que tout en imprimant chez ses descendants des modifications qui satisferaient et nos besoins, et nos jouissances, et nos caprices, il altérerait leur organisation et précipiterait avec une grande promptitude leur dégénération. Certes, ce changement dans la nature organique de la race abrégerait son existence, puisqu'il se transmettrait de lignée en lignée.

On donne ordinairement aux produits qui résultent de l'accouplement de la race indigène que l'on possède avec une autre de même espèce, mais originaire d'un lieu particulier et descendant d'une souche spéciale, le nom de *demi-sang, premier métis* ou *moitié sang*. Les descendants d'une femelle ou d'un mâle demi-sang, et d'un mâle ou d'une femelle appartenant à la race régénératrice ou pur sang, sont nommés *trois quarts sang* ou *deuxième métis*. On donne la dénomination de *quart sang* aux produits qui proviennent d'une race commune ou indigène et d'un demi-sang.

Quelques exemples permettront de mieux saisir la valeur de ces divers noms.

Si je croise la *jument bretonne* avec *l'étalon arabe*, et si je représente le sang de ce dernier par le chiffre 100 et celui de la première par 0, le produit qui participera des deux animaux d'une valeur égale aura hérité de 50 parties du sang du cheval arabe et de demi 0 de la femelle bretonne. Ainsi donc, le descendant de ces animaux s'appellera un DEMI-SANG.

Si j'accouple maintenant un *demi-sang Durham-charolais* auquel je donnerai 50 avec un *pur sang de la race Durham* auquel je donnerai encore le nombre 100, j'aurai, par cette croisure, un produit qui sera la moitié des deux nombres, c'est-à-dire 75. Donc, si le taureau Durham est un pur sang, le descendant sera un TROIS QUARTS SANG.

Enfin, si je croise une *brebis poitevine*, dont le sang sera représenté par 0, avec un *bélier southdown-poitevin*, auquel je donnerai 50, parce qu'il provient de l'accouplement d'une femelle de la race poitevine avec un bélier southdown, dont le sang doit être aussi représenté par le chiffre 100, il en résultera un produit auquel je donnerai le nom de QUART SANG.

Ainsi, dans le premier croisement, le descendant a 50, la moitié du sang du pur sang; dans le second 75, la moitié du sang du pur sang et la moitié du sang du demi-sang, ou les trois quarts du pur sang; dans le troisième 25, la moitié du demi-sang ou le quart du pur sang.

Comme l'appareillement, le croisement est régi par des règles invariables. Les lois auxquelles est soumis cet acte zoologique, se rapportent :

1° Aux circonstances qui déterminent les croisements ;

2° Au choix préalable de la race amélioratrice ;

3° A l'influence de la nourriture ;

4° A l'union du mâle et de la femelle ;

5° A l'importation des mâles ou des femelles ;

6° Au renouvellement des croisements.

1° Il faut le concours de circonstances bien puissantes pour que le cultivateur se détermine à recourir à l'action preponderante du croisement. On ne peut l'oublier, par ce mode de perfectionnement on crée des animaux plus délicats, d'une permanence plus difficile, et sur lesquels les agents extérieurs ont une très-grande action. Cette délicatesse est inhérente à la plupart des produits ainsi obtenus; aussi ne contribuent-ils réellement à notre bien-être, à nos caprices et nos plaisirs, que lorsque cette constitution imparfaite, cette organisation seulement ébauchée, fait place à une amélioration précieuse, à une inaltérabilité réelle. Lorsque, par suite d'une fusion de sang indigène et de sang étranger, la machine animale du nouveau produit est pourvue d'une force conservatrice, mais parfaite, des caractères obtenus et des formes acquises, on peut admettre, sans crainte d'errer au sein de systèmes hypothétiques, que les caractères de ces nouveaux êtres sont fixés, et qu'ils se perpétueront pour la plupart chez les descendants de ces individus nouveaux.

Ces considérations, tout en montrant au zoologiste la puissance de la nature, lui rappellent que de telles créations, pour être vraies, belles et utiles à ses yeux, doivent naître au milieu de circonstances spéciales, et que c'est à tort que les animaux ainsi modelés, ainsi perfectionnés, peuvent être érigés en espèces ou en races. Ces individus, qui ne vivent point dans toute l'indépendance de la nature, ne sont que des variétés ayant une tendance prononcée à retourner à leur nature propre, c'est-à-dire au type originel de la race indigène. Si ces individus n'étaient pas des êtres factices, ils devraient être regardés comme définitivement constitués. Dès lors ils pourraient vivre sans recevoir plus de soins, plus d'attention que les produits qui résultent des appareillements, et on devrait admettre qu'il n'y a plus de bornes à la puissance de la nature, et que l'homme a autant de pouvoir que la volonté divine. C'est qu'il ne suffit pas pour l'esprit humain de pouvoir créer de nouvelles variétés, d'améliorer une race, il faut savoir aussi conserver les conquêtes qu'on a pu faire sur la nature, et cette conservation est plus difficile qu'on ne le suppose généralement.

L'amélioration des animaux par le croisement ne doit être mis à exécution que sur un sol fertile, sur une terre riche en fourrages. Si la terre arable se couvre difficilement de récoltes fourragères artificielles, si sa transmutation en excellentes prairies naturelles est presque impossible, le cultivateur trouvera plus de bénéfice à conserver les races d'animaux qu'il possède, et à les améliorer par elles-mêmes que par l'intermédiaire d'un sang étranger. C'est à tort que l'homme cherche à modifier favorablement une race par le croisement, si les terres de son exploitation sont encore dans la *période pacagère* et celle *fourragère*. Ici l'amélioration d'une race ne peut avoir lieu que par des accouplements judicieux entre les mâles et les femelles de cette même race, des soins incessants, une nourriture meilleure et plus abondante. En agissant ainsi, on ne détruit nullement l'harmonie qui doit constamment exister entre les facultés organiques des êtres et les facultés natives du sol et des plantes ; et les aptitudes innées, les qualités congéniales persistent, se propagent de générations en générations, et augmentent même en beauté. Si au lieu de suivre cette voie régénératrice, l'agriculteur entreprend l'amélioration par le croisement, il est certain que dans la plupart des circonstances il métamorphose défavorablement une tribu d'individus. Ainsi il crée des animaux qui résisteront péniblement à l'influence de son sol, aux intempéries des saisons. La constitution de tels animaux est trop faible, trop fragile pour qu'ils puissent séjourner une partie de l'année au pâturage ; leur organisation est trop forte pour qu'ils se maintiennent avantageusement avec une nourriture peu abondante et de qualité secondaire.

Pour que le croisement d'une race puisse être tenté avec des chances de succès certains, il faut que la race que l'on veut changer, modifier, soit remarquable par sa conformation, son état organique et ses qualités particulières, et qu'elle vive depuis quelques années avec succès sur une terre arrivée dans la *période de fertilité céréale* ou *commerciale*. C'est que pour perpétuer les descendants d'une manière heureuse, il faut d'abondantes productions fourragères ; et ces deux périodes de fertilité sont les seules qui permettent au cultivateur de donner aux animaux des fourrages de parfaite qualité et en grande quantité. Aussi il est bien rare que des croisements exécutés dans de telles conditions, et suivis pendant un certain nombre de générations, ne forcent pas la race à changer heureusement d'état, eût-elle atteint déjà par l'appareillement un haut degré de perfection. Mais on le conçoit, pour qu'une telle race acquière encore des qualités, il faut que la race amélioratrice lui soit supérieure en qualité, en beauté, en élégance, et que l'animal étranger s'harmonise parfaitement et sous tous les rapports avec les animaux de la race indigène.

Il ne suffit pas, avant d'entreprendre une opération si difficile, d'avoir l'intime persuation qu'on créera des animaux plus parfaits que ceux que l'on possède, que les ressources fourragères suffiront aux exigences des nouveaux produits, et qu'on sera doué d'une assez grande force de caractère pour poursuivre cette tentative pendant plusieurs générations et ne pas l'abandonner à la première si les résultats obtenus ne répondent pas aux espérances que l'on avait conçues tout d'abord, il faut aussi être bien certain que les nouveaux individus pourront être vendus facilement dans la contrée que l'on habite. C'est de ce point que résulte le succès qu'on peut obtenir dans le croisement des races. Si les animaux créés sont d'une vente difficile, la transmutation que l'on a fait subir à la race indigène sera, pour l'homme qui l'a entreprise, une spéculation vicieuse ; si au contraire les nouveaux individus sont en rapport, quant à leurs qualités, leurs formes, leurs caractères, avec les débouchés locaux et le caprice ou l'engouement des populations, le cultivateur éprouve beaucoup de facilité à les vendre, et à réaliser par conséquent les frais qu'ils ont occasionnés et un bénéfice considérable.

2° Le choix de la race destinée à régénérer une tribu indigène offre de très-grandes difficultés, et c'est toujours de cette préférence que résulte tout bénéfice, tout avantage qu'on peut trouver dans les croisements. Si la race choisie doit développer une plus grande aptitude à l'engraissement ou pour le travail, ou augmenter la faculté lactifère d'une race ou d'une tribu indigène bovine, il faut que cette race étrangère possède l'une de ces diverses qualités à un très-haut degré d'inaltérabilité. Ainsi, si l'on veut accroître la précocité, les formes, la faculté à l'engraissement chez des animaux appartenant à la race bovine vivant sur un sol riche, sur une exploitation abondamment pourvue de substances fourragères, on exécutera la croisure avec le taureau Durham. Cette dernière race a toutes les qualités voulues pour procréer d'excellents animaux : elle se développe promptement, ses formes sont belles et gracieuses, et elle s'engraisse avec une très-grande promptitude. Si au contraire on demande à ces mêmes individus une grande aptitude au travail, des formes parfaites, un développement assez rapide, on importera la race Devon. Cette race anglaise n'est pas plus rustique que plusieurs de nos races, celle de Cholet par exemple. mais elle est précoce, excellente pour le travail, supporte avec assez de facilité des privations, et s'engraisse très-facilement.

Comme la race chevaline, la bête ovine peut être croisée avec les races étrangères et gagner en qualité. Ainsi on a croisé la brebis du Berri, celle de la Beauce, avec le bélier mérinos, lorsque l'industrie manufacturière demandait à la France les laines fines, tissées, ondulées, que les provinces étrangères ne lui apportaient plus. Ce métissage a eu les plus heureux résultats, et sous son influence l'agriculture a marché à grands pas vers une prospérité pleine et entière. Aujourd'hui que les conditions sont tout à fait changées, la race mérine doit être remplacée par les races ovines anglaises dont le développement est plus rapide. Déjà on croise le bélier Dishley avec la brebis artésienne sur un grand nombre de points de la région du nord et du nord-est; et même des croisements exécutés avec la race mérine ou les métis mérinos ont donné les plus heureux résultats. Enfin le southdown se propage d'année en année dans le centre de la France, les plaines de la Champagne, l'intérieur de la Bretagne. avec des succès non moins grands que ceux obtenus par M. Malingié dans ses croisements de la race New-Kent avec le solognot, le mérinos, etc. Ces divers races n'ont pas les mêmes caractères, les mêmes qualités, et toutes n'ont pas la même influence sur le lainage. Le Dishley et le New-Kent ont une laine longue, fine, lisse; le southdown a une laine fine, frisée ou ondulée, ayant beaucoup d'analogie quant à sa longueur, ses caractères généraux, avec celle de la race mérinos; mais ces trois races diffèrent de celle-ci par des formes plus belles, plus parfaites, et par leur aptitude à l'engraissement et leur développement rapide.

Il résulte de ces considérations que le cultivateur ne peut et ne doit pas adopter au hasard une race étrangère. Avant de se prononcer pour une race quelconque, il faut bien l'étudier et la comprendre, il faut connaître ses qualités, ses aptitudes, son tempérament et surtout ses défauts. Si le cultivateur précise bien à l'avance ce qu'il veut obtenir, le but auquel il désire parvenir, et si par des observations suivies il est parfaitement initié aux défauts qu'il a l'intention de corriger chez la race indigène, il ne peut que suivre une voie

Leçons de Zoologie.

favorable, à moins qu'il n'ait fait un mauvais choix dans l'animal qu'il adopte comme régénérateur.

Le climat a toujours une très-grande influence dans les croisements, et quiconque la méconnaît peut renoncer à l'espérance d'obtenir des résultats heureux, à réaliser quelques améliorations utiles. Les races du nord peuvent-elles être importées dans les pays du midi avec autant de succès que l'on introduit dans les contrées du nord celles des provinces ou des localités méridionales? Cette question est grave, et elle est digne que nous l'examinions sous tous ses points de vue. Si l'on réfléchit aux opinions émises sur ce sujet, on reconnaît que la plupart de ceux qui ont traité ce point important veulent que l'on procède du midi au nord, et ils attribuent à la chaleur une influence plus grande, plus marquée que la volonté, le pouvoir de l'homme. C'est que les races du midi, transportées au nord, améliorent, régénèrent les races du nord; tandis que ces dernières, transportées au midi, font dégénérer promptement celles avec lesquelles on les allie, et disparaissent bientôt elles-mêmes; c'est que les étalons des pays méridionaux, quelles que soient les juments avec lesquelles on les a accouplés, n'ont jamais produit des chevaux inférieurs en qualité à la mère; que ces qualités ont presque toujours été améliorées ou augmentées dans les productions, et que l'exemple du contraire a eu constamment lieu pour les étalons du nord; c'est que cette suite d'observations, qui n'est pas particulière à l'espèce du cheval seulement, qu'il a été facile d'expliquer pourquoi les étalons danois de la plus belle conformation, de très-beaux chevaux anglais, ont donné en France, en Espagne, en Italie, des productions très-médiocres; pourquoi toutes les tentatives qu'on a faites pour améliorer les bêtes à laine de France avec des béliers et des brebis d'Angleterre et de Hollande ont été infructueuses, quelque beaux et parfaits que fussent les animaux choisis pour ces améliorations... La première règle constante et sûre pour les croisements, celle dont en général on ne doit pas s'écarter, est donc de croiser les races du nord avec les races du midi (1). Cette loi établie par Huzard père, est-elle vraie pour toutes les espèces? Je ne le pense pas. Ce principe ne manque

---

(1) *Instruction sur l'amélioration des chevaux en France,* 1802. p. 80.

pas de vérité pour quelques races chevalines, pour celles dites *nobles*; mais il est certain qu'on ne peut pas, sans tomber dans une erreur très-grave, regarder le croisement de la race boulonaise, poitevine ou comtoise avec celle arabe comme favorable. Ces diverses races sont lourdes et massives, et leur tempérament, à cause de l'humidité permanente qui caractérise les contrées où elles sont élevées, est mauvais, lymphatique, et ne convient nullement au tempérament sanguin des races du midi, qui sont toutes légères et qui naissent dans des contrées sèches. Mais si les races de gros trait ne peuvent être croisées avec les races du midi et d'Orient, on trouve un grand avantage à croiser celle limousine, andalouse, bretonne, etc, avec la race arabe, tartare, etc.; cette croisure même est la seule par laquelle on arrive à maintenir ces races nobles dans toute leur intégrité et avec tous leurs caractères primordiaux, puisqu'il est vrai qu'elles descendent des races orientales. Toutefois, si au lieu d'accroître ou de maintenir les qualités qui distinguent ces diverses races françaises par le sang oriental, on fusait ces races avec celles du Danemark, du Meklembourg et même avec le cheval anglais, il en résulterait des effets tout à fait opposés à ceux que l'on espère obtenir : les descendants n'auraient plus les mêmes formes, le même ensemble, la même rusticité, le même fond, etc., que les ascendants indigènes ; et, comme ces produits n'auraient plus la même nourriture ni le même climat qui ont si largement contribué à la vie des ascendants paternels, il en adviendrait une dégénération qu'une nouvelle et semblable métissation aggraverait encore. Ce changement défavorable s'est opéré chaque fois qu'on a voulu importer des races chevalines du nord dans le centre et le midi de notre pays. Pour que ces races eussent pu se procréer par l'intermédiaire du métissage, il aurait fallu qu'elles trouvassent la nourriture abondante, humide, mais nutritive de la région septentrionale de l'Europe sous le climat méridional de la France.

Cette règle importante, que le cultivateur ne doit point oublier lorsqu'il veut opérer la croisure d'une race chevaline, n'a aucune influence dans le croisement de l'espèce bovine. Au commencement de ce siècle, on avait proposé de régénérer nos races bovines françaises par la race suisse, parce quelle se conserve dans cette partie de l'Europe, depuis un temps immémorial,

au même degré de beauté sans croisement, sans renouvellement. Cette race, disait-on, convient au nord de la France : le Poitou, la Normandie sont riches en gras pâturages ; la culture des fourrages légumineux y est facile et les produits abondants. D'un autre côté, on proposait l'introduction de la race bovine grise du Piémont, de grands taureaux de Hongrie, et l'importation de taureaux du cap de Bonne-Espérance, pour embellir, améliorer les races du midi. Cette opinion n'était pas entièrement fausse, et il est certain que les animaux indigènes auraient pu augmenter en qualité par ces divers croisements. Les races d'Uri, de Schwitz et d'Underwald ont des formes vigoureuses et légères, une taille assez élevée, et sont éminemment laitières; la race du cap de Bonne-Espérance est robuste, sobre, forte, et plus résistante qu'aucune de celles de l'Europe. Mais aujourd'hui où l'intérêt de l'agriculture n'est plus le même qu'il y a un demi-siècle, cette théorie a perdu toute l'importance qu'elle pouvait avoir. En effet, il ne s'agit plus maintenant de créer des races ayant une très-grande aptitude au travail, de conserver et d'augmenter même les qualités nerveuses, robustes, rustiques, de celles qui se perpétuent depuis longtemps en France; le but que l'agriculture doit chercher à atteindre aujourd'hui, est tout à fait différent: il faut que ses vues, ses idées soient presque exclusivement dirigées vers la production d'animaux de consommation d'une très-grande précocité ; et les seuls animaux qui doivent permettre au cultivateur d'obtenir cette conquête appartiennent pour la plupart à l'Angleterre. Qu'on ne pense pas que ces animaux, introduits dans le nord, le centre et même le midi de la France, perdront les attributs qui les rendent si propres à la régénération du plus grand nombre de nos races bovines : ces races sont aussi constantes que celles qui vivent à l'état de liberté, et leurs caractères et leurs formes sont éminemment héréditaires. Mais pour qu'elles propagent par voie de génération les qualités qui les rendent pour nous si précieuses, il faut que les ressources fourragères du pays où elles sont importées s'identifient complétement avec leur manière d'être. Sans cette condition, quelle que soit la latitude sous laquelle on opère une telle métissation, il n'est pas de succès possible. Si les métis sont réduits à vivre dans la région du nord comme dans celle du midi, sur des terres peu fertiles, sur une exploitation peu abondante en

prairies naturelles ou en prairies artificielles, on éprouvera mille difficultés
à maintenir les métis avec les signes
de beauté, les caractères essentiels dont
ils ont hérité. Ce n'est donc pas l'air,
la température élevée de nos régions
méridionales, qui s'opposent à la propagation des races anglaises dans la Provence, le Languedoc, le Roussillon, etc.;
la seule cause qui force les cultivateurs de ces provinces à renoncer encore aux bénéfices qu'ils doivent
attendre du croisement des races méridionales avec les races anglaises, réside uniquement dans la nourriture qui
n'est pas assez abondante. Qu'un jour
arrive où la région méridionale aura
doublé, triplé, quadruplé ses fourrages,
le lendemain la race Durham, ou Devon,
ou d'Herefort, etc., pourra être regardée
comme utile et indispensable même
pour accroître les qualités qui distinguent déjà les animaux qui vivent et
peuplent cette grande zone.

3° Il ne suffit pas que le métissage
soit basé sur les meilleurs principes, il
faut aussi que le cultivateur soit bien
convaincu à l'avance qu'en opérant un
tel accouplement il s'impose l'obligation de changer le régime auquel il
soumet la race qu'il veut améliorer. En
général, les individus provenant de
sang étranger demandent ou une nourriture plus abondante, ou une alimentation plus sèche, plus nutritive. Ainsi
que je l'ai dit précédemment, par le
métissage on crée des animaux plus
délicats, plus fragiles, quoique doués
de qualités morales, organiques et physiques plus belles. Cette fragilité est
inhérente à tous les produits des croisements, et elle diminue sous un certain rapport les bénéfices que l'on est
en droit d'attendre de l'introduction du
sang étranger. Il faut donc que l'homme
lutte sans cesse par tous les soins incessants possibles, et surtout par tous les
efforts du régime. S'il oublie l'influence
de la nourriture, s'il méconnaît l'action
secrète de la nature, les descendants perdront promptement les caractères du
sang régénérateur, et de générations
en générations la variété ébauchée s'ef-
facera entièrement pour faire place à
une dégénérescence fâcheuse. Il résulte
donc que pour prévenir tout abâtardissement possible dans les métis,
n'importe l'espèce ou la race à laquelle
ils appartiennent, il faut que les nouveaux individus soient plus abondamment nourris que ne l'était précédemment la race indigène sur laquelle on
a opéré.

Toutefois, il ne s'agit pas seulement
de soumettre les animaux créés par les
croisements à une alimentation plus
abondante et meilleure. il importe aussi
de faire un choix d'aliments qui soit
en rapport avec les qualités et les caractères organiques du sang améliora-
rateur et des changements que l'on veut
obtenir et conserver. Telle substance
qui convient parfaitement à telle constitution, telle espèce, telle race,
s'allie mal à tel tempérament, telles
variétés congéniales, tel individu; celle-
ci peut favoriser la permanence de telles
beautés, de telles qualités; celle-là peut
métamorphoser une amélioration ac-
quise en un vice, en une difformité.
Certes, l'influence de la nourriture sur
les parties organiques est immense et
variable, et chaque fois que l'homme
peut l'identifier avec une machine animale, il est certain d'obtenir un changement dans la nature d'une race ou
d'un individu, et de faire naître par
conséquent, une amélioration utile et
agréable.

4° Il est aussi indispensable dans les
croisements que dans les appareillements d'unir des animaux qui soient
en rapport entre eux. Si la femelle diffère considérablement du mâle, si sa
taille est plus élevée ou sa masse plus
légère que celle de ce dernier, on obtiendra difficilement des résultats satisfaisants à la première génération. Dans
une telle occurrence, on ne peut espérer obtenir quelques modifications favorables qu'après plusieurs générations. En exécutant au hasard un croisement quelconque, l'attente est souvent
trompée.

J'extrais ce qui suit de l'ouvrage
de Cline, opuscule peu connu, et que
je recommande aux méditations des éleveurs. Ce célèbre zoologiste anglais
s'est proposé de déterminer les principes sur lesquels il faut baser les croisements, et pour réaliser ce but, il a
étudié les formes des animaux qui ont
une si grande influence dans les résultats de ces opérations. Ces considérations suppléeront largement à tout ce
que je pourrais dire sur le point qui
m'occupe en ce moment.

Les formes extérieures des animaux
domestiques ont été l'objet de profondes études, et leurs proportions
sont aujourd'hui bien déterminées;
mais on n'a pas assez compris que les
formes extérieures ne sont que l'indice
de la structure intérieure, et que con-
séquemment les principes de perfectionnement doivent être fondés sur la

connaissance de la structure et des usages des organes internes.

1° Des poumons.

Les poumons sont de la première importance : c'est de leur ampleur et de leur état parfait de santé que dépend principalement la parfaite constitution de l'animal. La faculté de s'assimiler la nourriture, d'en extraire la partie nutritive, est en proportion de leurs dimensions. Un animal qui a de larges poumons est plus apte à convertir une quantité donnée de nourriture en une plus grande masse de substances assimilées qu'un individu qui a des poumons plus petits, et par conséquent il a une plus grande disposition à s'engraiser.

2° De la poitrine.

Les dimensions des poumons sont déterminées extérieurement par la forme et la hauteur de la poitrine. Cette forme doit être celle d'un cône dont le sommet antérieur est situé entre les extrémités des épaules, et dont la base est vers les reins et la pointe du sternum ou vers l'abdomen. La capacité de cet organe dépend de sa forme beaucoup plus que de l'étendue de sa circonférence ; ainsi, si le contour est égal dans deux animaux, l'un pourra avoir des poumons beaucoup plus larges que l'autre. Une poitrine profonde, elevée, peut donc ne pas être d'une grande capacité si elle n'a pas une largeur proportionnelle.

3° De la cavité pelvienne.

La cavité pelvienne ou pelvis est formée par la jonction des os des hanches et ceux de la croupe. Il est nécessaire que cette cavité soit large dans les femelles pour que la mise bas ait lieu avec peu de difficulté. Si cette cavité est étroite, la vie de la mère et celle du sujet sont parfois en danger.

L'ampleur de la cavité pelvienne est suffisamment indiquée par la largeur des hanches, par l'écartement des ischions. La largeur des reins est toujours en proportion avec celle de la poitrine et du pelvis.

4° De la tête.

La tête doit être petite : cette dimension rend la mise bas facile. Cette petitesse a d'autres avantages, et indique en général une bonne race.

Les cornes ne sont d'aucune utilité à nos animaux domestiques, et il n'est pas difficile de créer des animaux sans cornes. Les éleveurs de bêtes à cornes et de bêtes à laine ne se doutent pas des pertes qu'ils en éprouvent; c'est que ces animaux ont beaucoup plus d'os au crâne pour les soutenir, et qu'en outre ces cornes nécessitent une quantité proportionnelle de ligaments presque de nulle valeur, et des muscles dans la région du cou de qualité secondaire.

Dans un animal à cornes, le crâne est très-épais; dans une bête sans cornes, il est beaucoup plus mince, particulièrement dans la partie sur laquelle croissent ces cornes.

Les éleveurs qui n'ont pas approfondi ce sujet pensent qu'il est de peu d'importance que les bêtes bovines ou les bêtes à laine soient ou non cornées; mais un simple calcul leur démontrera que la production des cornes et leurs appendices sont des causes de déficit considérable, puisqu'elles amoindrissent les effets de la nourriture destinée à alimenter l'animal. Un mode d'éducation qui s'oppose au développement des cornes augmentera considérablement celle de la viande, de la laine et des autres parties utiles.

La longueur du cou doit être proportionnée à la stature de l'animal, afin qu'il puisse prendre à l'aise sa nourriture.

5° Des muscles.

Les muscles et les tendons qui en dépendent doivent être développés, afin que l'animal puisse circuler avec plus de facilité et donner plus de chair.

6° Des os.

La force d'un animal ne dépend pas de l'ampleur des os, mais de la dimension des muscles; beaucoup d'animaux ayant des os volumineux, très-larges, sont faibles parce qu'ils ont des muscles petits. Les animaux qui ont été mal nourris pendant leur croissance ont des os disproportionnellement gros. Si un tel défaut de nutrition est causé par un vice de constitution, ce qui est le cas le plus ordinaire, ces animaux restent chétifs toute leur existence. Des os trop volumineux indiquent donc généralement une imperfection dans les organes de la nutrition.

7° De l'amélioration des formes.

Lorsque le mâle est beaucoup plus large et plus grand que la femelle, le descendant a généralement de mauvaises formes. Si la femelle est proportionnellement plus forte, le produit, au contraire, aura une meilleure conformation. Ainsi, par exemple, si un bélier bien fait est donné à des brebis proportionnellement plus petites, les agneaux ne seront pas aussi bien conformés que les ascendants; mais si l'on donne un petit bélier à de larges brebis, les agneaux auront une conformation plus parfaite.

Le véritable mode d'amélioration de la conformation consiste donc dans le soin de choisir des femelles bien conformées et proportionnellement plus fortes, plus grandes que le mâle. Le perfectionnement dépend de ce principe : que le pouvoir que possède une femelle de bien nourrir son fruit est en proportion de sa stature et de la faculté qu'elle a de pouvoir s'assimiler la nourriture qu'elle reçoit, condition qui dépend toujours de la beauté de sa constitution organique.

Pour avoir l'animal le plus parfait, il faut que, depuis sa naissance jusqu'à sa croissance complète, il reçoive une nourriture abondante. La faculté de retirer d'une quantité donnée d'aliments la plus grande quantité de substances assimilables dépend principalement de l'ampleur des poumons ou organes respiratoires, condition essentielle à laquelle sont soumis les organes de la digestion.

Pour obtenir des animaux à larges poumons, le croisement est la méthode la plus expéditive; ainsi, on peut choisir des femelles bien conformées, dans une race de grande taille, et les accoupler avec un mâle bien fait appartenant à une race de plus petite stature. Par le croisement, les poumons et le cœur deviennent proportionnellement plus grands, par suite d'une particularité dans la circulation du sang du fœtus par laquelle une plus grande abondance de ce fluide est distribuée aux poumons. Mais comme c'est de la forme et de la capacité des poumons que dépend celle de la poitrine, il en résulte que les descendants ont toujours des poitrines remarquables par rapport à leur largeur.

Quoi qu'il en soit, on doit, dans la pratique, limiter ce principe d'amélioration; en effet, il pourrait être porté assez loin pour que la masse du corps devînt tellement disproportionnée à l'étendue des extrémités, qu'elle empêcherait les animaux de se mouvoir avec facilité. Chez les animaux où l'on veut de l'activité, on ne doit pas pratiquer cette méthode d'une manière aussi étendue que chez ceux qui ne servent qu'à la nourriture de l'homme.

L'erreur que l'on commet le plus communément dans les croisements est la tentative d'élever la taille des races indigènes; aussi n'est-ce jamais qu'un effort infructueux qui contrarie les lois de la nature. A mesure que la stature d'une race originelle augmente, cette race devient mauvaise dans ses formes, moins rustique, et d'une constitution plus faible (1).

5° Il est préférable, lorsqu'on veut perfectionner une race par le croisement, d'importer plutôt des mâles que des femelles appartenant à la race que l'on a adoptée comme race améliicatrice. Le mâle exerce une influence sur un grand nombre d'individus, tandis que la femelle n'agit chaque année que sur un seul descendant. Ainsi un mâle peut facilement féconder vingt à trente femelles par an, et donner naissance à autant de produits métis. On conçoit dès lors la préférence qu'on doit accorder à l'importation des mâles.

Sous un autre rapport, l'introduction d'individus mâles est encore plus rationnelle. Ainsi, en important un mâle on ne s'impose qu'une seule dépense, celle de la valeur de l'animal, tandis que si on préfère l'emploi de femelles, on se trouve dans la nécessité de faire une dépense bien plus considérable. Il est vrai que les individus mâles ont toujours un plus grand prix que les femelles; mais si l'on compare la première dépense avec celle qu'il faudra faire pour l'acquisition d'un nombre de femelles tel que celles-ci donneront chaque année naissance à deux ou trois, ou quatre produits, on reconnaîtra que l'acquisition et l'importation des mâles présente plus d'économie. Il faut reconnaître, d'un autre côté, que les chances de pertes sont moins grandes avec les mâles que lorsqu'on possède des femelles; les premiers sont toujours plus rustiques, plus robustes, se façonnent mieux au sol, au climat, à la nourriture; les secondes au, contraire, sont plus délicates, moins vigoureuses, elles demandent généralement plus de soins; elles peuvent avorter, avoir des

----

(1) Ce Traité de Cline a été traduit par M. Sainte-Marie et M. Huzard fils

paturitions difficiles qui mettent en péril et la vie de la mère et l'existence du jeune sujet, et rester infécondes.

Envisagés sous un point de vue économique, les mâles sont donc les animaux que l'on doit introduire de préférence.

Cette loi, toutefois, comporte une exception que l'on peut regarder comme une règle secondaire. Ainsi, toutes les fois que l'éleveur se trouvera dans la nécessité de s'adresser à des contrées très-éloignées du lieu qu'il habite, et qu'il lui faudra faire de très-grandes dépenses pour se procurer les animaux améliorateurs qu'il doit avoir, il y aura avantage pour lui à importer une ou deux femelles : celles-ci lui permettront, pendant quelques années, de multiplier la race étrangère, de pouvoir remplacer parfois le producteur mâle, si celui-ci, pour des causes particulières, venait à périr ou à perdre ses facultés prolifiques, ou de continuer les tentatives d'amélioration, si parmi les produits provenant des femelles de la race pure il n'y avait point d'individus mâles.

6° Il est une question assez difficile à résoudre, et que nous devons étudier dans tous ses détails; ce problème est celui-ci : à quel point doit-on arrêter les croisements, ou est-il nécessaire de les renouveler sans cesse ?

Buffon, s'appuyant sur l'existence d'un prototype général dans chaque espèce, pensait qu'il était nécessaire de renouveler sans cesse les croisements, afin d'arrêter la dégénération de nos races. Il semble, dit-il, que le modèle du beau et du bon soit dispersé par toute la terre de façon que dans chaque climat il n'en réside qu'une portion qui dégénère toujours, à moins qu'on ne la réunisse avec une autre portion prise au loin : en sorte que pour avoir de bons grains, de belles fleurs, etc., il faut en échanger les graines et ne jamais les semer dans le terrain qui les a produites; et de même, pour avoir de beaux chevaux, de bons chiens, etc., il faut donner aux femelles du pays des mâles étrangers et réciproquement aux mâles du pays des femelles étrangères : sans cela les grains, les fleurs, les animaux dégénèrent, ou plutôt prennent une si forte teinture de climat, que la matière domine sur la forme et semble l'abâtardir; l'empreinte reste, mais défigurée par tous les traits qui ne lui sont pas essentiels. En mêlant au contraire les races, et surtout en les renouvelant toujours par des races étrangères, la forme semble se perfec-

tionner, et la nature se relève et donne ce qu'elle a de meilleur (1).

Cette théorie a été partagée par Bourgelat, qui croyait aussi à la nécessité des croisements pour prévenir toute dégénération, n'importe la race et ses caractères. Les chevaux français, disait-il, constamment privés de toute alliance étrangère, s'abâtardiraient de manière qu'il ne leur resterait rien des chevaux de la nation, et qu'ils pécheraient entièrement par des vices et par des difformités aussi essentielles que monstrueuses. Il faut donc, ainsi que par le passé, et à l'exemple de toutes les nations, venir de toute nécessité au secours de la nature qui se dégraderait à l'infini, et donner à nos cavales des étalons étrangers, et à nos chevaux, s'il est possible, des juments étrangères (2).

Il découle de ces considérations un principe que nous avons admis, c'est que la dégénération des races d'animaux soumises à l'action de la domesticité est évidente, quoique M. Moll ait soutenu que l'existence des races se maintient dans des conditions parfaites. Sans doute cette détérioration n'est pas apparente d'année en année, et il faut une longue suite de générations pour en montrer l'évidence, néanmoins, cette théorie s'appuie sur des faits, et chacun sait, d'après les annales de l'histoire, que le cheval des landes de Bretagne était, dans les temps antérieurs, un animal remarquable, que la race ovine du Berri avait jadis des qualités qu'elle ne possède plus aujourd'hui; de là il résulte qu'il faut sans cesse chercher à combattre cette action puissante de la nature. Qu'on ne pense pas, toutefois, que le croisement soit le seul acte par lequel on arrive à combattre avantageusement tous les changements qui s'opèrent dans la conformation et le naturel de nos animaux domestiques. Lorsqu'ils vivent et se multiplient, alors qu'ils sont pour ainsi dire abandonnés à eux-mêmes, on arrive, sans l'intervention du métissage, à prévenir la dégénération. Ainsi, lorsqu'on accouple par appareillement deux animaux supérieurs ou possédant, l'un des défauts, l'autre des qualités, mais opposés les uns des autres, on prévient la dégénération, et souvent on rend les produits supérieurs aux ascendants. Mais, si ce moyen prévient favorablement la dégénération des races, des variétés,

---

(1) *Histoire des Animaux domestiques.*

(2) *Traité de la conformation extérieure du cheval*, 1832.

il seconde lentement leur amélioration et ne produit jamais les effets des croisements. Toutefois, comme le fait observer M. Moll, le croisement est un de ces moyens dont on ne doit jamais abuser impunément. Si, bien appliqué, il produit d'excellents résultats, pratiqué sans connaissance de cause, sans principes rationnels, sans but déterminé, il peut souvent détruire les bonnes qualités de la race qu'on voulait améliorer, et remplacer ses défauts par de plus graves encore (1).

Toutes choses égales d'ailleurs, l'expérience démontre que pour un grand nombre de races et de variétés, les métissages ne doivent être pas poursuivis pendant plusieurs générations, et qu'il est des cas où l'éleveur doit se borner à faire des individus demi-sang. En effet, ce n'est que dans des circonstances spéciales, que nous signalerons en étudiant les diverses races, que le cultivateur trouve un grand avantage à avoir des animaux trois quarts sang; et même il serait facile de signaler des cas où la métissation ne doit produire que des métis quart sang. Hartmann, convaincu que le climat, l'air, la température, l'humidité, ont des influences efficientes sur les produits des croisements, insiste pour qu'on emploie dans les haras des mâles de la première, ou tout au plus de la seconde génération, parce que la première étant toujours plus pure, c'est dans les premiers descendants que l'influence du climat et de la nourriture sur les parties organiques et sur la forme est toujours moins sensible. L'effet de cette double influence se déclare déjà plus fortement dans les poulains à la seconde génération, et a la troisième, où les mêmes causes ajoutent encore de nouvelles défectuosités à celles de la précédente, les caractères de la souche se perdent pour l'ordinaire entièrement (2). Cette opinion est juste, et les éleveurs anglais l'approuvent. Le premier croisement, dit David Low, est bon en général; mais en continuant de croiser avec les produits du premier, on sera souvent trompé dans son attente, car non-seulement les bonnes qualités des parents ne se retrouvent pas toujours dans les élèves, mais on y rencontre des défauts que ceux-ci n'avaient pas. Cela vient généralement de croisements faits sans jugement et du manque de connaissance des principes d'après lesquels ils doivent avoir lieu. Toutes les fois qu'on veut croiser, ce doit être avec des mâles d'une race meilleure, et, dans ce cas, le premier produit est toujours un bel animal (1). M. Magne ne croit pas à la nécessité d'importer sans cesse de nouveaux individus, il regarde cette règle comme moins absolue qu'on ne l'avait cru, et pense que le croisement après un certain nombre de générations cesse d'être nécessaire, et que les métis peuvent se propager par eux-mêmes sans dégénérer. Il est bien reconnu, dit-il, que dans le cas où une race régénérée tendrait à reprendre les caractères de la race commune, la race régénératrice ne conviendrait pas au pays, elle aurait dégénéré si on l'eût importée. Nous possédons en France des métis dans toutes les espèces qui se conservent très-bien, et dont l'entretien n'exige d'autres soins que des appareillements dirigés de manière à prévenir les conséquences de la consanguinité, et à écarter de la génération les êtres défectueux, ceux qui semblent avoir une tendance à dégénérer (2). Ces considérations sont vraies si on les applique à certaines espèces et à des races spéciales, mais elles nous paraissent trop absolues si elles doivent régir tous les croisements. C'est que nous sommes convaincu que les métissations, qui ont pour but de donner aux animaux plus de précocité et d'aptitude à l'engraissement, doivent être continuées pendant plusieurs générations avec des individus nouveaux. Sans doute, par un premier croisement on donne aux produits des qualités particulières qui participent de celles de la race améliioratrice, mais ces qualités n'ont pas assez de constance, comme le disent les Allemands, pour qu'elles s'impriment de nouveau sur les descendants des premiers métis. Il ne faut donc pas, comme le fait observer David Low, qu'après un premier croisement on ait recours aux mâles de la race inférieure, mais à ceux de la race supérieure, jusqu'à ce que l'éleveur ait, pour ainsi dire, formé une race. On ne doit utiliser les premiers métis comme animaux reproducteurs et améliorateurs que lorsque la race commune ou indigène est arrivée déjà à un grand degré d'amélio-

---

(1) *Maison rustique du XIXe siècle*, t. II, p. 276.

(2) *Traité des Haras*, trad. de l'allemand par Huzard, 1788, p. 71.

(1) *Éléments d'Agriculture pratique*, t. II, p. 231.

(2) *Traité d'Hygiène vétérinaire appliquée*, t. I, p. 255.

ralion par l'intermédiaire des appareillements, et que les qualités qu'elle
possède la font regarder comme une
très-belle race. Hors ces circonstances et
toutes les fois que la race indigène amé-
liorée ne satisfera pas les exigences
du cultivateur, les désirs du commerce
et le caprice de la société, il y aura
avantage à recourir à la race étrangère
jusqu'à ce que les nouveaux produits
soient remarquables par beaucoup de
constance. En regardant les propriétés
domestiques des bestiaux comme une
dégénération des propriétés naturelles,
dégénération créée et entretenue par un
régime particulier, on ne sera plus
étonné que cette dégénération des propriétés naturelles, ou cette altération
de la constitution, toujours augmentée
de génération en génération par le
même régime, ne fasse passer peu à
peu les animaux d'un état à un autre,
et ne détruise ainsi, au bout de quelque
temps, les propriétés mêmes qu'elle
aura données d'abord, et on concevra
qu'il faille alors renouveler les combinaisons de métissages qui auront amené
ces propriétés, en reprenant la dégénération à un point moins avancé, ou
autrement en ayant recours à des races
moins dégénérées ; c'est ce qui arrive
par rapport aux races les plus propres
à l'engrais comme aux races les plus
propres au lait (1). C'est donc à tort
que l'éleveur penserait qu'il ne faut pas
parfois continuer le croisement et regarder souvent les métis comme des individus imparfaits, comme des êtres
qui ne sont qu'ébauchés, et qui ne peuvent rester au point où ils sont arrivés.

Lorsque nous nous occuperons de
l'étude des divers animaux domestiques, nous tâcherons de signaler les
degrés de métissage que l'on doit donner aux individus suivant l'espèce à laquelle ils appartient, les qualités qu'ils
doivent avoir, le climat qu'ils habitent,
le sol qui les nourrit, et nous chercherons à prouver que le docteur Lawrence
est tombé dans une erreur profonde lorsqu'il posa comme principe que la machine animale est pourvue d'une force
inhérente conservatrice des caractères
et des formes premières, quoique cette
règle ait été soutenue par l'illustre Cuvier.

_____

(1) Huzard fils, *Métissage* (manuel du bouvier),
t. II, p. 298.

SECTION XI.

De l'hybridité.

Le croisement des espèces que l'on
appelle *hybridation*, offre moins d'intérêt que le métissage des races. L'histoire naturelle connaît un certain nombre d'hybrides, mais la zoologie agricole
ne s'occupe que de ceux auxquels on
donne les noms de *mulet* et *bardot* ou
barbeau.

Le premier est le produit de l'âne et
de la jument ; le second celui du cheval
et de l'ânesse. Ce dernier produit est
peu commun, il est pour ainsi dire
d'aucune utilité pour l'agriculture. Les
femelles qui résultent de l'accouplement de l'âne et de la jument ont reçu
le nom de *mules*, et les mâles celui de
mulets.

Le mulet diffère du bardeau en ce
qu'il brait et que ce dernier hennit.

Dans l'hybridation, les produit n'héritent pas toujours autant de l'un que
de l'autre des individus reproducteurs.
Quelquefois ils ressemblent davantage
à l'espèce asine ; d'autrefois, ils se ra-
procheront d'avantage de l'espèce chevaline. Néanmoins dans les circonstances
ordinaires, ils forment une ligne intermédiaire, sous le rapport de l'ensemble,
des formes, entre les individus qui les
ont procréés.

Les hybrides ne peuvent être regardés comme pouvant former des races ou
des espèces. Si la mule, par exemple,
est féconde et peut engendrer, on doit
reconnaître que la modification qu'elle
a éprouvée n'est pas assez profonde,
assez tenace pour qu'elle perpétue ses
caractères dans un certain nombre d'individus. Cet hybride n'est pour l'agriculteur, qu'une variété indigne de
transmettre les caractères des individus qui l'ont formée. Si ce produit avait
plus de fixité, plus de permanence, si
ces qualités pouvaient être regardées
comme héréditaires, il serait moins
difficile à faire naître parfait, et ne de-
manderait pas à être créé seulement
dans des circonstances spéciales et sous
l'influence de causes particulières. Les
hybrides ne sont donc, pour le zoologiste agriculteur, que de simples variations, et leur unique avantage est
de pouvoir conserver toute leur vie les
caractères qui les particularisent.

Quelques naturalistes ont donné le
nom d'hybridation à l'accouplement du
canard domestique (*anas boscas*) avec
le canard de Barbarie (*anas moschata*).

Cette dénomination est le résultat d'une erreur profonde. On a pu donner le nom de *mulards* aux produits de ces deux oiseaux ; mais ce n'est pas dire qu'il faille les regarder comme des hybrides. Le canard de nos fermes, comme le canard musqué ou cane-dinde, ne sont que des races de l'espèce canard, et les produits de leur accouplement que des métis, puisqu'il y a croisement de races et non d'espèces.

SECTION XII.

De la consanguinité.

Les Anglais ont nommé *breeding in and in* (propagation dans et dans) des unions incestueuses. En France ces accouplements ont reçu le nom de consanguinité. Ainsi, quand on accouple le père avec la fille, la mère avec le fils, le frère avec la sœur, on exécute un accouplement consanguin.

Les alliances d'un degré de parenté très-approché sont-elles nuisibles à l'amélioration, au perfectionnement de races ? Pendant longtemps ces unions incestueuses ont été regardées comme défavorables. Varron paraît avoir voulu défendre ces alliances, il disait que l'étalon se refusait obstinément à saillir sa mère (1). Buffon et Bourgelat ont aussi proscrit ces unions, ils les regardaient comme très-préjudiciables à l'amélioration de nos races domestiques. Bien que Backewell ait créé, par le concours de la consanguinité, les magnifiques races que possèdent quelques contrées de l'Angleterre, et que Colling et Culley aient proclamé qu'on pouvait ne pas s'inquiéter du degré de parenté des individus, pourvu que ceux-ci fussent parfaits de formes, d'activité et de force, John Sinclair refuse d'admettre et de partager entièrement les opinions de ces éleveurs célèbres. Il reconnaît bien qu'en suivant cette méthode, le jeune animal vient au monde très-petit comparativement, et qu'en l'entretenant très-gras dès les premiers moments de son existence, on parvient à lui faire atteindre un volume plus considérable que sa nature ne le comportait, et que son poids total devient, en conséquence, très-considérable, en proportion du volume des os, mais ces formes extraordinaires ne lui prouvent pas que ce moyen soit parfait si on le pratique pendant longtemps. Au contraire, dit-il, la race devint faible et délicate, et les animaux s'engraissent difficilement ; et quoiqu'ils conservent leurs formes et leur beauté, ils décroissent en vigueur et en activité, et finissent par devenir nains et incapables de propager la race (1).

Mathieu de Dombasle portageait l'opinion de ce savant auteur, et il croyait qu'une dégénération rapide était toujours le résultat de la consanguinité. Lorsqu'un éleveur s'occupe de l'amélioration d'une race de chevaux, s'il y emploie pendant plusieurs générations le même étalon ou ses descendants, il en résulte une famille dans laquelle la dégénération ne tardera pas de se faire remarquer, soit comme le pensent quelques personnes, parce que les vices de conformation naturels à la famille tendront à s'y accroître, soit d'après l'opinion d'autres éleveurs expérimentés, parce qu'il est conforme aux lois de la nature qu'il résulte nécessairement une dégénération dans l'espèce, de l'accouplement d'individus unis entre eux par la consanguinité, ou par une parenté très-rapprochée (2).

Si l'on admet que certains perfectionnements tendent à affaiblir la constitution des animaux, il est évident qu'en obtenant encore, par l'intermédiaire d'animaux parfaits de la même famille, un plus grand perfectionnement dans la propension à s'engraisser, etc., que l'on précipite la dégénération. Ce n'est pas le moyen qui est mauvais, défavorable, c'est l'abus qu'on en fait et les circonstances où on le pratique. On a prétendu, dit Burger, que les descendants des animaux produits par un accouplement en proche parenté dégénéraient, c'est-à-dire, perdaient les qualités distinctives de leur race. Mais cette opinion n'est qu'une hypothèse basée sur des observations vicieuses et incomplètes, que l'expérience n'a jamais confirmée, et qui est en opposition avec un grand nombre de faits positifs. On n'a jamais pu prouver par une expérience décisive, que l'accouplement en proche parenté ait influé d'une manière défavorable sur la vigueur et la conformation des animaux qui en ont résulté (3).

Il appartenait à David Low d'apporter son tribut de lumière, et d'éclairer cet importante question. Par la consan-

---

(1) *Equus matrem ut saliret adduci n n posset*, lib. II, cap. VII.

(1) *L'Agriculture pratique et raisonnée*, t. 1, p. 189.

(2) *Annales de Roville*, 7ᵉ livraison, p. 192.

(3) *Cours d'Économie rurale*, p. 265.

guinité . dit-il, on obtient plus tôt des animaux d'une forme plus délicate et ayant de grandes dispositions à s'engraisser, on obtient surtout une plus grande permanence des caractères propres aux parents du produit. On sait que c'est par ce moyen que Backewell et d'autres éleveurs parvinrent à donner et à perpétuer les caractères particuliers aux races qu'ils ont créées. Ceux qui ont amélioré les premières races, ont dû adopter nécessairement cette méthode, puisqu'ils ne pouvaient pas avoir recours à des mâles d'autres races, sans se servir d'animaux inférieurs et détériorer par là les qualités de leur race. On doit observer qu'en accouplant successivement des animaux d'une parenté très-proche . on obtient par là des produits ayant une tendance a arriver à un développement précoce et à prendre facilement la graisse. La méthode de propager les animaux de la même famille a cependant ses limites ; on ne peut forcer la nature trop loin, même pour nos besoins ; on sait que quoique cet accouplement des animaux de proche parenté diminue la grosseur des os, et tend à donner une disposition à engraisser aux produits, cela les rend aussi plus délicats et plus sujets aux maladies. Ainsi, quoiqu'on puisse accoupler de très-beaux animaux jusqu'à une certaine limite, afin de conserver les produits et de rendre permanentes les qualités qu'ils possèdent, on fait violence à la nature en allant trop loin. Les sujets, avec les facultés qu'ils ont d'être précoces et d'engraisser facilement, deviennent faibles ; les vaches cessent de donner du lait en quantité suffisante pour nourrir leurs veaux ; les mâles perdent leurs formes masculines et deviennent incapables de propager leur espèce. Ainsi, lorsque le bétail d'une ferme s'est longtemps propagé par lui-même, on doit avoir soin de changer les mâles et de chercher à les remplacer par les meilleurs de la même race, mais d'une autre famille. Quelques éleveurs ont éprouvé de grandes pertes en voulant porter le système d'accouplement de la même famille au delà de ses limites, dans le but d'améliorer, autant que possible, la race qu'ils possédaient (1).

De ces considérations il résulte que la consanguinité n'offre des résultats fâcheux que lorsqu'elle est mal comprise et appliquée. D'abord, il n'est point vrai, ainsi que l'ont avancé Varron et quelques auteurs modernes, que les animaux d'une parenté très-rapproché aient une certaine répugnance à s'accoupler. Si ce fait était plausible, nous n'assisterions pas chaque jour, au sein de nos fermes, a l'accouplement du frère et de la fille, du fils et de la mère, et les unions seraient souvent impossibles dans les bergeries où on ne possède, pendant plusieurs années, qu'un seul bélier. Mais si ces unions incestueuses sont un fait préremptoire, si ces accouplements n'est jamais cessé d'exister parmi les animaux sauvages et ceux soumis à la domesticité, on doit souvent chercher à éviter que de telles alliances aient lieu. Si la consanguinité fait dégénérer en bien des races bovines, ovines, porcines, etc., on doit reconnaître qu'il faut le concours de causes bien puissantes pour que l'éleveur puisse s'engager dans cette voie. L'accouplement consanguin ne peut et ne doit avoir lieu entre individus de la même famille, que si ces animaux sont arrivés à un perfectionnement profond, à une inaltérabilité de caractères. Si la famille que l'on veut perfectionner par elle-même, n'est pas parfaite d'ensemble, d'aptitude, si ses caractères sont dus au hasard, l'appareillement ou la métissation consanguine doivent être regardées comme un moyen vicieux de régénération. C'est que pour suivre une de ces routes, il faut que la famille qui se propage par consanguinité soit d'une constance parfaite. On sait que plus une race a d'aptitude à transmettre à ses descendants les qualités, les formes qui la distinguent, et moins elle est exposée à la dégénération. Ce n'est donc que quand une race, une famille a acquis cette constance, qu'on peut tenter d'augmenter encore le perfectionnement des individus par voie consanguine. Ce principe s'identifie parfaitement avec l'idée de Cline, qui est aujourd'hui professée en Angleterre. Cet observateur croit à l'évidence de l'avantage de la multiplication *dans et dans* quand une variété particulière approche de la perfection dans sa structure.

Les résultats fâcheux obtenus par John Sebright, Prinsep, Mathieu de Dombasle, etc., s'expliquent facilement, si l'on reconnaît que l'alliance consanguine présente des difficultés qui, sous un rapport, ne peuvent être combattues avec succès, et qu'elle produit, ou fait naître, ou paralyse des caractères spécifiques, qui, pour l'homme des champs, peuvent être des défauts. Ainsi, une alliance incestueuse bien

---

(1) *Éléments d'Agriculture pratique*, t. II. p. 235.

conçue, exécutée franchement et entre des animaux de choix et de conformation parfaite, amoindrit, détruit même la forme, la légèreté, l'activité et l'énergie, mais elle augmente la faiblesse, la précocité, l'embonpoint, et fait naître des formes extraordinaires. Cela est si vrai que, chaque fois que les Anglais ont propagé leurs chevaux et leurs bœufs par l'accouplement consanguin, et entre *très-proches parents*, ils ont diminué la vitesse, la puissance de leurs chevaux de course, et ont augmenté la mollesse des races bovines. C'est cette dégénération en bien qui a forcé l'Angleterre à renoncer, dans un grand nombre de comtés, à l'emploi du bœuf comme animal de travail, et à diriger ses vues vers les animaux qui, par le fait de la consanguinité, doivent être élevés pour la boucherie, et à demander, de temps à autre, des étalons à la contrée orientale. On a dit que la consanguinité, qui, du temps de Backewell, produisait des effets extraordinaires, ne pouvait être continuée aujourd'hui avec le même succès. Cette opinion ne manque pas de vérité. Les animaux créés par cet éleveur célèbre et Colling ont été perfectionnés par alliances incestueuses, et comme ils sont arrivés aujourd'hui à la plus grande perfection qu'on puisse réaliser, il s'ensuit qu'on doit éviter de suivre les mêmes errements dans les accouplements. Du reste, cette manière d'agir ne présente plus en ce moment de grandes difficultés. Les races Durham, Dishley, etc., sont très-répandues maintenant, et comme chacune descend, pour ainsi dire, d'une même souche, d'un même type, d'une même famille, il faut que les éleveurs anglais se procurent des individus de choix des mêmes races, et qu'ils évitent, s'ils ne veulent pas précipiter les qualités des individus qu'ils possèdent, les unions entre frères et sœurs, pères et filles, etc. C'est ce principe qui a conduit les Anglais à conserver la généalogie de leurs taureaux, de leurs chevaux, etc., et cette voie est la seule qui leur permet aujourd'hui d'éviter le mariage entre individus de la même famille.

La France, malheureusement, n'est pas encore arrivée à profiter des bienfaits des accouplements consanguins. Avant de s'engager dans cette voie, il faut que l'agriculture perfectionne ses races, ses variétés, soit par elle-même, soit par des croisements judicieux. Ce n'est que lorsqu'elle aura fait naître des races nouvelles, qu'elle aura amélioré, par le concours de l'appareillement, les races qui peuplent son sol, et que les unes et les autres seront fixes, stables sous tous les rapports, qu'elle pourra espérer arriver à obtenir des races non moins remarquables que celles qui font la base de la richesse agricole de l'Angleterre. C'est donc avec la plus grande prudence, la plus sérieuse attention, que nous devons user de ce moyen. Si nous voulions, en ce moment, accoupler par consanguinité, il en résulterait inévitablement des dégénérations rapides, et, loin d'augmenter nos races bovines et ovines, nous altérerions leur santé, leur vigueur, leurs qualités, et nous augmenterions leurs vices et leurs défauts de conformation et de précocité. Si quelques familles d'individus font exception à ce principe général, elles sont en petit nombre dans notre patrie. Ceci tient à ce que nos races, en général, doivent être améliorées, et que nous devons seconder de tous nos efforts la réaction qui a lieu en ce moment, et qui résulte, d'une part, de l'augmentation des substances fourragères et de l'introduction des races étrangères ; de l'autre, de ce que nous commençons à comprendre que nous devons produire des bêtes bovines de consommation et non de travail. C'est à l'éleveur qu'il appartient de déterminer le moment où la constance des animaux qu'il multiplie lui permettra d'accoupler des individus d'une parenté très-rapprochée, et l'époque où il devra arrêter cette propagation en dedans.

Ici se termine la première partie de ce cours ; lorsque nous étudierons la multiplication, et l'éducation des diverses races domestiques qui vivent au sein de nos exploitations, nous traiterons de l'influence des reproducteurs sur les produits, de la robe des mâles et des femelles, etc., et de la transmissibilité par voie de génération des qualités et des vices qui particularisent les individus reproducteurs. Les idées générales que nous pourrions émettre sur ces divers points ne caractériseraient pas assez ce que nous devons savoir de ces diverses influences sur chaque race en particulier.

DEUXIÈME PARTIE

DE L'ALIMENTATION.

PRÉLIMINAIRES.

Considérations générales sur la nutrition, l'absorption, la digestion, les aliments, la faim, la préhension, la mastication, l'insalivation, la déglutition, la chymification, la chylification, la défécation, la digestion des oiseaux.

Tous les êtres vivants organisés exécutent des fonctions qui servent à assurer leur entretien, leur accroissement et leur reproduction. Ces actes sont : 1º les fonctions de nutrition; 2º les fonctions de relation; 3º les fonctions de reproduction. La nutrition, qui est le seul phénomène organique qui sera le sujet de nos études dans cette seconde partie, n'éprouve jamais d'interruption depuis la naissance jusqu'à la mort, et elle ne s'effectue que par le concours de plusieurs actes secondaires, tels que la digestion, la respiration et la circulation.

La *nutrition* consiste dans l'introduction de matières organiques qui, sous l'action de la force vitale, pénètrent dans toutes les parties qui constituent un être organisé. Ces matières sont soumises à diverses actions : 1º elles éprouvent, aussitôt qu'elles sont introduites dans le corps, certaines modifications qui les forcent à abandonner les éléments qui les composent et qui sont essentiels à la vie; 2º elles sont expulsées lorsqu'elles ne fournissent plus aux organes et aux tissus des parties vivantes.

Ce phénomène, qui a pour but de substituer aux matériaux devenus impropres à la vie de nouvelles molécules, à l'état brut, a pour condition secondaire de favoriser l'acte intérieur de décomposition et de composition moléculaire auquel on a donné le nom d'*absorption*. Cette fonction, qui est commune à tous les êtres organisés doués de la vie, fait pénétrer jusque dans la profondeur des tissus et des organes qui constituent le corps, les matières nutritives passées en dissolution dans les liquides contenus dans le corps.

Mais pour que les matières propres à entretenir et fortifier les parties dont l'ensemble constitue les êtres puissent être assimilées ou absorbées, il faut qu'elles soient soumises, au préalable, à un autre phénomène que l'on a appelé la *digestion*. Cet acte préliminaire est cette préparation que les matières subissent pour devenir propres à être absorbées et à la manifestation de laquelle concourent plusieurs actes

distincts, la mastication, la déglutition, la chymification, la chylification et la défécation.

Les substances qui subissent, introduites dans un corps organisé doué de la vie, des modifications qui les rendent propres à concourir à son accroissement et à la réparation des pertes qu'il éprouve sans cesse, ont reçu le nom d'*aliments*.

La masse élémentaire qui sert à la nutrition des êtres organisés n'est pas entièrement utilisée. Quelques principes seulement sont élaborés dans l'acte de la digestion et l'assimilation. On les désigne sous le nom de *matières alibiles*, dénomination qui signifie que ces substances s'incorporent. Les parties éliminées des tissus sous l'action de fonctions particulières, ont reçu le nom d'*excrétions*, et celles qui traversent le corps celui de *matières excrémentitielles*.

Les aliments sont tous fournis par le règne organique; tandis que les médicaments, les poisons, les condiments appartiennent aux règnes organique et inorganique.

La nécessité de prendre des aliments se manifeste par une sensation particulière qui a son siége dans l'estomac et à laquelle on a donné le nom de *faim*. Ce besoin est excité par le travail, l'exercice, par un froid modéré; il est ralenti, au contraire, par l'inactivité, le sommeil et une forte chaleur. La faim ne se fait ordinairement sentir que lorsque la digestion est terminée, et alors elle est plus ou moins impérieuse selon l'âge, la constitution des êtres et leur aptitude à supporter l'abstinence. Si ce besoin n'est pas satisfait en temps convenable, la sensation agréable que l'être éprouve au moment où il a faim se change en une sensation douloureuse.

La mastication des aliments est toujours précédée par un acte que l'on nomme *préhension des aliments*. La préhension des aliments solides a lieu chez les animaux domestiques par les lèvres et les machoires qui s'élargissent ou se ferment, qui s'éloignent ou se rapprochent et saisissent les matières alimentaires pour les introduire dans la bouche. La préhension des liquides n'a point lieu de la même manière : ceux-ci sont pompés par la bouche, soit par la langue qui agit en se retirant en arrière à la manière du piston, soit par la dilatation de la poitrine qui les aspire en même temps qu'elle détermine l'entrée de l'air dans les poumons. Les liquides, quels qu'ils soient, ne séjournent pas dans la bouche et descendent aussitôt dans l'estomac.

Lorsque les aliments sont arrivés dans la bouche, ils sont soumis à une division mécanique opérée par les dents et que l'on appelle *mastication*. L'appareil dentaire qui est mis en mouvement par les mâchoires dans lesquelles il est fixé, varie de forme, de structure suivant le genre d'aliments dont les animaux doivent se nourrir. Toujours est il que les aliments, sans cesse ramenés entre les dents par la langue et les joues, sont divisés, triturés ou broyés plus ou moins complétement suivant les espèces.

Les individus qui n'ont pas de dents, comme les oiseaux granivores, par exemple, peuvent néanmoins se nourrir de substances dures. L'un de leurs estomacs, le gésier, est doué d'une force musculaire assez grande pour broyer tous les aliments quels qu'ils soient introduits dans cet organe.

L'acte de la mastication est secondé par la salive qui imbibe les aliments et les dissout même parfois. Ce liquide est versé dans la bouche par les glandes parotides sous-maxillaires et sublinguales. Cette *insalivation* est non-seulement nécessaire à la mastication, mais elle aide puissamment la déglutition et la digestion.

Lorsque la mastication est terminée et que les aliments sont rassemblés sur la face dorsale de la langue en une petite masse ovoïde, à laquelle on a donné le nom de *bol alimentaire*, la langue porte ce dernier vers le gosier. A ce moment le voile du palais s'élève, devient presque horizontal pour boucher l'orifice postérieur des fosses nasales et s'appliquer contre la paroi supérieure du larynx ou glotte qui se contracte, se resserre au moment de la déglutition, le pharynx ou arrière-bouche s'élargit, et la *déglutition* s'opère. C'est l'œsophage qui reçoit le bol alimentaire qui lui a été porté par la constriction des muscles du pharynx ; et c'est sous l'action de contractions successives et combinées des fibres longitudinales et circulaires dont l'œsophage est revêtu, constrictions aux-

quelles on a donné le nom de mouvements péristaltiques, que les aliments passent de cet organe dans l'estomac.

Les aliments séjournent ordinairement plusieurs heures dans l'estomac; ils ne peuvent le traverser simplement et passer de suite dans les intestins : l'ouverture cardiaque qui communique avec l'œsophage, et le pylore, ouverture qui comunique avec l'intestin grêle, se fermant complétement pendant l'acte de la digestion. Pendant leur séjour dans cet organe, les matières alimentaires éprouvent certaines modifications sous l'influence d'un liquide acide nommé *suc gastrique* cette liqueur coule en abondance lorsque l'estomac est rempli d'aliments; mais, lorsqu'il est vide il ne coule qu'en très-petite quantité. C'est ce suc qui modifie les aliments, qui les dissout et qui est la cause principale de la *chymification*. Sous ce nom on désigne un mouvement de la masse alimentaire, un mouvement de contraction qui agite les aliments qui se manifeste continuellement de la partie cardiaque à la partie pylorique et qui transforme les aliments en une masse pulpeuse, semi liquide, de couleur grisâtre, d'une odeur fade, et que l'on désigne sous le nom de *chyme*.

Au fur et à mesure que la chymification s'opère, le chyme, sous l'influence de mouvements péristaltiques, se porte vers le pylore et arrive dans le duodénum de l'intestin grêle où il se mêle avec la *bile* secrétée par le foie et un autre liquide fourni par le pancréas. La bile est un liquide visqueux, verdâtre et d'une saveur très-amère ; le *suc pancréatique* a une certaine analogie avec la salive. Arrivés dans le duodénum, les aliments ou, pour mieux dire, le chyme, ne peuvent retourner dans l'estomac, le pylore étant garni d'une valvuve. C'est dans cet organe qu'il se modifie, qu'il se sépare en deux parties, l'une solide et excrémentitielle, l'autre liquide, blanchâtre et alcaline.

Cette partie fluide est ce qu'on appelle *chyle*. Cette substance chymeuse est absorbée par les orifices des vaisseaux nommés *chylifères* ou *lactés* et qui prennent naissance par de très-petits orifices dans l'intérieur de l'intestin grêle, à la surface de la membrane muqueuse. Ces vaisseaux sont soutenus par les lames du mésentère; ils se réunissent en branches plus ou moins grosses et vont déboucher dans le canal thoracique. Ce tronc, à son tour, aboutit dans la veine sous-clavière gauche. C'est cette *chylification* qui permet au sang d'entretenir la vie dans tous les organes. Si la formation et l'absorption du chyle viennent à ne plus exister, il n'y a plus d'existence possible. Cette production et cette assimilation sont aussi nécessaires a l'acte de la vie, au développement du corps que la respiration et la circulation du sang.

La masse alimentaire qui n'a pu être convertie en chyle, continue sa marche dans le tube digestif. Après avoir parcouru la portion flottante et le jéjunum ou la portion cœcale, à l'extrémité de laquelle existe une large valvule qui s'oppose à ce que les matières rentrent dans l'iléum : celles-ci arrivent dans le gros intestin. En traversant le cœcum et le colon, la masse alimentaire abandonne les quelques parties alibiles qu'elle contient encore, s'accumule dans ces parties pendant un temps plus ou moins long, acquiert de la consistance, change de couleur, affecte différentes formes et prend une odeur particulière. Enfin, arrivé dans le rectum, le résidu est expulsé du corps par la *défécation*. Cet acte est soumis à la volonté de l'être lorsque celui-ci est dans un parfait état normal. C'est que le muscle sphincter, qui ferme l'ouverture inférieure du gros intestin, est susceptible de contraction, de dilatation selon l'empire de la volonté de l'animal.

Les mammifères qui n'ont pas tous les organes digestifs dont nous venons de parler, forcent les aliments à suivre une voie différente, et les phénomènes de la digestion ne sont plus les mêmes que chez les animaux composant les autres groupes de la classe des mammifères soumis à la domesticité. Tous les animaux de l'ordre des ruminants ont une cavité située entre la bouche et l'estomac et destinée à recevoir les aliments pendant que la salive les imbibe. C'est de cette première cavité stomacale que les aliments remontent à la bouche pour y être triturés, pour y recevoir de nouveau une mastication plus complète et suffisante pour qu'ils soient définitivement soumis à l'acte de la digestion : ce phénomène organique est connu sous le nom de *rumination*.

Les ruminants sont pourvus de quatre estomacs, le rumen ou la *panse*, le réseau ou *bonnet*, le feuillet ou *livret* et la *cuillette*. Les aliments solides, après avoir été saisis, sont soumis à une mastication grossière exécutée avec une grande rapidité, puis à l'acte de la déglutition et arrivent dans le rumen. Si ce sont des substances fluides ou liquides, une partie d'entre elles tombe dans le réseau, une autre dans le rumen et quelque peu dans la cuillette. Lorsque l'animal est rassasié, que l'énorme rumen est rempli de matières ou que la ration distribuée est consommée, il reste ordinairement tranquille, temps durant lequel les aliments, dit-on, sont pressés et ballottés en tous sens. Mais bientôt il arrive un moment où l'animal ramène, sous l'action des dents, une portion des aliments divisés imparfaitement et résidant dans le rumen. C'est alors qu'a lieu la rumination, et cet acte dure plus ou moins longtemps selon l'état physique des matières alimentaires. Une fois le bol alimentaire parfaitement trituré, divisé et imprégné de salive, les aliments sont de nouveau soumis à la déglutition et arrivent en presque totalité dans le feuillet.

La masse soumise à la rumination affecte généralement une forme arrondie, et son volume est régulier. Lorsque les aliments ont été ruminés et transformés en une pâte molle et demi-fluide, et que le feuillet a divisé, broyé les parties qui n'ont pu être triturées pendant la rumination, ces matières pénètrent dans la cuillette où s'opère la chymification.

On a longtemps cherché à connaître les fonctions du réseau. Les uns veulent que cet organe reçoive la majeure partie des aliments triturés, ruminés et les substances fluides pour les abandonner lentement au feuillet ; les autres lui attribuent cette espèce de régurgitation régulière sous l'influence de laquelle les aliments, accumulés dans le rumen, remontent dans la bouche. Selon M. Flourens, le rumen et le réseau se contracteraient, pousseraient la masse alimentaire que ces organes contiennent entre les bords du demi-canal œsophagien qui, en se contractant à son tour, en saisirait une portion, la détacherait et en formerait le bol alimentaire. Si cette théorie est admise, il en résulterait que le réseau n'est qu'un appendice du rumen.

Les oiseaux domestiques comme les ruminants ont une poche destinée à recevoir les aliments pendant un certain temps. Cette poche digestive, dont les parois sont composées de membranes, est située sur l'œsophage vers la partie inférieure du cou; on l'a nommée *jabot* et elle varie de forme et de grandeur suivant les espèces : de cet organe les aliments passent dans un second estomac dont la partie interne est criblée d'un nombre considérable de petits pores communiquant à des follicules destinés à secréter le suc gastrique. Cet estomac est situé à la base de l'œsophage et on lui a donné le nom de *ventricule succenturié*. C'est en quelque sorte une dilatation peu sensible de l'œsophage. Ce ventricule s'ouvre dans un troisième estomac appelé *gésier*, dans lequel se termine la chymification. Cet organe ne présente pas toujours la même structure. Les oiseaux qui se nourrissent principalement de grains ont le gésier très-musculaire et revêtu intérieurement d'un épiderme cartilagineux doué d'une force extraordinaire ; ceux au contraire qui se nourrissent uniquement de chair ont un gésier dont les parois sont legères , membraneuses et garnies de muscles très-faibles.

DES PROPRIÉTÉS DES ALIMENTS.

Les substances qui peuvent nourrir et qui servent à la nutrition se distinguent les unes des autres par des propriétés particulières qui les rendent plus ou moins agréables et utiles aux animaux. Nous diviserons ces propriétés en deux grandes classes : les propriétés physiques et les propriétés chimiques.

Des propriétés physiques.

Sous le nom de propriétés physiques, on doit comprendre la manière d'être des aliments, leur forme, leur saveur et odeur, c'est à dire le rôle qu'ils jouent physiquement lorsqu'ils pénètrent dans le corps d'un être vivant.

1° DE LA COHÉSION.

La cohésion est cette propriété que possèdent toutes les substances alimentaires d'être d'une très-grande dureté, d'une division difficile. Les aliments qui jouissent à un très-haut degré de ce caractère sont peu faciles à triturer, pénibles à digérer, surtout pour certains animaux , et peu nutritifs. De telles matières alimentaires ne conviennent pas aux jeunes animaux, parce qu'elles peuvent irriter les membranes qu'elles touchent et précipiter l'usure des dents ; elles ne peuvent être consommées que par des animaux adultes, des individus vigoureux. Administrées à des animaux d'un âge prononcé, elles peuvent nuire à la solidité du système dentaire. Pour que l'acte de mastication soit moins lent, moins pénible , lorsque les aliments sont durs , il faut les diviser, les concasser, les ramollir, les piler. Nonseulement alors ces matières sont d'une digestion plus facile , peuvent être consommées par les chevaux, les moutons avec succès , mais elles doivent être regardées comme plus nutritives. Ainsi , l'ajonc épineux , par exemple. administré entier, à l'état naturel , est accepté par les chevaux et les bœufs assez difficilement ; si , au contraire , elle a été préalablement divisée et soumise à l'action d'un pilon , cette plante ligneuse plaît à ces animaux et les nourrit parfaitement , à cause des parties nutritives qu'elle renferme en abondance.

2° DE LA SOLUBILITÉ.

Cette propriété est une des plus importantes , et elle indique toujours des substances de bonne qualité et d'une digestion facile. Ainsi la viande se digère plus facilement que l'herbe , les substances farineuses sont d'une digestion plus prompte que la paille. Toutefois. cette solubilité n'est pas la propriété que possèdent les aliments de se dissoudre dans l'eau seulement. Les aliments arrivés dans l'estomac , après avoir été triturés , ne sont pas uniquement en contact avec de l'eau. La salive, il est vrai , qui a imbibé les matières alimentaires lorsqu'elles étaient soumises à la mastication. contient environ 993 parties d'eau sur 1,000 , et ne comporte que quelques parties de chlorure de sodium et de tartrate de soude ; mais, outre ces substances , elles sont en contact avec le suc gastrique qui contient de l'acide chlorhydrique , de l'acide lactique , etc. Il résulte de là que la solubilité des aliments sera d'autant plus importante à prendre à considération que ces substances seront ou peu ou très-solubles dans l'eau. ou peu ou très-solubles dans les liquides acides ou alcalins. Donc , un aliment sera d'autant plus nutritif et plus digestif, qu'il contiendra d'autant plus de matières alibiles, qu'il renfermera davantage de principes solubles dans l'eau , dans les fluides alcalins et acides sous l'action d'une température égale à celle qui caractérise un corps organisé.

3° DE LA POROSITÉ.

La porosité caractérise généralement de bons aliments. En effet, toutes les substances qui s'imbibent promptement d'humidité , qui absorbent facilement la salive, le suc gastrique, etc., lorsqu'elles sont en contact avec ces liquides, jouiront davantage de la propriété d'être promptement transformées en chyme et plus tard en chyle, que celles qui s'imprégneront lentement de ces parties fluides.

4° DE LA SAVEUR.

Les substances alimentaires ont presque toutes de la saveur, mais cette propriété, plus ou moins forte, les rend plus ou moins agréables. Les aliments qui ont une saveur douce, sucrée, comme la betterave, le maïs vert, sont très-digestifs et éminemment nutritifs. Les substances aqueuses, très-humides, celles qui ont peu de saveur, sont peu agréables aux animaux et assez pauvres en principes alibiles ; elles sont ordinairement relâchantes et prédisposent le mouton à la cachexie aqueuse. Les aliments caractérisés par une saveur amère, et ceux quelque peu astringents, ne sont pas très-nutritifs, mais ils conviennent parfaitement aux individus ayant un tempérament lymphatique, et, sous ce rapport, il est parfois utile de les faire entrer dans les rations composées de substances très-riches et digestives.

5° DE L'ODEUR.

Les aliments odoriférants comme ceux d'une saveur douce, agréable, sont promptement digérés, et ils impressionnent favorablement les sens et excitent l'appétit ; tandis que ceux inodores plaisent moins en général, et résistent davantage à l'action de la digestion. Toutefois, les substances très-aromatiques sont peu nutritives, mais, mêlées à d'autres moins odoriférantes, elles deviennent favorables, et ont une influence sensible sur la promptitude avec laquelle ces dernières sont digérées. Il faut excepter, cependant, quelques odeurs qui ont des effets plus nuisibles que favorables. Ainsi l'ail, la valériane, l'artichaut, le pavot, etc., ont des odeurs trop fortes, trop pénétrantes, trop somnifères, pour qu'ils puissent être regardés comme favorables à la vie. Quoi qu'il en soit, les odeurs peuvent, dans un grand nombre de cas, augmenter la faim des animaux, mais toujours elles résistent à la force vitale et ne sont pas fixées. Ainsi l'odeur du foin, l'odeur alliacée des plantes, etc., s'exhalent du corps par l'intermédiaire du lait, comme les substances salines sont entraînées par les sécrétions et les urines.

Des propriétés chimiques.

Les principes qui composent les végétaux alimentaires sont l'oxigène, l'hydrogène, l'azote, le carbone, le soufre, la chaux, le chlore, la potasse, la soude, la silice, la magnésie, le fer, etc., mais celui que l'on rencontre en plus grande abondance, c'est l'azote. Ce corps est le seul que nous examinerons, à cause de ses importants effets sur l'organisme. Toutefois, les aliments végétaux, comme les aliments animaux, comportent des produits particuliers aux uns et aux autres. Les principes organiques et alimentaires des végétaux sont la fécule, le gluten, le muqueux, le sucre, la gomme, l'albumine, les huiles fixes et les acides organiques. Ceux des aliments fournis par le règne animal sont la gélatine, la fibrine, l'osmazone, le caséum et l'albumine. Nous allons passer en revue ces divers constituants.

1° DE L'AZOTE.

Quoique l'azote ne paraisse pas servir directement à la vie des plantes, ni à la respiration des animaux, il est un des principaux constituants des animaux et surtout des végétaux. C'est cette prédominance qui a conduit M. Magendie à distinguer les aliments entre eux par l'azote, à les diviser en deux grandes classes : 1° ceux qui en contiennent une très-grande proportion ; 2° ceux qui en contiennent peu ou point. Cette classification reposait sur les effets de ces aliments sur l'économie animale. Ainsi M. Magendie a prouvé, par des expériences suivies sur plusieurs espèces d'animaux, que les aliments privés d'azote sont impropres à entretenir la vie, et que les individus soumis à un régime non azoté perdent promptement de leur état et finissent par mourir. On sait, en effet, que les semences légumineuses qui comportent une très-grande quantité de principes azotés, suffisent à l'existence de la vie ; tandis que le sucre pur, qui ne contient point d'azote, finit par l'éteindre complétement.

Les farines des céréales contiennent un principe analogue par sa nature à la substance azotée d'origine animale. Ce principe, d'abord découvert dans le froment par Beccaria, a été désigné sous le nom de *gluten vegetabile*. Plus tard, Rouelle trouva dans la plu-

part des sucs des végétaux une matière coagulable par la chaleur, et offrant sous ce rapport une certaine res-
semblance avec l'albumine de l'œuf.
C'est cette substance que Eïnhoff a
nommée principe *végéto - animal*, et
qu'il a cherché à doser. Dans les analyses qu'il fit de plusieurs plantes alimentaires, ce savant chimiste pensait,
et tout le monde le croyait alors avec
lui, que le gluten, la gomme, l'amidon
et le principe végéto-animal, formaient
par leur réunion la partie nutritive des
aliments. En partant de cette idée, il
chercha à comparer la valeur nourrissante de certains végétaux d'après les
diverses quantités de ces matières en
masse. A l'époque où Eïnhoff exécutait
ses analyses, le fait capital découvert
par M Magendie était inconnu. Aujourd'hui, il parait bien avéré qu'une
plante qui ne contient, avec la fibre
ligneuse, que du sucre seulement, ou
de l'amidon, ou de la gomme, ne peut
être regardée comme alimentaire. On
a reconnu que sa vertu alimentaire
réside principalement dans le gluten
et l'albumine végétale qui peuvent s'y
trouver, et tout porte à croire qu'une
substance végétale est d'autant plus
nutritive qu'elle contient une plus forte
proportion de principes animalisés.
C'est ainsi que la qualité des céréales
croît avec la quantité de gluten qui y
est renfermée ; c'est parce que les légumineuses sont plus riches en principes azotés que les céréales, qu'elles
sont bien autrement nourrissantes. De
toutes ces considérations, M. Boussingault tire la conséquence suivante : que
la faculté nutritive d'une substance
végétale alimentaire est proportionnée
à la quantité d'azote qui entre dans sa
composition.

Mais, comme le fait remarquer ce
savant chimiste, toutes les substances
azotées d'origine végétale ne peuvent
être considérées comme nutritives. Il
en est que la chimie fait connaître, et
qui sont des poisons violents ou des
médicaments énergiques ; mais ces
substances ne se rencontrent pas en
quantité appréciable dans les plantes
alimentaires, et dès qu'une matière
végétale a été *acceptée* comme nourriture par les animaux, on peut en conclure qu'elle ne renferme aucun principe nuisible.

Selon M. Boussingault, l'azote est
un élément essentiel à l'existence de
tout être vivant, qu'il appartienne au
règne végétal ou au règne animal. Si
l'on recherche, dit-il, quelle peut être
la source de ce principe qui se ren-

contre dans les herbivores, on la trouve
tout naturellement dans les végétaux
qui leur servent d'aliments ; si l'on
s'enquiert ensuite de l'origine prochaine
de l'azote qui est dans les plantes, on
la découvre dans les engrais prove
nant particulièrement de débris animaux ; car les plantes, pour prospérer,
doivent recevoir par leurs racines une
nourriture azotée. On arrive de cette
manière à concevoir que ce sont les
végétaux qui fournissent l'azote aux
animaux, et que ces derniers le resti-
tuent au règne végétal lorsque leur
existence est accomplie : on croit reconnaître, en un mot, que la matière
organisée vivante tire son azote de matière organisée morte (1).

2° DE LA FÉCULE.

Cette substance est très - repandue
dans le règne végétal, mais elle est
très-abondante dans les tubercules de
la pomme de terre, dans le fruit du
châtaignier, dans les semences des graminées et des légumineuses.

La fécule se présente sous la forme
de globules très - petits et tous sphé-
riques, mais de grandeur variable ; sa
couleur est blanche, et elle a toujours
une apparence brillante, cristalline ;
elle est insoluble dans l'eau froide,
comme dans l'alcool, l'éther et les
huiles fixes et volatiles. Traitée par
l'eau bouillante, la fécule se convertit
en une gelée épaisse, gluante, ayant
l'aspect de la colle. D'après M. Payen,
cette modification serait due à un gon-
flement, à une rupture, à une désagré-
gation de ses grains.

Les fécules amylacées augmentent
beaucoup la faculté nutritive des aliments qui les renferment. Ceux-ci sont
d'une digestion facile, ont une saveur
agréable, donnent peu de résidu, et
concourent puissamment à la formation
du chyle et du sang. Aussi sont-ils plus
favorables à l'engraissement qu'à développer les forces et la taille, et ne
doit-on les donner aux bêtes ovines et
chevalines, animaux qui sont très-sujets
à la pléthore, que modérément.

3° DU GLUTEN.

Le gluten est une substance élastique, insoluble dans l'eau, d'une
odeur fade particulière. Le gluten est
très-azoté et toujours uni à la fécule
des céréales. Administré seul, il est

---

(1) *Annales de Chimie*, 1839, t. LXXI.

peu nutritif, engraisse mal, et rend parfois maladifs les animaux qui consomment les résidus de fabrique d'amidon, mais mélangé, ou donné avec d'autres aliments, à la fécule, par exemple, il nourrit parfaitement et convient à tous les animaux. Cette substance, dit Thaër, est dans un rapport parfait avec la matière animale ; elle est composée des mêmes substances primitives, et se comporte de la même manière dans la fermentation et le feu. Elle est donc l'aliment le plus essentiel du corps animal, et la force nutritive des céréales dépend même, à poids égal de farine, de la quantité en laquelle cette substance s'y trouve, mais sa proportion varie aussi dans une même espèce de grain (1). Le gluten se rencontre dans un grand nombre de plantes. Proust l'a découvert dans le gland, la châtaigne, le marron, l'orge, le seigle, les pois, les fèves, etc.

4° DU MUQUEUX OU MUCILAGINEUX.

Le mucilage a une certaine analogie avec la gomme, il est moins soluble dans l'eau et rend celle-ci plus visqueuse. Cette substance est très-adoucissante, émolliente et relâchante, mais très-peu nutritive. Elle est unie à la fécule verte dans l'herbe des prairies, au sucre dans le panais, le topinambour, à l'albumine dans les semences des légumineuses.

Les végétaux qui en contiennent le plus sont la guimauve, le lin, la grande consoude, le fruit du coing.

5° DU SUCRE.

Ce corps se rencontre dans presque toutes les parties des plantes. Ses principales propriétés caractéristiques sont d'avoir une saveur douce, sucrée, agréable, d'être soluble dans l'eau et insoluble dans l'alcool, de se transformer sous l'influence du ferment en acide carbonique et en alcool. Le sucre n'existe dans les végétaux ordinairement que mêlé et confondu avec d'autres matières extractives, le mucilage, par exemple. A l'état de pureté, et administré seul, le sucre n'est pas un aliment pour les animaux. Donné en grande quantité, il échauffe, excite les organes et nourrit défavorablement. Par lui-même le sucre ne paraît pas jouir de la propriété alimentaire, il ne remplit que l'office d'assaisonnement dans les aliments (1). En effet, les substances sucrées sont très-favorables aux animaux, elles sont nutritives, et séjournent plus longtemps dans les intestins que le sucre cristallisé. C'est pourquoi les résidus de sucrerie de betterave, de purification de sucre, sont consommés toujours avec plaisir par les bœufs ou les vaches, chez lesquels il contribue puissamment à la formation de la graisse et du lait. Les racines du panais, de la carotte, de la betterave, les citrouilles, les tiges de maïs, d'orge, la pomme, la châtaigne, etc., en contiennent beaucoup.

6° DE LA GOMME.

Ce corps existe dans presque tous les végétaux comme le mucus végétal ou mucilage. Elle est insoluble dans l'alcool, et, en se dissolvant dans l'eau, elle donne lieu à un liquide mucilagineux, gluant, fade et inodore. La gomme n'est pas une substance très-alimentaire et d'une digestion facile ; elle est émolliente, adoucissante, relâche les organes, et est abondante dans la mauve sauvage, les plantes étiolées, les jeunes pousses de la luzerne, etc.

7° DE L'ALBUMINE VÉGÉTALE.

Cette substance est peu abondante dans les végétaux, mais elle est azotée. Elle est soluble dans l'eau froide, mais se coagule à chaud. A l'état naturel, l'albumine végétale qui possède la même composition et la plupart des propriétés chimiques des principes essentiels du sang et de la chair musculaire, est un aliment très-nutritif. Les substances qui en contiennent davantage sont les carottes, les navets, les tiges de pois, la luzerne, le trèfle, les graines mûres des plantes légumineuses.

8° DES HUILES FIXES.

Les huiles fixes occupent presque exclusivement le périsperme des végétaux ; elles sont insolubles dans l'eau et dans l'alcool à froid, et sont privées d'azote. Ces substances sont, données seules, de mauvais aliments : elles nourrissent mal, sont peu digestives, ne fortifient point, surtout lorsqu'on les prodigue. Mêlées à d'autres matières, elles constituent une bonne

---

(1) *Principes raisonnés d'agriculture.* t. IV, p. 40.

(1) Parmentier, *Recherches sur les végétaux nourrissants,* p. 171.

nourriture, forcent la viande à se marbrer et à être très-savoureuse. Les fruits et les semences qui en contiennent le plus sont les amandes, les noix, la faîne, la graine de lin, de pavot, de chou, de moutarde, de colza, de madia, de sésame, de chanvre, de soleil, etc. D'après les observations de M. Payen, les huiles, les substances grasses, existent toujours associées dans les plantes, les tiges, les feuilles, comme dans les fruits et les semences, aux substances neutres. Selon M. Bous-ingault, ces mêmes substances seraient moins abondantes, moins élaborées dans les parties herbacées que dans les fruits, et elles seraient renfermées dans le tissu sous forme de gouttelettes.

9° DES HUILES ESSENTIELLES.

Les huiles volatiles sont caractérisées par l'odeur aromatique des végétaux; elles sont insolubles dans l'eau, solubles dans l'alcool; leur saveur est âcre et leur odeur plus ou moins agréable; elles sont moins volatiles que l'eau, quoiqu'elles aient besoin pour se développer du concours des éléments de l'eau. Toutes les huiles essentielles ne sont pas alimentaires, au contraire, elles sont excitantes, antispasmodiques; mais lorsqu'elles sont mêlées à des aliments, elles rendent ceux-ci en général plus agréables au palais des animaux. On les rencontre dans toutes les parties des végétaux, soit dans les tiges, les feuilles, les racines, soit dans les corolles. Elles sont abondantes dans les tiges des plantes de la feuille des labiées, dans les semences des plantes de la famille des ombellifères.

10° DES RÉSINES.

Les résines participent à la fois de la nature des gommes et de celle des huiles volatiles; elles sont insolubles dans l'eau, mais elles sont presque toutes solubles dans l'alcool et les huiles fixes, et, en général, elles sont solides ou demi-fluides. Les résines sont irritantes, excitantes, et doivent être regardées comme de mauvais aliments. On les trouve dans les feuilles, les branches du pin maritime, du thuya.

11° DU LIGNEUX.

Le ligneux est ce corps qui forme la partie la plus solide des plantes. Cette substance est, en un mot, ce qui reste après l'épuisement complet de tout ce que les substances sèches ont de soluble dans l'eau et l'alcool. Le ligneux est inodore, insipide et insoluble dans tous les corps liquides et très-peu alimentaire. Néanmoins il est utile à la vie animale. C'est lui remplit les réservoirs digestifs, qui leste le corps, force les aliments fluides à séjourner le plus longtemps possible dans les organes de la digestion. Sans lui, les aliments ne feraient que passer à travers le corps des animaux, les organes digestifs se contracteraient, diminueraient de volume, une faiblesse marquée se propagerait dans tout l'organisme, les forces diminueraient d'activité, et la mort surviendrait après des souffrances plus ou moins prolongées, plus ou moins vives ou cruelles. Ce corps, dont le concours est si indispensable pour subvenir aux besoins de la vie, résiste parfaitement à l'action de l'eau, mais sous l'action simultanée de l'air, de la chaleur et de l'eau, il se détruit, et sous l'influence de matières chlorurées il prend une teinte blanchâtre. On le rencontre dans les végétaux, chez lesquels il forme en quelque sorte le squelette, uni aux principes immédiats organiques, et dès lors on doit le regarder comme alimentaire dans les végétaux herbacées. Il ne comporte pas d'azote.

12° DU TANNIN.

Le tannin est un principe inodore, soluble dans l'eau et dans l'alcool, et ayant une saveur amère, astringente. Cette substance n'est pas alimentaire, mais elle est tonique et contrarie le développement de la cachexie aqueuse. Prise en très-grande quantité, elle est nuisible à l'économie, elle favorise la contraction des organes et retarde l'acte de la digestion. Le tannin se rencontre fréquemment dans les végétaux; il est très-abondant dans la gentiane, la tanaisie, l'absinthe, le chêne, les fruits du marronnier d'Inde, les tiges et feuilles du genêt, etc.

13° DE LA GÉLATINE.

Cette substance existe dans un grand nombre de parties solides des animaux, dans les tendons, les cartilages, le parenchyme des os. On l'obtient par l'action de l'eau bouillante. Alors elle est solide, transparente, inodore et sans saveur. La gélatine, qui est très-azotée, est un aliment très-nutritif, si elle est donnée aux animaux avec d'autres substances. Seule, dit M. Lassaigne, elle est dépourvue de propriétés nutritives. Ce corps alimentaire est insoluble dans l'eau froide, mais elle se dissout dans l'eau chaude. Cette propriété est cause qu'elle est digérée assez difficilement par les animaux.

14° DE LA FIBRINE.

La fibrine forme la base de la chair musculaire, et existe dans le sang, le chyle. Elle est insipide, inodore, élastique, de couleur blanche, insoluble tant dans l'eau froide que dans l'eau bouillante, est très-azotée. Cette substance est très-nutritive, mais elle ne nourrit que momentanément si elle est donnée seule aux animaux. Dans la chair musculaire des animaux adultes, elle est unie à l'*osmazôme*, principe savoureux et odorant, qui contribue beaucoup à rendre cet aliment plus nutritif et plus agréable.

15° DE L'ALBUMINE ANIMALE.

L'albumine animale forme le blanc d'œuf, et elle se rencontre dans presque tous les liquides animaux et plusieurs parties solides. Ce principe est liquide, incolore, visqueux, sans saveur, et susceptible de se coaguler; sous l'action de la chaleur elle se prend en une masse blanche, opaque, cohérente et insoluble dans l'eau. Les aliments qui comportent de l'albumine sont très-alibiles; mais, donnée seule, cette substance ne peut nourrir un animal, quoiqu'elle soit très-azotée. La plupart des acides la coagulent.

16° DU CASÉUM.

Cette substance est le principe alimentaire du lait. Elle est très-azotée, insoluble dans l'eau froide et bouillante lorsqu'elle est coagulée, mais les alcalis la dissolvent. Le caséum est une substance très-alimentaire lorsque l'estomac le digère facilement. C'est sous l'influence des acides qu'il se sépare du lait.

17° DES ACIDES ORGANIQUES.

Les acides organiques, tels que les acides oxalique, acétique, tartrique, citrique, etc., n'ont par eux-mêmes aucune action nutritive, mais ils jouissent de la propriété de communiquer leur saveur, leur odeur, aux substances qui les comportent, et de les rendre plus agréables, plus rafraîchissantes. L'oseille, les feuilles de vigne, les fruits du pommier, le petit lait, sont des aliments plus ou moins acidules.

PREMIÈRE DIVISION.

DE L'ALIMENTATION AU PATURAGE.

Sous le nom d'*alimentation au pâturage*, on doit entendre l'existence du bétail hors les bâtiments d'exploitation, c'est-à-dire dans une pâture ou un pâturage quelconque, ou dans une prairie. Ce genre d'alimentation est commun en France, et il est des zones climatériques, des contrées, des terrains, où il présente de très-grands avantages, et où même il est parfois indispensable au succès d'une entreprise agricole. Cette manière de nourrir les animaux domestiques a quelque chose d'antique, et on pense encore que l'homme agriculteur doit éviter de vivre au milieu de ses troupeaux et de ses pâturages, et qu'il doit livrer ceux-ci à la culture. Il est des cas où le sol ne peut être livré à la dépaissance du bétail, parce qu'il est morcelé, et parce que sa valeur foncière et celle locative sont très-élevées : mais combien de localités ne sont-elles pas obligées de convertir leurs terres arables en pâturages, ou d'utiliser ceux que la nature a créés, si maigres fussent-ils ?

La multiplication et l'amélioration du bétail en France sont encore liées à l'existence de pâturages, et elles le seront peut-être encore pendant longtemps. Il me paraît donc indispensable d'étudier complètement tous les points qui se rattachent aux pâturages propres à l'existence des animaux domestiques. Avant d'étudier les diverses espèces de pâturages, leur valeur relative et absolue, le mode d'emploi, eu égard à leur nature et aux genres d'animaux qui doivent les consommer, etc., j'examinerai les diverses plantes qui entrent dans leur composition et qui les caractérisent. Ces plantes sont très-nombreuses, et elles varient selon les régions, la nature du sol, son élévation et ses propriétés physiques. Mais toutes ne peuvent être pâturées avec succès par tous les bestiaux, et toutes ne produisent pas sur l'économie les mêmes effets. Pour que leur action soit bien saisie, je les diviserai en deux grandes classes : les plantes utiles et les plantes nuisibles.

CHAPITRE PREMIER.

DES PLANTES UTILES.

Sous le nom de plantes utiles, je désigne celles qui servent à l'alimentation des animaux, qui n'ont aucune action nuisible sur l'économie animale si elles ne sont pas nutritives, et qui croissent spontanément et abondamment, soit dans les pâturages et les jachères, soit dans les prairies de la France. Pour que l'étude que nous nous proposons de faire soit aussi utile que possible, nous suivrons dans la classification de ces plantes l'ordre des familles naturelles, nous inscrirons à côté du nom latin botanique les noms vulgaires, nous rappellerons la durée végétative, l'habitat, et chercherons à signaler leurs principales propriétés alimentaires ou leur action sur l'organisme animal.

I. VÉGÉTAUX ACOTYLÉDONÉS.

LICHENÉES.

LICHEN D'ISLANDE. — *Lichen Islandicus*, L.

1. Les lichens sont des plantes cryptogames qui naissent et végètent soit sur les rochers, soit sur les arbres, ayant une consistance sèche, coriace, membraneuse, et offrant rarement la couleur verte, quoiqu'ils la prennent tous sans exception lorsqu'on les humecte. Le lichen d'Islande, qui est composé d'un très-grand nombre d'expansions foliacées, ayant des découpures redressées et des lobes de couleur brune, est commun en France dans les parties élevées des Alpes, de l'Auvergne, des Cévennes, des Pyrénées. Au mont d'Or, dans les montagnes du Cantal, il couvre les pâturages élevés. Cette plante est consommée par les animaux comme un bon aliment, et c'est le seul fourrage qui se présente à eux aussitôt que les neiges ont disparu des montagnes. Berzelius, qui l'a analysé, a trouvé qu'il contenait plus de 44 pour 100 de fécule amylacée associée à un principe amer. Ce lichen est regardé comme antiseptique et tonique.

II. VÉGÉTAUX MONOCOTYLÉDONÉS.

TYPHINÉES.

MASSE D'EAU, MASSETTE. — *Typha*, L.

2. Les espèces de ce genre végètent dans les étangs, les marais, et sont toutes vivaces. Les chevaux mangent leurs feuilles lorsqu'elles sont jeunes, et les cochons recherchent leurs racines, qui sont astringentes et remplies de fécule.

RUBANIER, RUBAN D'EAU — *Sarganium*, L.

3. Les rubaniers croissent aussi au bord des rivières, des étangs, et dans les marais. Les chevaux et les cochons mangent ces plantes lorsqu'elles sont jeunes. Les rubaniers sont vivaces.

CYPÉRACÉES.

LAICHE, HERBE COUPANTE. — *Carex*, L.

4. Ces plantes sont toutes vivaces. On les trouve dans des situations très-diverses: dans les marais, dans les bois, dans les prairies humides, sur les collines arides et sur les montagnes, mais le plus grand nombre se rencontre dans les lieux humides, marécageux. Les laiches ne peuvent être regardées comme de bonnes plantes; il n'y en a que quelques-unes qui soient recherchées par les animaux. Celles qui plaisent le plus aux bœufs et aux vaches, lorsqu'elles sont vertes, sont : la *laiche en gazon* CAREX CESPITOSA, L.) qui croît dans les prés marécageux, les lieux ombragés, les sables maritimes ; la *laiche panicée* (CAREX PANICEA, L.), que l'on rencontre dans les prés marécageux ; la *laiche à feuilles de souchet* (CAREX PSEUDO-CYPERUS, L.), qui croît sur le bord des fossés, dans les marais. Les moutons, comme ces deux espèces d'animaux, recherchent la *laiche précoce* (CAREX PRÆCOX, Jacq.), qui est très-commune dans les lieux secs et sablonneux.

SCIRPE. — *Scirpus*, L.

5. Le scirpe offre des espèces nombreuses et toutes vivaces. Celles qui doivent fixer l'attention de l'agriculteur sont : le *scirpe gazonnant* (SCIRPUS CESPITOSUS , L.), qui végète dans les prairies humides, les marais tourbeux ; selon M. Lecoq, cette espèce est abondante au Mont-Dore, dans les prairies du Cantal, elle fournit presque seule un pâturage abondant, et les bestiaux, mais principalement les vaches, la mangent parfaitement tant qu'elle est verte ; le *scirpe des marais* (SCIRPUS PALUSTRIS, L.), qui croît dans les marais et les lieux humides, et que les chevaux et les vaches aiment beaucoup ; le *scirpe des bois* (SCIRPUS SYLVATICUS, L.), que l'on rencontre dans les lieux humides ombragés, sur les bords des ruisseaux, et que les animaux, et surtout les chevaux, recherchent beaucoup quand il est jeune ; le *scirpe aciculaire* ou *épingle* (SCIRPUS ACICULARIS, L.), qui végète dans les lieux humides le bord des eaux. D'après M. Limousin-Lamothe et les observations de M. Magne, cette espèce est commune sur les montagnes de l'Aveyron, fournit un excellent pâturage, un gazon touffu qui reverdit sous la moindre pluie, la moindre rosée, et entretient parfaitement les brebis dont le lait sert à préparer le fromage de Roquefort.

SOUCHET. — *Cyperus*, L.

6. Les souchets sont des plantes précieuses que les animaux consomment avec avidité. Les espèces les plus remarquables sont : le *souchet long* (CYPERUS LONGUS , L.), que l'on trouve sur le bord des rivières, des fossés ; le *souchet jaunâtre* (CYPERUS FLAVESCENS, L.), qui végète dans les prés humides ; le *souchet brun* (CYPERUS FUSCUS , L.), qui abonde dans les prés marécageux, le *souchet rond* (CYPERUS ROTUNDUS, L.), que l'on rencontre dans les lieux humides et incultes du Languedoc, de la Provence. Les racines du souchet long sont odorantes, celles du souchet rond sont amères et contiennent de la fécule amylacée. Ces deux racines, mais surtout la première, sont recherchées par les cochons. Les souchets sont vivaces.

CHOIN. — *Schœnus*, L.

7. Les choins sont des plantes à tiges dures, à feuilles coriaces Les espèces que les animaux consomment, lorsqu'elles sont vertes et jeunes, sont : le *choin noirâtre* (SCHŒNUS NIGRICANS, L.), qui forme çà et là des touffes dans les marais ; le *choin marisque* (SCHŒNUS MARISCUS, L.), que l'on trouve sur les bords des étangs, dans les marais. Ces deux espèces sont vivaces.

GRAMINÉES.

FLOUVE ODORANTE. — *Anthoxanthum odoratum*, L.

8. Cette plante est vivace, et elle est commune dans les lieux secs et frais, dans les prés, les moissons et les bois. Elle végète par petites touffes formées de feuilles radicales, et, lorsqu'elle est sèche, elle développe une odeur très-agréable. La flouve est remarquable par sa précocité, mais elle est peu productive. Tous les animaux la consomment avec plaisir soit à l'état humide, soit à l'état sec. D'après Davy, sur 1,000 parties, cette plante contient en matières alibiles :

Matière soluble.	0,050
Mucilage.	0,043
Sucre.	0,004
Matière extractive.	0,003
Total.	0,100

Et, selon G. Sinclair, sa valeur nutritive à l'époque de la floraison, par rapport à celle qu'elle possède au moment de la maturité des semences, est comme 4:13 ; et la qualité nutritive du regain ou seconde pousse serait, par rapport à celle que la flouve a au moment de la maturation de la graine, comme 9:13 Cette plante est en effet une graminée excellente dans les pâturages, et les animaux la consomment avec plaisir en automne. M. Lecoq fait observer que, quand les moutons pâturent la flouve, la chair de ces animaux acquiert une saveur et un parfum particuliers qui distinguent le mouton des Ardennes et celui de Vaissière en Auvergne.

L. PANIC, PANIS. — *Panicum*, L.

9. Les panics sont presque tous alimentaires et recherchés par les bes-

tiaux. Les espèces les plus intéressantes sont : le *panic pied de coq*, ergot de coq, *panic des marais* (PANICUM CRES-GALLI, L.), qui habite le bord des eaux, dans les terrains sablonneux, les endroits cultivés ; le *panic vert*, *panic lisse* (PANICUM VIRIDE, L.), commun dans les lieux sablonneux, le *panic sanguin* (PANICUM SANGUINALE, L), que l'on rencontre dans les endroits incultes, pierreux, sablonneux, les sables des rivière ; le *panic glauque* (PANICUM GLAUCUM, L.), très-abondant dans les lieux cultivés, les vignes en Provence, en Dauphiné. Les panics sont annuels, et les graines du panic vert, du panic sanguin sont du goût des volailles.

PHALARIS. — *Phalaris*, L.

10. Les phalaris sont de très-bonnes plantes de pâturage, et les bestiaux les consomment quelquefois lorsqu'ils sont secs Les espèces les plus recherchées sont : le *phalaris ruban d'eau*, le *phalaris coloré* (PHALARIS ARUNDINACEA, L.; CALAMAGROSTIS COLORATA, Pesn.), commun au bord des ruisseaux, dans les prés humides, et que les bœufs et les vaches recherchent quand il est jeune ; le *phalaris fléole* PHALARIS PHLEOIDES, L.), que l'on rencontre dans les bois, le bord des chemins, et qui fournit une excellente nourriture aux moutons et aux chevaux ; le *phalaris des Alpes* (PHALARIS ALPINUM, Wild), tres-abondant dans le Dauphiné, le Jura ; le *phalaris utriculé* (PHALARIS UTRICU-LATA, L.), abondant dans les prairies humides du Midi. Cette dernière espèce est annuelle, et les autres sont vivaces.

PASPALE PIED DE POULE, GROS CHIENDENT. — *Paspalum dactylon*, DC. *Cynodon*, dactylon, Pers.

11. Cette plante est assez bonne ; elle est vivace, croît dans les lieux sablonneux, et son chaume, peu abondant dans les endroits secs, est très-touffu dans les sols riches et ceux inondés.

VULPIN. — *Alopecurus*, L

12. Les vulpins sont des plantes éminemment nutritives. Les plus recherchés par le bétail sont : le *vulpin des prés* (ALOPECURUS PRATENSIS, L.), commun dans les prés froids ; cette espèce est très-précoce et repousse pour

ainsi dire sans cesse sous la dent du bétail. D'après Davy, sur 100 parties cette plante contient, en matières alibiles :

Matière soluble.	0,033
Mucilage.	0 024
Sucre.	0,003
Matière extractive.	0,000
Total.	0.000

Et, selon G. Sainclair, sa valeur nutritive, à l'époque de la floraison, par rapport à celle qu'elle possède au moment de la maturité de ses graines, est comme 6 : 9 ; et la qualité du regain, par rapport à celle qu'elle possède lorsque ces semences sont mûres, comme 5 : 9, et par rapport à celle qu'elle a, lorsque les fleurs sont épanouies, comme 13 : 14. le *vulpin des champs* (ALOPECURUS AGRESTIS, L.), est commun dans les moissons, les champs cultivés, le bord des chemins si le sol est sec, aride et sablonneux ; ce vulpin fournit aussi un excellent pâturage précoce, surtout pour les brebis ; le *vulpin genouillé*, *herbe noire* (ALOPECURUS GENICULATUS, L.), que l'on rencontre dans les prairies humides, le bord des étangs, des ruisseaux, et que les bestiaux préfèrent aux deux espèces précédentes ; cette espèce est tardive ; le *vulpin bulbeux* (ALOPECURUS BULBOSUS, L.), qui est de bonne qualité, peu abondant et que l'on trouve dans les prairies basses, les prés salés où son chaume est généralement couché. Ces diverses espèces de graminées sont vivaces, et le vulpin bulbeux est assez rare dans la région septentrionale.

FLÉOLE, FLEAU. — *Phleum*. L.

13. La *fléole des prés*, phléole, massette des prés, timothy, timothée (PHLEUM PRATENSE, L.), est commune dans les pres bas, le long des chemins, sur les terres argileuses ; cette graminée est excellente, très-nutritive et d'une végétation pour ainsi dire continuelle ; elle plaît aux chevaux, aux moutons, aux vaches, et repousse promptement sous la dent du bétail. D'après G. Sainclair, la qualité nutritive de ses tiges seulement, excède celle des feuilles dans le rapport de 28 8 ; celle de l'herbe en floraison est à celle de l'herbe en maturité de graines dans le rapport de 10 : 23 ; la seconde pousse est à l'herbe en floraison dans le rapport de 8 : 10 ; la *fléole*

noueuse (PHLEUM NODOSUM, L.), croît abondamment sur le bord des fossés, des chemins, des étangs vaseux, des endroits marécageux ; elle est tardive, aussi recherchée des bestiaux que la précédente, mais moins nutritive : sa racine qui est bulbeuse plaît beaucoup aux cochons ; la *fléole chargée* (PHLEUM COMMUTATUM, L.; la *fléole des Alpes* (PHLEUM ALPINUM, L.); la *fléole Gérard* (PHLEUM GERARDI, All.; ALOPECURUS GERARDI, Will.), sont des espèces assez petites, mais vivaces comme les précédentes ; elles couvrent les pâturages des Alpes, des Pyrénées et forment un gazon touffu d'excellente qualité et recherché des bêtes ovines : la *fléole rude* (PHLEUM ASPERUM, Will.), est annuelle et très-commune aux environs de Lyon, dans le Dauphiné et l'Alsace.

CALAMAGROSTIS. — *Calamagrostis*, L.

14. Le *calamagrostis argenté* (CALAMAGROSTIS ARGENTEA, D. C.; AGROSTIS CALAMAGROSTIS, L.) est une graminée élevée qui habite la région méridionale et que l'on rencontre dans les montagnes des Alpes et de la Provence. Cette plante est vivace, mais ses tiges et ses feuilles sont dures. Comme elle est très-précoce, la chèvre la recherche au printemps ; à ce moment de l'année, elle doit être regardée comme un bonne plante.

ROSEAU. — *Arundo*, L.

15. Les roseaux, quoique ayant des feuilles grossières, sont recherchés par le gros bétail. Le *roseau à balais* (ARUNDO PHRAGMITES, L.) est commun au bord des fossés, des étangs, dans les marais, dans les rivières dont le cours est peu rapide ; tous les animaux, mais principalement les vaches et les chevaux, consomment ses feuilles lorsqu'elles sont jeunes et vertes. Selon Bosc ce fourrage augmente beaucoup le lait des vaches et donne au fromage et au beurre qui en proviennent une excellente qualité. Lorsque les tiges et les feuilles de cette graminée sont sèches, le bétail ne les consomme pas ; le *roseau des sables* (ARUNDO ARENARIA, L.; CALAMAGROSTIS ARENARIA, Roth), croît sur le bord de la Méditerranée, de l'Océan dans les sables ; cette graminée est consommée, lorsqu'elle est jeune, par les chevaux quoiqu'elle soit très-peu nutritive ; le *roseau à quenouille*,

roseau canne (ARUNDO DONAX, L.) croît abondamment et naturellement dans les provinces méridionales. On le rencontre le long des fossés, dans les marais, les étangs, et les chevaux et les vaches mangent ses feuilles quand elles sont jeunes, avec avidité. Ces divers roseaux sont vivaces et leurs tiges sont trop dures pour qu'elles puissent servir d'aliments aux animaux. Pour qu'un roseau soit une bonne plante, il faut que les feuilles soient larges, que les chaumes soient très-garnis de feuilles à leur base ; comme cela se remarque dans le *roseau calamagrostis* (ARUNDO CALAMAGROSTIS, L.) que l'on rencontre communément dans les lieux humides, les marais herbeux et que les bestiaux pâturent favorablement.

AGROSTIS. — *Agrostis*, L.

16. Les espèces qui appartiennent à ce genre sont très-nombreuses, mais la plupart forment un gazon délicat, fin et très-nutritif. L'*agrostis vulgaire* (AGROSTIS VULGARIS, Hoffm.) est commune dans les prés, le bord des chemins, sur les terres froides, humides, dans les sols arides et secs où elle fournit aux animaux une excellente nourriture. Cette espèce a plusieurs variétés : l'*agrostis blanche*, *fiorin*, *foin blanc* (AGROSTIS ALBA, L.); l'*agrostis minime* (AGROSTIS PUMILA, L.); l'*agrostis stolonifère*, *trainasse éternue*, *fiorin* (AGROSTIS STOLONIFERA, L.); l'*agrostis verticellée* (AGROSTIS VERTICELLATA, Will.); l'*agrostis divariquée* (AGROSTIS DIVARICATA, Thuil.). D'après Davy, l'agrostis stolonifère, sur 100 parties, contient en matières nutritives ;

Matière soluble.	0,054
Mucilage.	0,046
Sucre.	0,005
Albumine ou gluten. . . .	0,001
Matière extractive.	0,002
Total.	0,108

Les autres espèces sont : l'*agrostis paradoxale* (AGROSTIS PARADOXA, L.), que l'on rencontre dans les bois, les lieux ombragés, et qui est recherchée par les chevaux ; l'*agrostis épi de vent* (AGROSTIS SPICA VENTI, L.), commune dans les moissons, sur le bord des routes, dans les lieux sablonneux, n'est consommée que par les vaches et les chevaux à cause de son élévation ; l'*agrostis des chiens* (AGROSTIS CANINA

L..), commune dans les endroits secs, humides, les sables, les prairies et les bords des chemins, et très-recherchée des bêtes à cornes et surtout des moutons ; l'*agrostis étalée* (AGROSTIS EFFUSA, Lam ; MILIUM EFFUSUM, L.) croît dans les bois frais, couverts, à l'ombre des hautes futaies et les animaux le pâturent avec succès quand elle est jeune : l'*agrostis rouge* (AGROSTIS RUBRA, L.), commune dans les prés, au bord des chemins où elle tapisse le sol, forme un gazon fin que les moutons broutent avec plaisir ; l'*agrostis sétacée* (AGROSTIS SETACEA, Smith) qui croît en abondance dans les haies, les landes de la Bretagne, et qui convient particulièrement aux moutons. A ces espèces il faut ajouter l'*agrostis filiforme* (AGROSTIS FILIFORMIS, Will.) qui croît dans les pâturages des Hautes-Alpes l'*agrostis des Alpes* (AGROSTIS ALPINA, Leyss.; AGROSTIS FESTUCOÏDES, Will.) qui couvre les pâturages des hautes montagnes de l'Auvergne et des Alpes; l'*agrostis glauque* (AGROSTIS GLAUCINA, Bast.). qui croît dans les landes de l'Anjou et du Poitou ; ces agrostis ne peuvent convenir qu'aux bêtes ovines. Toutes les espèces d'agrostis que nous venons de signaler sont vivaces à l'exception de l'agrostis épi de vent, de l'agrostis rouge qui sont annuelles.

CANCHE. — *Aira*, L.

17. Les canches ont peu d'élévation, mais elles forment d'excellents pâturages. Les espèces les plus remarquables sont : la *canche en gazon*, *canche touffue*, *canche élevée* (AIRA CESPITOSA, L.), qui croît dans les bois ombragés, dans les lieux frais, dans les chemins. Cette espèce est vivace. précoce, mais n'est recherchée des chevaux et des vaches que lorsque les feuilles de ses larges touffes, qui sont vivaces, sont jeunes et vertes ; la *canche flexueuse* (AIRA FLEXUOSA, L.), que l'on trouve dans les bois, les lieux montueux et secs, dans les prairies élevées, qui forme aussi des touffes épaisses et vivaces et qui plaît à tous les animaux, mais surtout aux moutons : la *canche blanchâtre* (AIRA CANESCENS, L.) est annuelle, végète dans les endroits secs, arides et sablonneux et n'est pas très-productive ; la *canche aquatique* (AIRA AQUATICA, L.; POA AROÏDES, D. C.), est commune dans les marais, le bord des étangs, des lieux aquatiques ; sa saveur est très agréable aux vaches, aux chevaux qui la pâturent jusque dans l'eau :

cette graminée est vivace, repousse promptement sous la dent du bétail qui ne la consomme plus lorsqu'elle est sèche; la *canche précoce* (AIRA PRÆCOX. L.) est annuelle et très-petite, mais elle pousse de très bonne heure au printemps, et sous ce rapport elle est très-utile pour la nourriture des troupeaux ; on la rencontre dans les endroits sablonneux, les landes, les pelouses et les coteaux secs et les lieux humides.

HOULQUE. — *Holcus*, L.

18. Ce genre offre deux espèces seulement : La *houlque laineuse. Blanchard, veloutée, herbe blanche* (HOLCUS LANATUS L.; AVENA LANATA, Kœl.), commune dans les prés, les champs, les terrains secs, sablonneux, tourbeux et humides; cette graminée est précoce et tardive, c'est-à-dire elle repousse continuellement sous la dent des animaux quelle que soit la température, mais elle résiste mal, pendant plusieurs années, à la dent du mouton. Elle fournit à tous les animaux, mais surtout aux moutons, un pâturage excellent, très nutritif lorsqu'elle est verte, sèche ; la houlque est une plante que les chevaux refusent presque toujours de pâturer. D'après G. Sainclair, la valeur de l'herbe de la houlque laineuse en maturité de graine, par rapport à celle de l'herbe en pleine fleur, est comme 11 : 12. La *houlque molle* (HOLCUS MOLLIS, L.; AVENA MOLLIS, Kœl.), est assez commune dans les bois, les localités ombragées, dans les lieux secs et sablonneux. Cette espèce est d'un produit plus faible que celui de la précédente ; mais elle est très-recherchée par les bestiaux lorsque ses feuilles sont vertes et naissantes. Selon G. Sinclair, elle serait supérieure en qualité nutritive à la houlque laineuse. La valeur alimentaire de la plante ayant mûri ses semences est à celle de l'herbe en floraison, comme 14:18. Suivant Bosc, cette graminée serait très-recommandable; mais d'après Yvart et M. Lecoq, elle serait peu du goût des animaux. La *houlque odorante* (HOLCUS ODORATUS, L.; AVENA ODORATA, Kœl.), croît dans les prairies humides du midi, dans les terres argileuses du nord, mais elle n'est pas très-commune ; elle n'est pas d'un grand produit, mais ses feuilles, ses tiges, lorsqu'elles sont vertes, sont très alimentaires. D'après Davy, sur 1,000 parties, elle contient en matières nutritives :

Matière soluble	0,082
Mucilage	0,072
Sucre	0,004
Matière extractive	0,003
Total	**0,161**

et, selon G. Sinclair, sa valeur nutritive à l'époque de la floraison est à celle de l'herbe au moment de la maturité des semences, comme 17 : 21 ; et la qualité du regain est à celle que possède la plante quand ses graines sont mûres, comme 21 : 17.

AVOINE. — *Avena*, L.

19 Ce genre comporte des espèces nombreuses que l'on doit regarder comme d'excellentes plantes de pâturage. L'*avoine pubescente*, *averone*; *avoine velue* (AVENA PUBESCENS, L.), est commune dans tous les prés, les pâturages montagneux de la France, les pelouses des bois et les lieux secs ; elle fournit une très-bonne nourriture aux animaux, convient parfaitement au cheval, végète avec une très-grande promptitude, mais n'est pas consommée par le bétail lorsqu'elle est sèche. D'après G. Sinclair, la valeur de l'herbe, au temps de la floraison, est à celle au moment de la maturité comme 6 : 8 ; et celle de la plante en fleur est à celle du regain comme 6 : 8. L'*avoine des prés*, *avenette* (AVENA PRATENSIS, L.), se rencontre aussi dans les lieux secs, les prés et les bois, mais elle est moins commune ; cette avoine est recherchée du bétail quoique moins nutritive que la précédente. Selon G. Sinclair, sa valeur alimentaire, lorsqu'elle est en floraison, est à celle qu'elle a lorsqu'elle a mûri ses semences, comme 9 : 4. L'*avoine jaunâtre*, *avoine dorée* (AVENA FLAVESCENS, L.), qui croît dans les prés secs, sur les coteaux arides, et que tous les animaux recherchent à tous les moments de sa végétation à cause de sa finesse, de la qualité de ses tiges et ses feuilles D'après G Sinclair, la valeur nutritive de l'herbe en maturité de graine est à celle de la plante en floraison comme 9 : 15 ; et la valeur du regain est à celle de l'herbe en pleine fleur comme 5 : 15. L'*avoine élevée*, *fromentale*, *tenasse*, *avenat* (AVENA ELATIOR , L.; HOLCUS AVENACEUS, Smith.), est commune dans les prés très-secs, les lieux frais sans être humides, les bois, les moissons. Cette graminée, quoique très-abondante en produits, n'est pas très-nutritive ; elle sèche rapidement sur pied, et demande par conséquent à être pâturée de bonne heure au printemps et continuellement ; elle plaît beaucoup au cheval. L'*avoine à chapelet*, *l'avoine bulbeuse*, *chiendent pate-note* (AVENA PRECATORIA , Thuil.; AVENA BULBOSA, Will), qui est une variété de la précédente, est commune dans les champs, les moissons, les prés ; cette avoine n'est pas très-nutritive, mais les porcs recherchent ses racines bulbeuses, et les moutons et le cheval pâturent avec succès ses tiges et ses feuilles quoiqu'elles soient souvent dures. L'*avoine folle*, *averon*, *folle avoine*, *boufe*, *averon* (AVENA FATUA, L), que l'on trouve dans les moissons, dans les terres cultivées, et que les bestiaux ne pâturent ou ne consomment que lorsque sa fane est verte. L'*avoine fragile* (AVENA FRAGILIS, L.), croît dans le Languedoc, la Provence, le Dauphiné : elle forme de petites touffes de feuilles molles que les moutons consomment lorsqu'elles sont encore vertes. L'*avoine sétacée* (AVENA SETACEA, Vill.); l'*avoine à feuilles distiques* (AVENA DISTICHOPHYLLA, Vill.), que l'on rencontre sur les pentes des montagnes des Alpes, du Dauphiné, de la Provence. L'*avoine versicolore* (AVENA VERSICOLOR, Vill.), qui croît sur les collines des Alpes et du Dauphiné, sur les montagnes de l'Auvergne, du Forez, sur les pelouses du Mont-Dore, du Puy-de-Dôme. L'*avoine toujours verte* (AVENA SEMPERVIRENS, Vill.), qui végète sur les versants des montagnes des Alpes et des Pyrénées L'*avoine de seyne* (AVENA SENEDENSIS, D. C.), qui croît dans les Alpes de Provence, les montagnes des Pyrénées et du Cantal. Ces cinq dernières espèces offrent généralement des chaumes touffus, gazonnant, que les bestiaux, mais surtout les moutons, aiment beaucoup tant que ces plantes conservent leur finesse et leur couleur verte. Ces espèces d'avoine sont assez précoces ; mais celle dite toujours verte a l'avantage de végéter pendant l'hiver pour ainsi dire, de pouvoir être pâturée durant cette saison, et d'offrir au printemps une nourriture délicate, nutritive et savoureuse aux troupeaux. Toutes les avoines sont vivaces, excepté les espèces fragile et folle.

MÉLIQUE. — *Melica*, L.

20. La mélique ciliée (*melica ciliata*, L.), croît sur les côteaux secs, les collines pierreuses et calcaires ; elle est précoce, assez abondante et très-re-

cherchée par le bétail. Cette graminée durcit assez vite. La *mélique bleue* (MELICA COERULEA, L.; FESTUCA COERULEA, DC.; MOLINIO COERULEA, Mœnch.), végète dans les bois, les pâturages, les landes de Bordeaux, de la Bretagne, de la Sologne, les prairies marécageuses des montagnes du Mont-Dore. Cette graminée est recherchée des bestiaux lorsqu'elle est verte. La *mélique uniflore penchée* (MELICA UNIFLORA, Retz: MELICA NUTANS, Lam.), est commune dans les bois montueux, couverts, à l'ombre des grands arbres; mais le bétail la recherche peu : si cette plante est consommée par les bœufs et les chevaux, comme l'a dit Bosc, ce n'est qu'au printemps ; en été les tiges de cette plante sont peu nutritives, trop peu garnies de feuilles pour qu'ils la mangent avec plaisir. La *mélique rameuse* (MELICA RAMOSA, Vill., MELICA PYRAMIDALIS, Lam.), croît dans le Languedoc, le Roussillon, le Dauphiné, dans les sols rocailleux : elle est plus productive que la précédente, et les animaux la pâturent avec plus de plaisir quand elle est verte. Ces graminées sont vivaces.

BRIZE. — *Briza*, L.

21. Ce joli genre comporte deux espèces. La *brize commune, amourette, tremblette, pain d'oiseau, tremblante* (BRIZA MEDIA, L.), abondante dans les prés, les pelouses, les sols pierreux; elle produit très-peu, mais les moutons la recherchent à cause de sa finesse et de ses qualités nutritives. Suivant G. Sinclair, la valeur de l'herbe en fleur est à celle de la plante à l'époque de la maturité des semences comme 11 : 13, et celle du regain serait à celle de l'herbe en floraison comme 8 : 11. La *brize naine* BRIZA MINOR, L.), qui n'est qu'une variété de l'espèce précédente, est aussi très-commune, mais ses feuilles sont plus larges, et ses épillets panachés de vert pâle et de blanc. On la rencontre dans les moissons, les terres sablonneuses. La seconde espèce est la *brize à gros épillets* (BRIZA MAXIMA, L.), qui appartient à la région méridionale de la France et que les moutons recherchent autant que la brize commune. La première espèce est vivace et la seconde annuelle.

PATURIN, POA. — *Poa*, L.

22. Ce genre offre des espèces très-nombreuses qui, presque toutes, doivent être regardées comme formant les meilleurs pâturages et les prairies les plus productives. Le *paturin des bois* (POA NEMORALIS, L.) est vivace ; on le rencontre dans les bois arides, les lieux secs ou ombragés, humides ou découverts, et ses tiges, quoique grêles, ses feuilles, quoique peu nombreuses, sont du goût des vaches et des chevaux. Le *paturin comprimé* (POA COMPRESSA, L.), est vivace et très-précoce ; il croît dans les lieux secs et sablonneux, mais il est d'un faible produit, et quoique son chaume soit un peu dur, les animaux le recherchent, surtout au printemps. Le *paturin des prés* POA PRATENSIS, L.), est aussi vivace, et il est très-commun dans les prés, les chemins herbeux, les endroits argileux et humides. Cette graminée est très-précoce, elle fournit un paturage délicat très-fin et d'une permanence très-favorable. Suivant G. Sinclair, la valeur nutritive du paturin des prés en fleur est à celle du regain comme 7 : 6. Le *paturin à feuilles étroites* (POA ANGUSTIFOLIA, L.), que l'on regarde comme une variété du précédent, existe dans les mêmes conditions et les mêmes lieux, il est aussi très-précoce, mais beaucoup plus nutritif et plus recherché des bestiaux. Le *paturin commun* (POA TRIVIALIS, L.), croît abondamment dans les prés, dans les champs humides, sur le bord des chemin, dans les bois. Ce paturin, qui est vivace, convient parfaitement à tous les animaux; ses tiges et ses feuilles sont fines et délicates, et dans les lieux humides, le bord des routes et des ruisseaux, par exemple, il est souvent très-abondant. D'après Davy, sur 1,000 parties, cette plante contient en matières nutritives :

Matière soluble.	0,039
Mucilage.	0,029
Sucre.	0.005
Matière extractive.	0,006
Total.	0,079

et suivant G. Sinclair, sa valeur nutritive à l'époque de la maturité des graines, est à celle qu'elle possède lors de l'épanouissement des fleurs, comme 8 : 11 ; et la qualité du regain est à celle de l'herbe mûre, comme 11 : 12. Le *paturin bulbeux* (POA BULBOSA, L.), est commun dans les lieux arides, sablonneux, les pelouses siliceuses, les sables maritimes, et il est consommé seulement par les moutons. Ce poa croît par touffes isolées, et il est vivace. Le *pa-*

turin annuel (POA ANNUA, L.) est commun; on le rencontre partout et toujours. Tous les animaux le recherchent et le pâturent avec plaisir en hiver comme en été, quoique ses tiges soient peu élevées. Ce pâturin, quoique annuel, se multiplie avec une très-grande facilité, et ses touffes résistent parfaitement à la dent du mouton; elles paraissent avoir d'autant plus de vigueur qu'elles sont piétinées. Le *pâturin des Alpes* (POA ALPINA, L.) végète sur les montagnes des Alpes, de l'Auvergne et des Pyrénées. Ce pâturin est vivace, délicat et très-sapide, et les vaches en sont très-avides. Le *pâturin du mont Cenis* (POA CENISIA, Allion.) se trouve dans les pelouses des montagnes du Dauphiné et des Alpes; il est vivace, repousse avec rapidité et fournit un excellent pâturage. Le *pâturin de Silésie rougeâtre* (POA SUDETICA, Sch.; POA RUBENS, D. C.) croît dans les bois montagneux, les parties ombragées des prairies élevées dans les Alpes, l'Auvergne, les Vosges et les Ardennes; il est vivace et fournit un assez bon pâturage, surtout dans les clairières des bois. Le *pâturin à crête* (POA CRISTATA, Wild., AIRA CRISTATA, L.) se rencontre dans les lieux secs et sablonneux, et les terrains volcaniques. Cette graminée est aussi vivace, repousse facilement sous la dent du bétail, mais n'est broutée que lorsque ses touffes sont vertes et jeunes. Le *pâturin des marais* POA PALUSTRIS, Hoff.) habite les prés humides, les terrains marécageux, et les bestiaux le recherchent quand il est jeune parce qu'il est de très-bonne qualité. Le *pâturin aquatique* (POA AQUATICA, L.) habite le bord des étangs, les fossés, les rivières et les marais. Cette espèce est vivace comme la précédente, et elle est très-sapide, très-tendre et nutritive; mais le bétail refuse de la consommer lorsqu'elle est entièrement desséchée. Le *pâturin maritime* (POA MARITIMA, Huds.) se rencontre sur les bords de l'Océan et de la Méditerranée, et il est connu dans les marais de la Saintonge sous le nom de *misotte*. Cette graminée est très-recherchée des bestiaux, et, d'après G. Sinclair, la valeur nutritive du regain est à celle de l'herbe en fleur, comme 4 : 18. Le *pâturin des rivages* (POA LITTORALIS, Gouan.) est commun dans les sables maritimes du Languedoc et de la Provence, et fournit un très-bon pâturage à tous les animaux, mais principalement aux moutons.

DACTYLE AGLOMÉRÉ, PELOTONNÉ. — *Dactylis glomerata*, L

23. Cette graminée est vivace, et on la rencontre communément dans les lieux pierreux, les endroits ombragés, les haies et les prés. Le dactyle est précoce, repousse vite, mais comme ses tiges et ses feuilles sont rudes, il faut qu'il soit bas en le faisant constamment brouter. Néanmoins il est recherché par les vaches et les chevaux lorsqu'il est jeune, et doit être regardé comme une excellente plante de pâturage et une graminée très-rustique. D'après G. Sinclair, la valeur nutritive du Dactyle en fleur est à celle de l'herbe arrivée à maturité parfaite, comme 5 : 7, et la valeur alimentaire du regain est à l'herbe en floraison comme 6 : 10. Ces résultats concordent avec les observations pratiques. On sait, en effet, que le dactyle est consommé par les bœufs et même par les chevaux à l'époque de la maturité des semences. Le dactyle est vivace.

CRETELLE. — *Cynosurus*, L.

24. La *crételle des prés* (CYNOSURUS CRISTATUS L.) est très-commune dans les pelouses sèches, dans les prés, les clairières des bois, et elle est vivace. Cette plante est une graminée très-élégante que tous les bestiaux mangent avec le plus grand plaisir quoiqu'elle soit peu productive, mais que les moutons recherchent particulièrement. D'après Davy, la crételle contient en matières nutritives sur 1,000 parties :

Matière soluble.	0,035
Mucilage.	0,028
Sucre.	0,003
Matière extractive.	0,004
Total.	0,070

On rencontre dans les provinces méridionales une autre espèce, la *crételle hérissée* (CYNOSURUS ECHINATUS, L.). Cette graminée, aussi jolie que la précédente, est plus élevée, mais elle lui est inférieure en qualité nutritive. Cette crételle est aussi vivace.

FÉTUQUE. — *Festuca*, L.

25. Les fétuques qui ont une certaine analogie avec les pâturins, sont des plantes alimentaires. Nous examinerons les principales espèces. La *fétuque*

roide (FESTUCA RIGIDA, Kunth.; POA RI-GIDA, L) croît dans les terrains sablonneux et arides ; elle est annuelle et n'est consommée par les bestiaux que lorsqu'elle est jeune. La *fétuque des prés* (FESTUCA PRATENSIS, Huds., FESTUCA ELATIOR. L.; POA ELATIOR, Mer.) est commune dans les prés, les pâturages humides et fertiles; elle fournit un pâturage abondant, continu et de bonne qualité. Selon Davy, cette plante contient, sur 1,000 parties, en matières nutritives :

Matière soluble.	0,019
Mucilage.	0 015
Sucre.	0.002
Matière extractive	0,002
Total.	0,038

Selon G. Sinclair, la valeur nutritive de l'herbe en fleur est à celle que la plante possède lorsqu'elle a mûri ses graines, comme 20:12. La *fétuque ovine, coquiole, des brebis* (FESTUCA OVINA, L.), est commune dans les prés et les pâturages secs, les sables arides, les côteaux pierreux. Cette graminée est la plante que les moutons recherchent le plus; elle les nourrit parfaitement pendant toute l'année, même au milieu de l'hiver, et elle les engraisse parfaitement quoique ses tiges et ses feuilles soient un peu dures. Cette fétuque est petite et végète par touffes. La *fétuque à feuilles menues* (FESTUCA TENUIFOLIA, Sibth.), qui croît sur les sables, les sols crayeux, les terrains mousseux, arides, que les moutons consomment plus volontiers que les vaches pendant l'hiver, a une grande analogie avec la fétuque ovine. La *fétuque rouge* (FESTUCA RUBRA, L.), qui a aussi de très-grands rapports avec la coquiole, habite les lieux secs et pierreux, les pâturages, les bords et les clairières des bois; elle vit longtemps et forme d'excellents pâturages. Selon G. Sinclair, la valeur nutritive de l'herbe à fleur est à celle de la plante mûre comme 6:8, et celle du regain est à celle de l'herbe en maturité de graine comme 6:8; enfin, sa qualité nutritive est supérieure à celle de la fétuque ovine comme 11:14. La *fétuque durette, dure* (FESTUCA DIURUSCULA, L.), est commune dans les pelouses pierreuses et sablonneuses. Cette espèce est consommée par les vaches et les moutons avec succès, et elle compose presque seule les excellents pâturages du Cantal. La valeur nutritive de cette fétuque, d'après G. Sinclair, lorsque l'herbe est en fleur,

est à celle de la plante en maturité comme 14:6; et la qualité du regain est à celle de l'herbe en floraison comme 5:14. La *fétuque roseau* (FESTUCA ARUNDINACEA, Schr.) qui croît au bord des ruisseaux, dans les marais desséchés, fournit aux chevaux et aux vaches une excellente nourriture lorsqu'elle est verte. La *fétuque hétérophylle* (FESTUCA HETEROPHYLLA, Lam.), que l'on rencontre dans les lieux couverts, ombrages, les bois montueux, les prés secs, est du goût des chevaux lorsqu'elle est jeune. La *fétuque queue de rat, ciliée* (FESTUCA MYUROS, L.; FESTUCA CILIATA, DC.), habite les lieux sablonneux, les jachères, le bord des chemins; elle produit peu et n'est consommée, pour ainsi dire, que par les moutons lorsqu'elle est jeune. La *fétuque dorée* (FESTUCA AUREA Lam; FESTUCA SPADICEA, L.) est commune dans les pâturages et les prés des montagnes des Alpes, du Languedoc, de l'Auvergne, et elle fournit aux vaches et aux chevaux un excellent fourrage tant que les feuilles sont vertes. Cette espèce végète en larges touffes. La *fétuque des bois* (FESTUCA SYLVATICA, Vill.) habite les bois montagneux du Dauphiné, et ses jeunes pousses et ses feuilles sont recherchées par le bétail. Cette fétuque durcit promptement, et alors les animaux refusent de la pâturer. La *fétuque cendrée* (FESTUCA CINEREA, DC.) se rencontre dans les prés secs du Dauphiné, du Jura et de l'Auvergne; elle est très-précoce, fournit un pâturage excellent que les moutons surtout recherchent aussitôt que la neige a disparu. La *fétuque naine* (FESTUCA PUMILA, Vill.) est commune dans les pentes des hautes montagnes des Pyrénées, des Alpes, du Dauphiné et de l'Auvergne, où elle forme des tapis verts. Cette espèce est principalement pâturée par les moutons. La *fétuque tombante, penchée* (FESTUCA DECUMBENS, L.) est abondante sur les collines sèches, dans les pâturages et les landes les plus arides; elles fournit très-peu, et les animaux ne mangent le plus communément que ses tiges. La *fétuque flottante, pâturin flottant, manne de Pologne, manne aquatique, chiendent flottant ou aquatique, brouille* (FESTUCA FLUITANS, L, POA FLUITANS. Mer.), est très commune dans les fossés, les ruisseaux, dans les marais, au bord des étangs; ses tiges flottantes sont grosses, longues et très succulentes. Tous les animaux recherchent cette plante; mais les chevaux la pâturent avec une très-grande avidité. D'après Parmentier, les semences de cette plante contiennent de la fécule amylacée associée à un principe doux et mucilagineux. On sait que ces semences nourrissent parfaitement les oies et les canards. Toutes ces fétuques sont vivaces, excepté celle dite queue de rat, qui est annuelle.

BROME. — *Bromus*, L.

26. Les bromes moins nombreux que le genre fétuque, sont en général plus durs et moins alimentaires que les pâturins et les fétuques. Les espèces les plus remarquables sont : *Le brome rude* (BROMUS ASPER. L.; BROMUS DUMETORUM Lam.) croît dans les bois, les buissons et les côteaux ombragés. Lorsqu'il est jeune, les chevaux et les bêtes à cornes l'aiment beaucoup, mais ils ne le consomment point dès qu'il commence à fleurir parce qu'il est trop dur. *Le brome élevé* (BROMUS GIGANTEUS, L.) est commun dans les bois, les prés ombragés, les lieux frais ; mais les chevaux et les vaches le consomment seulement, ayant le défaut du brome rude. *Le brome seigle* (BROMUS SECALINUS, L)se rencontre dans les moissons, les champs en friche, et il n'est pâturé par les animaux que quand ses pousses et ses feuilles sont vertes. Cette espèce est annuelle, tandis que les précédentes sont vivaces. *Le brome mou* (BROMUS MOLLIS, L. est commun dans les lieux secs, le bord des chemins, les prés et les champs. Tous les animaux, et surtout les moutons, le recherchent lorsqu'il est jeune ; sec , il forme un aliment grossier peu du goût des bestiaux. *Le brome stérile* (BROMUS STERILIS, L.) est annuel comme le précédent, et il est commun dans les lieux secs, pierreux et arides. Les animaux l'aiment quand il est vert, mais ils ne le consomment plus lorsque ses panicules son développées. *Le brome fragile, corniculé* (BROMUS PINNATUS, L. ; BROMUS FRAGILIS, Lam.), croît dans les bois, les buissons, les montagnes sèches et les plaines arides ; ses longues feuilles ne sont recherchées par les moutons que lorsqu'elles sont vertes, à moins, comme le dit Yvart, qu'ils ne soient pressés par la faim. *Le brome de Madrid* (BROMUS MADRITENSIS, L.) est commun dans les contrées méridionales et la région de l'ouest. Cette espèce est annuelle, croit dans les sables sablonneux, les roches calcaires et les sables maritimes , et les animaux ne la mangent que quand son chaume et ses feuilles sont jeunes. *Le brome des prés,*

droit, vivace (BROMUS PRATENSIS, Koel.; BROMUS ERECTUS. Schr.; BROMUS PERENNIS, Wild.), habite les prés. les champs, les pelouses sèches, et il est vivace. Ce brome couvre parfaitement le sol; il est rustique, et ses feuilles étroites et ses tiges droites offrent au bétail une herbe fine de très-bonne qualité tant qu'elles sont jeunes et vertes.

FROMENT. — *Triticum*, L.

27. Ce genre offre peu de plantes fourragères. L'espèce que les animaux consomment est le *froment chiendent* (TRITICUM REPENS, L.), très-commun malheureusement dans les lieux cultivées. Cette espèce est recherchée par le bétail quand elle est jeune ; elle entre dans la composition des prairies de la Prévalaie (Ille-et-Vilaine), et elle repousse facilement sous la dent des animaux. Ses racines, que tous les bestiaux mangent avec plaisir lorsqu'elles sont fraîches et propres, ont une valeur nutritive, d'après G. Sinclair, qui est à celle des tiges et des feuilles, comme 23 : 8. Le chiendent est vivace et résiste parfaitement à l'action de la chaleur.

ORGE. — *Hordeum*, L.

28. Les espèces d'orges sont peu nombreuses. Les animaux pâturent : L'*orge queue de souris , queue de rat* HORDEUM MURINUM, L.), que l'on rencontre dans tous les lieux fréquentés, les murailles, les haies, les chemins Cette espèce est vivace , et les animaux n'y touchent plus quand ses longs épis sont développés. L'*orge des prés* (HORDEUM PRATENSE, Huds.; HORDEUM SECALINUM, Schr.), qui est commune dans les prés frais et que le bétail recherche comme une bonne plante fourragère lorsqu'elle est verte, mais qu'il abandonne lorsque ses épis sont très - apparents à cause de leurs nombreuses barbes qui sont très-dures et qui se fixent soit au palais, soit sous la langue des individus qui les consomment. Cette dernière espèce est annuelle.

IVRAIE. — *Lolium*, L.

29. Les espèces les plus intéressantes, comme plantes de pâturage, sont au nombre de deux. L'*ivraie vivace, ray-grass, gazon anglais, pain-vin, fausse ivraie* (LOLIUM PERENNE, L.), est très-commun au bord des chemins , dans les prés, dans les pâturages fertiles. Cette espèce végète de très-bonne heure au printemps, et elle fournit à tous les animaux, mais particulièrement aux bêtes à laine, une nourriture sapide et très-nutritive; elle résiste parfaitement à la dent du bétail, au piétinement des hommes et des animaux, se fortifie en taillant et plus elle est pâturée bas, plus elle repousse avec vigueur. Un fait qui constate bien le mérite de cette graminée sous le rapport de ses qualités nutritives, et qui est dû aux observations de Yvart et de Leclerc Thouin, c'est que dans le pays de la Crau (Bouches-du-Rhône), où elle est connue sous le nom de *margaou des coussous*, les moutons qui pâturent sur cette vaste plaine caillouteuse, vont jusqu'à soulever les cailloux pour la rechercher, et le peu qu'ils prennent suffit pour les nourrir; aussi les bergers ont-ils coutume de dire : *Bouccado vao ventrado, bouchée fait ventrée.* Selon Davy, sur 1,000 parties, le ray-grass contient en parties nutritives :

Matière soluble.	0,030
Mucilage.	0,026
Sucre.	0,004
Matière extractive.	0,005
Total.	0,074

et d'après G. Sinclair, sa valeur nutritive, lorsqu'il est en fleur, est à celle qu'il possède lorsque les semences sont mûres, comme 10 : 11, et sa valeur du regain est à celle de l'herbe en floraison comme 4 : 10. L'*ivraie multiflore pill*, *margol* (LOLIUM MULTIFLORUM, Lam.; LOLIUM ARVENSE, With.), très-élevée et annuelle. On la rencontre çà et là dans les moissons, dans les terres cultivées, et les vaches et les chevaux la consomment avec plaisir lorsqu'elle est jeune; elle fournit au printemps une excellente nourriture aux brebis et aux agneaux; ses tiges et ses feuilles sont tendres et succulentes.

NARD SERRÉ, ROIDE, POIL DE CHIEN, POIL DE BOUC. — *Nardus stricta*, L.

30. Cette graminée est commune dans les montagnes du Cantal, dans les lieux secs et sablonneux; elle est très petite, et ses feuilles sont rigides; néanmoins elle forme un gazon, au printemps, que les vaches recherchent beaucoup. Vers la fin de l'été les bestiaux n'y touchent plus, ses tiges et ses feuilles sont trop dures. Cette plante est vivace.

ÉLYME. — *Elymus*, L.

31. L'*élyme d'Europe* (ELYMUS EUROPÆUS, L.) est une graminée vivace que l'on rencontre dans le centre et le midi de la France, au bord des routes dans les prés et les bois, et que les troupeaux pâturent quand elle est jeune. L'*élyme des sables* (ELYMUS ARENARIUS, L.) est commune sur le bord de la mer et dans les dunes, et on devrait la regarder comme une excellente plante, à cause du mucus sucré qu'elle contient en très-grande quantité, si elle ne durcissait pas aussi promptement; aussi les chevaux et les bêtes à cornes ne broutent ses tiges feuillées et ses longues feuilles glauques que lorsque celles-ci sont jeunes.

SESLÉRIE. — *Sesleria*, Scop

32. Ce genre offre deux espèces importantes. La *seslérie bleue* (SESLERIA COERULEA, L.), qui est commune au printemps, après la fonte des neiges, dans les montagnes des Alpes et des Pyrénées où elle forme des touffes que les bêtes à laine recherchent beaucoup. La *seslérie naine* (SESLERIA PUMILA, Poir.). que l'on rencontre aussi dans les lieux montueux des Alpes, et que les moutons consomment avec beaucoup d'avidité au printemps. Ces deux graminées sont vivaces.

JONCÉES.

JONC. — *Juncus*, L.

33. Les joncs habitent généralement les terrains humides, et ils sont très-nombreux : mais un très-petit nombre sont consommés par le bétail. Les espèces les plus communes et que les animaux mangent, sont : le *jonc aggloméré* (JUNCUS CONGLOMERATUS, L.). très-commun dans les marais, les fossés, les lieux tourbeux et inondés l'hiver, que les vaches et les bœufs mangent quand ses feuilles sont jeunes. Le *jonc bulbeux* (JUNCUS BULBOSUS, L.) croît dans les marais, le bord des chemins fangeux, et il est très-commun dans le centre de la France; le bœuf, la vache et le cheval mangent les feuilles de ses larges touffes avec plaisir. Le *jonc de Bothnie* (JUNCUS BOTHNICUS, Wahl.; JUNCUS GERARDI, Mut.) est abondant dans la Provence, l'Alsace, l'Auvergne,

la Bretagne, dans les lieux humides des bords de la mer, les terres salées. Cette espèce est recherchée avec avidité par les vaches, les chevaux et les moutons. Le *jonc articulé* (JUNCUS ARTICULATUS, L.) abonde sur le bord des eaux dans les prés tourbeux et les marais, et tous les animaux consomment ses feuilles. Le *jonc des crapauds* (JUNCUS BUFONIUS, L.) est très-commun dans les lieux mouillés l'hiver, et tous les animaux le pâturent ; il fournit un assez bon fourrage. Le *jonc bulbeux* (JUNCUS BULBOSUS, L.) croît au bord des chemins humides et des eaux, et les bestiaux le mangent aussi quoiqu'il soit de qualité moindre que le précédent. Tous ces joncs sont vivaces excepté celui des crapauds qui est annuel.

LUZULE. — *Luzula*, L.

34. Les luzules sont des plantes qui plaisent aux animaux. La *luzule blanche* (LAZULA NIVEA, D. C.); la *luzule jaune* (LUZULA LUTEA, All.); la *luzule blanchâtre* LUZULA ALBIDA, Hoff.), sont communes dans les bois des Alpes, des Ardennes, des Vosges, dans les prairies des Hautes Alpes et des Pyrénées, et elles sont consommées par tous les bestiaux. La *luzule à grandes feuilles* (LUZULA MAXIMA, Wild.; JUNCUS PILOSUS, L.) se rencontre dans les bois des montagnes, et les animaux, mais particulièrement les vaches, la pâturent avec plaisir. La *luzule champêtre* (LUZULA CAMPESTRIS L.) est très-commune dans les lieux secs et très-hâtive. Les bestiaux la mangent et la recherchent, même au printemps, aussitôt la fonte des neiges, époque où elle fleurit. La *luzule printanière* (LUZULA VERNALIS, D. C.) est commune dans les bois, fournit une bonne nourriture, et sa précocité la rend precieuse. Les luzules sont vivaces.

ABAMA CASSEUR D'OS. — *Abama ossifraga*, DC, *Anthericum ossifragum*, L.

35. Cette plante croît dans les marais, les prés et les lieux tourbeux de l'ouest, et les bestiaux la mangent. Cette espèce a une odeur vireuse, et on pense encore qu'elle est plus nuisible qu'utile, et qu'elle ramollit les os des animaux qui la broutent. En Suède, les brebis qui s'en nourrissent deviennent très-grasses, mais elles meurent l'année suivante, le foie étant attaqué par une très-grande quantité de petits vers blancs (Poiret). Ces particularités n'ont

point encore été constatées dans les marais de Savenay (Loire-Inférieure), où cette plante est assez commune. L'abama des marais est vivace.

ASPARAGINÉES.

PARISETTE A QUATRE FEUILLES. — *Paris quadrifolia*, L.

36. Cette espèce, que l'on rencontre dans les bois, les lieux boisés frais du nord de la France, est vivace, et elle n'est consommée que par les chèvres et les moutons. On lui donne les noms de *raisin de renard*, *herbe à Paris*, *étrangle-loup*. Son odeur n'est pas agréable.

MUGUET. — *Convallaria*, L.

37. Le *muguet de mai*, *lis de mai*, *lis des vallées* (CONVALLARIA MIALIS, L.), est vivace ; on le rencontre dans les bois, et il n'est consommé que par les chevaux, le mouton et la chèvre Le *muguet anguleux*, *sceau de Salomon*, *grenouillet* (CONVALLARIA POLYGONATUM, L.), est aussi vivace et commun dans les haies, les bois, surtout dans ceux qui sont humides. Tous les animaux le mangent, mais les chevaux le recherchent et le pâturent avec avidité. Le *muguet multiflore* (CONVALLARIA MULTIFLORA, L.), qui est vivace et qui habite aussi les bois, jouit des propriétés du précédent.

LILIACÉES.

LIS. — *Lilium*, L.

38. Une seule espèce, le *lis martagon* (LILIUM MARTAGON, L.), est mangé par les animaux, et surtout par les vaches. Ce lis est commun dans les lieux ombragés des montagnes des Alpes, du Cantal et du mont Dore, et il est vivace.

ORCHIDÉES.

ORCHIS. — *Orchis*, L.

39. Ces plantes, remarquables par leur élégance et la couleur de leurs fleurs, sont très-communes dans les prés secs et humides, dans les lieux bas et élevés. Les orchis ne sont pas nuisibles, mais on ne doit pas les regarder comme des végétaux très-utiles. Néanmoins les animaux, mais surtout les chevaux et les moutons, les pâturent avec plaisir. Dans un grand nombre de localités, on désigne ces plantes sous

le nom de *pentecôtes*. Les tubercules de l'*orchis à deux feuilles* (ORCHIS BI-FOLIA , L.) qui est commun dans les bois, de l'*orchis mâle* (ORCHIS MASCULA, L.) qui croît dans les prés, de l'*orchis morio*, (ORCHIS MORIO, L.) qui est très-abondant dans les prés secs, contiennent une substance alimentaire à laquelle on a donné le nom de *salep*.

III. VÉGÉTAUX DICOTYLÉDONÉS.

ÉLÉAGNÉES.

THESIE A FEUILLES DE LIN. — *Thesium linophyllum* , L.

40. Cette plante est vivace et assez commune sur les coteaux élevés, les lieux arides, secs, calcaires ou volcaniques, mais elle n'est consommée que par les moutons. Les tiges de la thésie à feuilles de lin sont rameuses, étalées et tombantes.

POLYGONÉES.

RENOUÉE. — *Polygonum*, L.

41. Ce genre offre plusieurs espèces qui doivent fixer l'attention du cultivateur. La *renouée des oiseaux*, *trainasse*, *herbe à cochon*, *renue*, *sanguinaire* (POLYGONUM AVICULARE, L.) est très-commune dans les lieux cultivés, le bord des chemins, près les habitations. Cette plante est annuelle et fleurit à la fin de l'été. Tous les animaux la pâturent; mais les cochons et les oies en sont très-friands. La *renouée persicaire*, *curage pied-rouge* (POLYGONUM PERSICARIA, L.) habite les lieux cultivés humides, le bord des eaux. Cette plante n'est pas très-bonne; cependant les bœufs, les vaches et les porcs la mangent et s'en nourrissent. C'est à tort que quelques auteurs ont dit que les bêtes à cornes et les cochons ne la consommaient pas. Les graines de la persicaire sont très-recherchées par les volailles. La *renouée liseronne*, *vrillée sauvage*, *vreille* (POLYGONUM CONVOLVULUS , L.) est annuelle comme la précédente: on la rencontre dans les moissons, les haies, les lieux cultivés, et les vaches et les moutons la mangent avec plaisir. La *renouée bistorte*, *langue de bœuf* (POLYGONUM BISTORTA, L.), est commune dans les parties montagneuses du sud-est de la France. Ainsi, elle croit abondamment dans les pâturages de l'Auvergue, des Alpes, du Dauphiné. Tous les animaux, excepté la race chevaline, mangent

Leçons de Zoologie.

ses feuilles, que l'on doit regarder comme une bonne nourriture verte. Cette plante est vivace ainsi que la *renouée vivipare* (POLYGONUM VIVIPARE, L.), que l'on rencontre dans les pâturages des Pyrénées, des Alpes, du mont Dore, et qui jouit des propriétés de sa congénère. La *renouée des Alpes* (POLYGONUM ALPINUM, All.) est aussi vivace; elle croit dans les prairies des Alpes, et les animaux la consomment favorablement lorsqu'elle est verte.

PATIENCE. — *Rumex*, L.

42. Ce genre offre peu de plantes alimentaires. Les espèces les plus intéressantes sont : le *rumex oseille*, *surette*, *vinette* (RUMEX ACETOSA , L.), qui est très-commun dans les champs cultivés, les vignes, les prairies. Les animaux ne recherchent point cette plante, mais ils la mangent quand elle est verte. Le *rumex petite oseille*, *petite vinette*, *vinette sauvage*, *oseille des brebis* (RUMEX ACETOSELLA , L.), est très-commun dans les champs en friche, les sols arides et acides, les terrains peu fertiles et sablonneux. Tous les animaux le mangent au printemps, alors que ses feuilles sont humides et vertes: les moutons le recherchent ainsi que les vaches. Suivant Bosc, la petite vinette prévient, chez les bêtes à laine, la maladie appelée *pourriture* ou *cachexie aqueuse*. J'ai observé plusieurs fois cette particularité sur le sol de Grand-Jouan, où cette plante est très-commune. Le *rumex crépu*, *parelle sauvage*, *parèle*, *patience sauvage* (RUMEX CRISPUS, L.), est assez commun dans les prairies fertiles, mais les bestiaux ne le consomment que médiocrement, surtout lorsque les tiges sont développées. Ces diverses espèces de patience ou oseille sont vivaces, et, à cause de leur acidité, on doit les regarder comme très-rafraîchissantes.

CHÉNOPODÉES.

ANSERINE. — *Chenopodium*, L.

43. Les espèces qui appartiennent à ce genre sont assez nombreuses; mais les animaux n'en consomment pour ainsi dire que trois. L'*anserine verte* (CHENOPODIUM VIRIDE, L.), qui est annuelle et très-commune dans les jardins les lieux cultivés, le long des champs, est mangée par les cochons avec assez d'avidité. L'*anserine bon-Henri* (CHENOPODIUM BONUS-HENRICUS, L.) est vivace et commune dans les

lieux cultivés et fertiles. Cette plante, que l'on désigne quelquefois sous le nom de *patte d'oie triangulaire*, n'est consommée que par les moutons et les chèvres. L'*anserine polysperme* (CHENOPODIUM POLYSPERMUM, L.) est annuelle. Cette plante, qui croît abondamment dans les champs, les jardins, les lieux cultivés humides, peut être donnée aux vaches et aux moutons; ces animaux la mangent assez facilement tant que ses tiges et ses feuilles sont vertes.

ARROCHE. — *Atriplex*, L.

44. La plupart des espèces du genre arroche habitent les bords des eaux salées. Les animaux broutent avec plaisir l'*arroche étalée* (ATRIPLEX PATULA, L.), qui est commune dans les sables et les marais salants de l'Océan; l'*arroche des rivages* (ATRIPLEX LITTORALIS, L.), qui est assez abondante sur les bords de la mer en Bretagne, en Normandie, en Picardie; l'*arroche rose* (ATRIPLEX ROSEA, L), qui végète abondamment sur les bords de l'Océan et de la Méditerranée. Ces espèces sont annuelles et conviennent surtout aux chevaux et aux moutons, qui les recherchent lorsqu'elles sont vertes et jeunes.

SALICORNE. — *Salicornia*, L.

45. Les salicornes végètent aussi sur le bord des eaux maritimes.

La *salicorne herbacée* (SALICORNIA HEBACEA, L) est commune sur les bords de la Méditerranée, de l'Océan et les prés salés de la Lorraine. Cette espèce est annuelle et très recherchée de tous les animaux domestiques. Les bestiaux consomment aussi la *salicorne frutescente* (SALICORNIA FRUTICOSA, L.), qui croît en Provence, dans la Guienne, et en Bretagne sur les bords de la mer, quoique ses tiges soient un peu ligneuses.

SOUDE — *Salsola*, L.

46. Les soudes habitent les bords de la mer et les terres salées.

Les espèces maritimes sont la *soude commune, salicote* (SALSOLA SODA, L.), la *soude kali* (SALSOLA KALI, L.), la *soude épineuse* (SALSOLA TRAGUS, L.). On les rencontre assez abondamment dans les marais salants, les sables maritimes, les prés salés des bords de la Méditerranée et de l'Océan. La *soude des sables* (SALSOLA ARENARIA, Kœl.)

habite les lieux sablonneux et argileux des sources salées en Alsace. Ces diverses espèces de soudes sont annuelles, et les bestiaux, mais surtout les moutons, s'en nourrissent très-bien.

URTICÉES.

ORTIE. — *Urtica*, L.

47. Ce genre offre deux principales espèces. L'*ortie brûlante, petite ortie* (URTICA URENS, L.), est commune au pied des murs, le long des haies, dans les lieux cultivés. Cette espèce n'est mangée que par les oies et les dindons; les vaches et les moutons la repoussent lorsqu'elle est verte et fraîche, à cause de la piqûre cuisante que produisent, sur le palais des animaux, les nombreux poils dont les tiges et les feuilles sont hérissées. L'*ortie dioïque, grande ortie* (URTICA DIOÏCA, L.), que l'on rencontre aussi très-communément dans les haies, les décombres, le long des murailles, des chemins, est recherchée par les vaches lorsque ses tiges sont naissantes et lorsqu'elles sont sèches ou à demi-fanées, quand leur développement est accompli. Cette espèce, quoique ayant des poils qui piquent moins que ceux de sa congénère, irrite le palais des bestiaux quand ceux-ci la consomment lors de son parfait développement et à l'état vert. L'ortie dioïque est vivace, et celle brûlante annuelle.

HOUBLON. — *Humulus lupulus*, L.

48. Cette plante est commune en France; elle croît naturellement dans les haies, les buissons, le bord des bois, les parties montueuses, et est vivace. Les animaux recherchent ses tiges grimpantes, ses feuilles, ses jeunes pousses, malgré leur goût amer assez prononcé.

PLANTAGINÉES.

PLANTAIN. — *Plantago*, L.

49. Ce genre offre plusieurs espèces très intéressantes comme plantes de pâturage. Le *plantain majeur, grand plantain* (PLANTAGO MAJOR, L.) est vivace. On le rencontre sur le bord des chemins frais, des fossés, le long des haies, dans les sols riches, humides et argileux, où ses larges feuilles ovales sont recherchées par les moutons, les cochons et les chèvres seulement. Les chevaux et les bœufs, et souvent même les vaches, refusent de le pâturer. Le *plantain moyen* (PLANTAGO MEDIA, L.) est aussi vivace et très-recherché par les moutons. On ne rencontre ce plantain que sur les terrains calcaires, secs et élevés, bas et humides. Le *plantain lancéolé, herbe à cinq côtes ou au charpentier, oreille-de-lièvre, tête noire, plantain étroit* (PLANTAGO LANCEOLATA, L.) est très-commun dans les prairies, les pâturages, sur les hautes montagnes. Cette plante forme un excellent pâturage pour les vaches, les bœufs et les moutons. Haller dit que c'est au plantain lancéolé que le lait des Alpes doit ses bonnes qualités. Le *plantain blanchâtre* (PLANTAGO ALBICANS, L.) est vivace comme le précédent; on le trouve en Dauphiné, en Languedoc, en Provence dans les lieux incultes et sablonneux. Ce plantain offre aux brebis, aux moutons, un excellent pâturage pendant plusieurs mois de l'année. Le *plantain corne de cerf* (PLANTAGO CORONOPUS, L.) est aussi vivace; il croît dans les pâturages, les jachères, les pelouses et les chemins. Ce plantain n'est pas très-élevé; mais ses feuilles, assez longues et nombreuses, fournissent sous la dent du mouton un pâturage continuel et nutritif. Le *plantain maritime* (PLANTAGO MARITIMA, L.) habite les bords de la Méditerranée et de l'Océan, dans les prés salés, les marais salants. Cette espèce, qui s'élève beaucoup, est encore vivace, et les vaches et les chevaux la recherchent d'une manière particulière, quoiqu'ils refusent de manger, pour ainsi dire, les autres espèces. Cette dernière espèce constitue une variété à laquelle Lam. et Pesn. ont donné le nom de *plantain à feuilles de gramen* (PLANTAGO GRAMINIFOLIA) lorsque ces feuilles prennent un grand développement. M. Lecoq dit que ce dernier couvre, dans quelques parties de la Limagne d'Auvergne, des espaces de plusieurs lieues carrées, et qu'il conserve encore de la verdure à la suite de longues sécheresses. On rapporte au plantain maritime le *plantain des Alpes* (PLANTAGO ALPINA, L.), qui croît dans les Alpes, sur les pics du Cantal et du mont Dore, et que les vaches mangent avec autant d'avidité que le précédent. On attribue à ce plantain une puissante influence sur la qualité du laitage des Alpes et de l'Auvergne.

PLOMBAGINÉES.

STATICE. — *Statice, L.*

50. Les espèces de ce genre qui intéressent le cultivateur sont peu nombreuses. On distingue le *statice des sables* (STATICE ARENARIA, Jacq.; STATICE PLANTAGINEA, DC.), qui habite les lieux sablonneux et arides, et que les chevaux, les chèvres et les moutons pâturent sans le rechercher. Le *statice à gazon, gazon d'Espagne, œillet de Paris* (STATICE ARMERIA, L.), que l'on rencontre sur les collines arides, dans les lieux secs sablonneux. Cette espèce n'est pas plus alimentaire que la précédente, mais les bestiaux ne la refusent pas. Les moutons et les vaches la mangent avec assez d'avidité.

PRIMULACÉES.

PRIMEVÈRE. — *Primula, L.*

51. Les espèces les plus communes sont : la *primevère officinale, fleur de coucou* (PRIMULA OFFICINALIS, Jacq. PRIMULA VERIS, L.), qui est commune dans les prés, les pâturages; la *primevère élevée, pain de coucou* (PRIMULA ELATUS, Wild.), assez commune dans les prairies et les bois humides; la *primevère à grandes fleurs* (PRIMULA GRANDIFLORA, Lam. PRIMULA ACAULIS, L.), que l'on rencontre dans les prés secs, le long des haies, dans les bois. Ces primevères sont vivaces et montrent leurs fleurs en avril et mai. Les seuls animaux qui les mangent sont les moutons et les chèvres.

LYSIMAQUE. — *Lysimachia, L.*

52. L'espèce la plus intéressante est la *lysimaque nummulaire, herbe aux écus, monoyère* (LYSIMACHIA NUMMULARIA, L.), qui végète dans les prés marécageux, les lieux humides et ombragés. Cette espèce est vivace, et quoique ses tiges soient rampantes, tous les animaux la mangent. La *lysimaque vulgaire, chasse bosse, lys des teinturiers, herbe aux corneilles* (LYSIMACHIA VULGARIS, L.), qui est aussi vivace et qui s'élève souvent à un mètre, n'est pâturée par les bestiaux que lorsque ses tiges sont très-peu développées.

SAMOLE DE VALERAND, MOURON D'EAU. *Samolus Valerandi, L.*

53. Cette espèce est bisannuelle; on la rencontre dans les lieux humides,

sur le bord des ruisseaux et des sources. Tous les animaux la mangent, mais ils ne la recherchent pas.

POLYGALÉES.

POLYGALE. — *Polygala*, L.

54. Ce joli genre offre deux espèces principales : la *polygale vulgaire, polygalon, laitier, herbe au lait* (POLYGALA VULGARIS, L.), que l'on rencontre abondamment dans les prairies sèches, les pâturages des montagnes, siliceux, calcaire ou volcanique ; la *polygale amère* (POLYGA AMARA, L. POLYGALA AUSTRIACA, Pesn.), qui est commune sur les pelouses arides calcaires. Ces deux polygales sont très-recherchées des bestiaux, elles sont toniques. Les vaches et les chevaux la pâturent avec avidité, quoique leurs tiges et leurs feuilles soient un peu amères. Ces deux espèces sont vivaces.

SCROPHULARINÉES.

RINANTHE CRÉTE DE COQ. — *Rinanthus Crista galli*, L.

55. Cette plante est annuelle et très-commune dans les prés peu fertiles. Tous les animaux mangent cette plante au printemps alors que sa tige et ses feuilles sont vertes, mais ils la refusent lorsqu'elle mûrit ses semences. A ce moment ses tiges sont dures, sèches et insipides.

EUPHRAISE. — *Euphrasia*, L.

56. Les espèces de ce genre les plus communes sont : l'*euphraise officinale, casse-lunettes* (EUPHRASIA OFFICINALIS, L.). Cette plante est annuelle, végète dans les prés, les bois, les pâturages arides, et malgré l'amertume de ses feuilles, elle est mangée par les animaux. L'*euphraise à larges feuilles* (EUPHRASIA LATIFOLIA, L.), que l'on rencontre très-abondamment dans les pâturages de la France méridionale et que les moutons pâturent avec plaisir. L'*euphraise des Alpes* (EUPHRASIA ALPINA, Lam.) est annuelle comme la précédente, et elle est commune dans les pâturages des Alpes, du Dauphiné, où elle est regardée comme une bonne plante pour les moutons lorsqu'elle est jeune.

VÉRONIQUE. — *Veronica*, L.

57. Ce genre renferme un très-grand nombre d'espèces. Celles qui doivent être étudiées par le cultivateur sont : la *véronique à épi* (VERONICA SPICATA, L.), habite les endroits sablonneux, les lieux montueux, les pâturages secs ; elle n'est consommée que par les moutons. La *véronique serpollet* (VERONICA SERPYLLIFOLIA, L.) végète le long des haies, au bord des champs, des fossés, dans les prairies fraiches ; cette espèce forme des touffes apparentes que tous les bestiaux, mais surtout les moutons, consomment avec avidité. La *véronique cresson de chien, laitue de chouette* (VERONICA BECCABUNGA, L.), est commune dans les ruisseaux, le long des fossés, sur le bord des eaux courantes, et recherchée des vaches, des moutons, mais principalement des chevaux. La *véronique officinale, thé d'Europe, véronique mâle* (VERONICA OFFICINALIS, L.), habite le bord des haies, les bois arides, les pâturages secs ; tous les bestiaux la pâturent, mais elle plaît surtout aux chevaux et aux moutons. La *véronique petit chêne, fausse germandrée* (VERONICA CHAMÆDRYS, L.), croît dans les prairies, les haies, les bois, où elle est très-commune. Cette plante plaît à tous les animaux, et elle est recherchée par les moutons et les chevaux. La *véronique à feuilles de lierre* (VERONICA HEDERÆFOLIA, L.), qui est annuelle et que l'on rencontre abondamment dans les lieux cultivés, est très-précoce ; les animaux la mangent facilement. La *véronique des champs* (VERONICA ARVENSIS, L.) est aussi annuelle. On la rencontre dans les champs et les prairies. M. Lecoq l'a rencontrée en grande abondance dans quelques prairies des bords de l'Allier où elle formait, conjointement avec la cretelle, le ray-grass, un excellent fourrage que tous les bestiaux mangeaient avec plaisir. La *véronique agreste* (VERONICA AGRESTIS, L.) est encore annuelle ; elle habite les lieux cultivés et fournit une excellente nourriture aux moutons. La *véronique des montagnes* (VERONICA MONTANA, L.) est vivace et commune dans les lieux frais, ombragés et élevés des contrées méridionales. Tous les animaux et surtout les vaches, l'aiment beaucoup. La *véronique fruticuleuse* (VERONICA FRUTICULOSA, L.), et la *véronique des Alpes* (VERONICA ALPINA, L.) sont vivaces et communes sur les lieux élevés des Alpes, des Pyrénées ; les moutons et les chèvres les recherchent.

MÉLAMPYRE. — *Melampyrum*, L.

58. Ce genre n'offre que quelques espèces. Tous les mélampyres intéressent le cultivateur. Le *mélampyre des prés* (MELAMPYRUM PRATENSE, L., MELAMPYRUM SYLVATICUM, Pesn) est annuel et habite les prairies, les bois. Cette plante fournit une excellente nourriture aux animaux qui la consomment à l'état vert. D'après Bosc, elle est très-recherchée par les vaches, et le lait et le beurre de celles qui en sont nourries sont d'excellente qualité. Cette particularité se constate chaque jour. Le *mélampyre des champs, rougeole, blé de vache, herbe rouge, sarriette des bois* (MELAMPYRUM ARVENSE, L.), est aussi annuel. On le rencontre principalement sur les sols calcaires dans les moissons, les lieux cultivés. Il est très-recherché des vaches et possède les propriétés du précédent, mais à un moindre degré.

SOLANÉES.

MORELLE. — *Solanum*, L.

59. La plupart des plantes qui appartiennent à ce genre sont regardées comme des poisons. L'espèce que l'on doit considérer comme alimentaire est la *morelle grimpante, douce amère, vigne de Judée* (SOLANUM DULCAMARA, L.), qui croît dans les haies, les buissons, les bois humides. Cette plante est vivace, mais elle n'est consommée que par les chèvres et les moutons.

JASMINÉES.

TROÈNE COMMUN. — *Ligustrum vulgare*, L.

60. Cet arbrisseau est commun dans les bois, les haies et les buissons. Les vaches et les moutons recherchent ses jeunes pousses et ses feuilles.

LABIÉES.

SAUGE. — *Salvia*, L.

61. Ce genre renferme, comme presque tous les autres, des espèces à odeur forte et ayant une saveur amère prononcée. Les espèces qu'il importe au cultivateur de connaître sont : la *sauge des prés* (SALVIA PRATENSIS), qui est commune dans les prés, les pelouses sèches, les lieux calcaires frais et secs. Cette labiée est vivace et très-recher-chée des moutons et des chèvres. Les vaches et les chevaux ne la mangent pas. La *sauge verveine* (SALVIA VERBENACEA, L., SALVIA CLANDESTINA, Mut.) est abondante dans les lieux et les prés secs de la Provence, du Languedoc; la *sauge glutineuse* (SALVIA GLUTINOSA) habite les prés et les pâturages montagneux du Dauphiné. Ces deux espèces sont aussi vivaces et elles jouissent des propriétés de la sauge des prés.

GERMANDRÉE IVETTE. — *Teucrium chamæpitys*, L.; *Ajuga chamæpitys*, Schr.

62. Cette plante est vivace; on la rencontre sur les collines calcaires, les élévations boisées. Les moutons la pâturent, et à cause de son amertume elle prévient, dit Bosc, la pourriture chez ces animaux.

BUGLE RAMPANTE. — *Ajuga reptans*, L.

63. Cette labiée est commune dans les prés secs et humides, mais elle n'est mangée que par les vaches et les moutons. Elle est vivace et végète de bonne heure au printemps. Cette plante est nutritive et un peu tonique.

GLÉCOME LIERRE TERRESTRE. — *Glecoma hederacea*, L.

64. Cette plante est très-commune dans les haies, les buissons, les bois et les prairies ombragées. Les vaches et les chevaux la négligent, mais les brebis et les chèvres la mangent volontiers. D'après Bosc, cette plante qui est vivace augmente beaucoup le lait de ces animaux, lorsqu'ils en mangent.

LAMIER. — *Lamium*, L.

65. Le *lamier blanc, ortie blanche, ortie morte* (LAMIUM ALBUM, L.), est assez commun le long des haies, dans les jardins, les lieux cultivés ombragés. Cette plante, lorsqu'elle est en fleur, a une légère odeur balsamique qui convient aux abeilles; les animaux la mangent sans la préférer à d'autres plantes. Le *lamier pourpre, ortie rouge* (LAMIUM PURPUREUM, L.), et le *lamier amplexicaule* (LAMIUM AMPLEXICAULE, L.), sont très-abondants dans les lieux cultivés, les jardins, les champs, les haies, les murs d'habitation. Les vaches et les moutons mangent ces deux plantes annuelles, quoique le lamier rouge ait une odeur forte peu agréable. Le lamier blanc est vivace.

GALÉOPE. — *Galeopsis*, L.

66. Le *galéope ladanum, crapaudine des champs* (GALEOPSIS LADANUM, L.), est commun dans les champs après la moisson, sur les sols secs et pierreux. Les animaux le mangent sans le convoiter, mais les chevaux le négligent. Le *galéope tétrahit, ortie épineuse, ortie royale* (GALEOPSIS TETRAHIT, L.), est abondant dans les moissons, les décombres, les prés, les bois, au bord des chemins. Au Mont-Dore, dit M. Lecoq, il abonde autour des burons, et les animaux l'épointent quand il est jeune. Ces deux espèces sont annuelles.

BÉTOINE OFFICINALE. — *Betonica officinalis*, L.

67. Cette plante est caractéristique par les émanations que ses feuilles exhalent durant les fortes chaleurs; elle est vivace et habite les taillis, les buissons, le bord des champs, les lieux secs et aérés. Les bestiaux la repoussent quand elle est verte, excepté les brebis, mais ils la mangent lorsqu'elle est sèche.

AGRIPAUME CARDIAQUE. — *Leonurus cardiaca*, L.

68. Cette plante habite le bord des haies, des chemins, les décombres, les lieux arides et pierreux; elle est vivace; les bestiaux la mangent, mais ils ne la recherchent pas. On dit cependant que les moutons et les chèvres en sont friands.

CLINOPODE COMMUN. — *Clinopodium vulgare*, L.

69. Cette labiée est vivace; elle habite les buissons, le bord des haies, les lieux secs. Les moutons, les chèvres et les vaches la consomment, mais elle est repoussée par les chevaux.

ORIGAN COMMUN, MARJOLAINE BATARDE. — *Origanum vulgare*, L.

70. L'origan se rencontre très-abondamment dans les bois, les lieux secs, les montagnes. Il est vivace et très-odorant. Les vaches le refusent, mais les moutons et les chevaux le mangent assez volontiers.

THYM. — *Thymus*, L.

71. Toutes les espèces de ce genre sont vivaces. Le *thym commun* (THYMUS VULGARIS, L.), habite principalement les parties méridionales de la France; il est très-commun sur les pâturages et les coteaux de la Provence. Les chèvres seules le broutent. Le *thym serpollet, thym sauvage*, (THYMUS SERPYLLUM, L.) est commun dans toutes les zones climatériques de l'Europe. On le rencontre dans les terrains secs, les collines arides, les pelouses, les prés, les sables maritimes. Tous les animaux ne le consomment pas. Il est recherché seulement par les moutons, les chèvres et les lapins.

BRUNELLE. — *Brunella*, JUSS.; *Prunella*, L.

72. La *brunelle commune, brunette* (BRUNELLA VULGARIS, Lam.) est très-commune dans les pâturages, les prés, les chemins, les lieux élevés, est nutritive, et tous les animaux la mangent avec plaisir. La *brunelle à grandes fleurs* (BRUNELLA GRANDIFLORA, Jacq.) ne croît que sur les coteaux calcaires, arides, et volcaniques. La *brunelle laciniée* (BRUNELLA LACINIATA, Pesn.) habite aussi les coteaux et les pelouses arides. Ces deux plantes jouissent des propriétés nutritives de la brunelle commune, et toutes les trois sont vivaces.

SCUTELLAIRE TOQUE. — *Scutellaria galericulata*, L.

73. Cette labiée est commune aux bords des eaux, dans les fossés et les prairies humides; elle est peu odorante, mais elle est recherchée des bestiaux. Cette plante est vivace.

MENTHE. — *Mentha*, L.

74. Les espèces qui appartiennent à ce genre sont assez nombreuses, mais la plupart d'entre elles sont délaissées par les animaux. Celles qu'ils consomment, sans les rechercher, sont: La *menthe aquatique, menthe rouge, baume d'eau* (MENTHA AQUATICA, L.), qui croît dans les prairies marécageuses, les fossés, les ruisseaux, le bord des étangs; la *menthe pouillot, herbe de Saint-Laurent* (MENTHA PULEGIUM, L.), qui habite le bord des étangs, des rivières, les lieux inondés

l'hiver. Suivant Gaujac, les animaux mangent avec plaisir les feuilles de cette espèce lorsqu'elles sont mêlées à des fourrages sans saveur, insipides. La *menthe à feuilles rondes, menthe de cimetière* (MENTHA ROTUNDIFOLIA, L.), est commune dans les lieux humides, les fossés, les prairies. Ces espèces, ainsi que la *menthe sauvage* (MENTHA SYLVESTRIS, L.) et celle dite *des champs* (MENTHA ARVENSIS. L.), que les bestiaux consomment quelquefois, sont vivaces. En général, les menthes ont une odeur trop forte pour qu'elles puissent être de bonnes plantes fourragères.

BORRAGINÉES.

MYOSOTE. — *Myosotis*, L.

75. Ce joli genre offre deux espèces. Le *myosote vivace, souvenez-vous de moi, plus je vous vois, plus je vous aime, ne m'oubliez pas* (MYOSOTIS PERENNIS, Mœ.), est commun dans les prairies humides sur le bord des étangs, des rivières, dans les fossés, les marais. Tous les animaux aiment cette plante ; les moutons et les vaches la recherchent. Elle est vivace et repousse facilement sous la dent du bétail. Le *myosote annuel des champs* (MYOSOTIS ANNUA, Mœ.) est très-abondante dans les jachères, les lieux secs et sablonneux. Les animaux mangent aussi cette espèce qui convient particulièrement aux bêtes à laine.

CONSOUDE OFFICINALE. — *Symphytum officinale*, L.

76. On rencontre cette borraginée dans les bois, les prés humides, le long des ruisseaux et des rivières ombragées. Elle est commune dans les terres argileuses fertiles. Cette plante convient aux bêtes à cornes, aux chevaux ; ces animaux la mangent avec plaisir quand elle est jeune, mais ils la refusent quand ses fleurs sont entièrement développées. Elle est vivace et repousse au fur et à mesure qu'elle est consommée.

PULMONAIRE OFFICINALE. — *Pulmonaria officinalis*, L.

77. Cette plante est très-commune dans les bois, les prairies et les haies, et ses feuilles et ses tiges se développent de bonne heure au printemps. Les vaches et les chevaux ne consomment guère cette borraginée ; les bêtes à laine et les chèvres sont les seuls animaux qui la mangent. La pulmonaire est vivace, et on la connaît sous les noms de *herbe aux poumons, sauge de Jérusalem.*

RAPETTE COUCHER. PORTEFEUILLE. — *Asperugo procumbens*, L

78. Cette borraginée habite les lieux pierreux, le bord des chemins, les décombres, autour des habitations. La rapette est rampante et annuelle, et ses tiges et ses feuilles, quoique rudes, sont mangées par tous les animaux.

VIPÉRINE COMMUNE, HERBE AUX VIPÈRES. — *Echium vulgare*, L.

79. On rencontre cette plante le long des haies, des chemins, dans les champs arides et sur les murs ; elle est bisannuelle, et les bestiaux ne la mangent que lorsqu'elle est jeune. La dureté de ses tiges et de ses feuilles, les poils rudes qui hérissent ses parties, forcent les animaux à la refuser, quand elle a atteint un développement très-sensible.

GRÉMIL OFFICINAL. — *Lithospermum officinale*, L.

80. Cette espèce est commune dans les terrains secs et incultes, le long des chemins et au bord des haies ; elle est vivace. Le bétail ne la recherche pas. Les animaux qui la mangent ordinairement sont les chèvres et les cochons. On connaît cette borraginée sous les noms de *millet perlé, millet d'amour, larmille, herbe aux perles.*

LYCOPSIDE DES CHAMPS, PETITE BUGLOSSE. — *Lycopsis arvensis*, L.

81. Cette borraginée est vivace ; on la rencontre très-abondamment dans les champs, les sols arides, les terrains crayeux peu fertiles. Tous les animaux mangent le lycopside des champs, mais les moutons le recherchent. Cette plante végète de très-bonne heure au printemps.

CONVOLVULACÉES.

LISERON. — *Convolvulus*, L.

82. Ce genre offre trois espèces fort intéressantes : le *liseron des haies, vrillée* (CONVOLVULUS SEPIUM, L.), est commun dans les haies, les buissons, les lieux frais ombragés. Les chevaux, les moutons et les chèvres aiment beaucoup cette plante ; mais les vaches la refusent. Le *liseron des champs, clo-*

chette des blés, liseret, petit liseron
(CONVOLVULUS ARVENSIS, L.), est abondant dans les moissons, les lieux cultivés, le long des chemins. Tous les
animaux le mangent avec plaisir; les
bœufs et les chevaux le recherchent
comme une bonne plante fourragère.
Ces deux espèces ont des tiges volu-
biles, et elles sont vivaces. Le *liseron
de Biscaye* (CONVOLVULUS CANTABRICA,
L.) habite les provinces méridionales;
on le rencontre sur les pelouses, les
roches; il est vivace; ses tiges sont redressées; il jouit des propriétés alimentaires du précédent.

ÉRICINÉES.

BRUYÈRE. — *Erica*, L.

83. Ce genre offre des espèces nombreuses et qui doivent être, pour la
plupart, connues du cultivateur. La
bruyère commune, grosse bruyère
(ERICA VULGARIS, L.), est très-commune
dans toute la région septentrionale de
la France où elle couvre de vastes
étendues de terres incultes. Cette plante
est consommée avec avantage par les
bêtes à laine, les chèvres, les vaches et
les chevaux, quand elle pousse, soit au
printemps, soit en automne. Les moutons qui s'en nourrissent sont toujours
excellents. La *bruyère à balais, grande
bruyère* (ERICA SCOPARIA, L.), est abondante dans les provinces méridionales;
les chèvres et les moutons se nourrissent parfaitement de ses jeunes pousses.
La *bruyère cendrée* (ERICA CINEREA, L.)
végète dans les mêmes sols, les mêmes
circonstances, et souvent mêlée avec la
bruyère commune; elle jouit des propriétés alimentaires de cette espèce et
s'en distingue par ses fleurs d'un rouge
plus vif et son écorce cendrée. La
bruyère ciliée (ERICA CILIARIS, L.) est
commune en Bretagne, en Anjou, dans
les provinces méridionales, et tous les
animaux la mangent avec plaisir. La
bruyère quaternée (ERICA TETRALIX,
L.) habite les sols sablonneux, les lieux
humides des landes du Berry, de la
Sologne, de la Bretagne, de la Guienne.
Les animaux s'en nourrissent convenablement quand elle est jeune. Les
bruyères sont vivaces.

PYROLE A FEUILLES RONDES. — *Pyrola rotundifolia*, L.

84. Cette plante croit dans les bois,
les lieux montagneux boisés; elle est
vivace, et les chèvres et les moutons la
mangent sans la rechercher.

AIRELLE MYRTILLE, RAISIN DES BOIS. — *Vaccinum myrtillus*, L.

85. Cet arbrisseau est assez commun
dans les bois et les montagnes froides.
L'airelle n'est pas une très-bonne plante
fourragère; cependant les bêtes à laine
et les chèvres consomment ses jeunes
pousses.

CAMPANULACÉES.

CAMPANULE — *Campanula*, L.

86. Toutes les espèces qui appartiennent à ce genre sont vivaces, et la
plupart ont des fleurs bleues en forme
de cloche d'un aspect charmant. Les
espèces les plus intéressantes sont les
suivantes : La *campanule gantelée,
gant de Notre Dame, ortie bleue*
(CAMPANULA TRACHELIUM, L.) habite les
bois, le long des haies, les buissons,
les prairies ombragées; la *campanule
fausse raiponce* (CAMPANULA RAPUNCU-
LOÏDES, L.) est commune dans les
lieux secs et arides; la *campanule raiponce* (CAMPANULA RAPUNCULUS, L.) croit
abondamment dans les bois, le long
des haies, dans les vignes et les prés;
la *campanule à feuille d'ortie* (CAM-
PANULA URTICÆFOLIA, Wild.) végète
dans les Vosges, le Jura; la *campanule à larges feuilles* (CAMPANULA LA-
TIFOLIA, L.) habite les Alpes, le Dauphiné, le Jura. Toutes ces espèces
sont mangées par le bétail avec plaisir
lorsque leurs tiges et leurs feuilles sont
vertes; la *campanule barbue* (CAMPA-
NULA BARBATA, L.) est assez commune
dans les prés des Alpes, du Dauphiné,
et tous les animaux la mangent quoique ses tiges soient presque nues; la
*campanule à feuille de pêcher, bâton
de Jacob* (CAMPANULA PERSICIFOLIA, L.)
végète dans les bois taillis, les prairies; les chèvres et les chevaux la
mangent avec plaisir; la *campanule
rhomboïdale* (CAMPANULA RHOMBOIDA-
LIS, L.) qui est commune dans les prairies des Alpes, partage les propriétés
alimentaires de la précédente; la *campanule à feuille de lierre* (CAMPANULA
HEDERACEA, L.) est abondante dans
les lieux humides en Bretagne, dans le
Limousin, l'Auvergne, la Normandie, etc.; les moutons la recherchent
beaucoup, mais les vaches n'y touchent
point parce que les tiges sont grêles et
couchées; la *campanule à feuilles de
lin* (CAMPANULA LINIFOLIA, L.) habite
les prairies froides de l'Auvergne, des
Pyrénées et des Alpes; le bétail la

mange, mais il la consomme plus volontiers lorsqu'elle a été fauchée en vert et séchée ; la *campanule en épi* (CAMPANULA SPICATA, L.) et la *campanule spécieuse* (CAMPANULA SPECIOSA, L.) que l'on rencontre dans les prairies des hautes montagnes de la Provence, du Dauphiné, des Pyrénées, sont aussi consommées par tous les bestiaux ; la *campanule étalée* (CAMPANULA PATULA, L.) qui est assez abondante dans les provinces méridionales et le centre, est aussi une plante fourragère ; les animaux la mangent avec assez de plaisir.

PRISMATOCARPE MIROIR DE VÉNUS. — *Prismatocarpus speculum*, l'Hérit.; *Campanula speculum*. L.

87. Cette jolie campanule est commune dans les champs, les lieux cultivés, les moissons. Tous les animaux la mangent, mais les moutons la recherchent. Les fleurs de cette campanule sont violettes et elles se ferment ordinairement le soir. Cette plante est annuelle.

JASIONE. — *Jasione*, L.

88. Ce genre offre deux espèces fourragères. Le *Jasione des montagnes, fausse scabieuse* (JASIONE MONTANA, L.) est commun dans les pelouses arides, les sols sablonneux secs dans le nord et le midi de la France. Cette jolie plante, qui se distingue par une petite tête de fleurs d'un beau bleu, est annuelle et les animaux la mangent, mais ils ne la recherchent pas; le *jasione vivace* (JASIONE PERENNIS, Lam.) habite les montagnes de l'Auvergne et du Forez ; ses fleurs sont très-grosses et il croît par touffes. Cette espèce est préférable à l'autre, tous les animaux en sont très-friands.

PHYTEUMA. — *Phyteuma*, L.

89. Le *phyteuma en épi, raiponce sauvage ou tubéreuse* (PHYTEUMA SPICATA, L.), habite les prairies, les bois humides et les montagnes ; il est vivace et tous les animaux s'en nourrissent ; le *phyteuma hémisphérique* (PHYTEUMA HEMISPHÆRICA, L.) croît assez abondamment dans les prairies des hautes montagnes, les pâturages des lieux élevés, et il est recherché par les bêtes à laine ; le *phyteuma orbiculaire* (PHYTEUMA ORBICULARIS, L.) est commun dans les prairies des monta-

gnes et coteaux calcaires. Cette plante est vivace, comme la précédente, et tous les animaux la recherchent soit qu'elle soit verte, soit qu'elle soit sèche.

CYNAROCÉPHALES ou FLOSCULEUSES, CARDUACÉES.

CHARDON. — *Carduus*, L.

90. Les espèces qui appartiennent à ce genre ont des feuilles épineuses et elles sont très-communes, surtout sur les sols calcaires. Les espèces les plus intéressantes pour le cultivateur sont les suivantes : Le *chardon penché, chardon aux ânes* (CARDUUS NUTANS, L.), croît dans les lieux arides, le bord des chemins, les décombres ; il est recherché des ânes, des chevaux, des vaches, surtout quand il est jeune : les moutons le refusent. Le *chardon lanugineux* (CARDUUS ERIOPHORUM, L.) habite les contrées montagneuses du Midi et quelques prairies et champs cultivés en Normandie, en Beauce ; les chevaux, les ânes et les vaches le mangent avec plaisir, tant que ses fleurs ne sont pas développées. Le *chardon lancéolé* (CARDUUS LANCEOLATUS, L.), est commun aux bords des chemins, dans les lieux cultivés, les champs pierreux ; tous les animaux le consomment, excepté les moutons. Le *chardon fausse bardane* (CARDUUS PERSONATA, L.), est commun dans les prairies des Alpes, du Dauphiné, des Vosges, et les animaux, excepté la bête ovine, le mangent lorsqu'il est jeune. Ces espèces sont bisannuelles.

CIRSE. — *Cirsium*, Tourn.

91. Ce genre se rapproche beaucoup des chardons avec lesquels on confond les espèces qui lui appartiennent. Les feuilles des cirses sont aussi acérées ou épineuses au sommet. Le *cirse d'Angleterre, chardon des prés* (CIRSIUM ANGLICUM, DC., CARDUUS PRATENSIS, Huds.), est commun dans les prés humides, les marais tourbeux, et il est bisannuel ; les vaches et les chevaux ne le refusent pas. Le *cirse sans tige* (CIRSIUM ACAULE, All., CARDUUS ACAULIS, L.), est très-commun dans les lieux secs, arides, calcaires et argileux. Les vaches et les chevaux ne le consomment pas, mais il plaît assez aux moutons et aux chèvres. Le *cirse des marais* (CIRSIUM PALUSTRE, Scop., CAR-

DUUS PALUSTRIS, L.), est très-abondant dans les prairies humides, les marais, les bords des ruisseaux. Cette espèce est vivace comme la précédente; les animaux ne la mangent que lorsque ses tiges sont jeunes, parce que ses feuilles sont très-épineuses. Le *cirse des champs, chardon hémorrhoïdal, sarrette des champs* (CIRSIUM ARVENSE, Lam., SERRATULA ARVENSIS, L.), est très-commun dans les champs, les chemins, lieux incultes, les bois argileux; cette plante est consommée par tous les animaux lorsqu'elle est jeune; elle est vivace et précoce. Le *cirse lancéolé* (CIRSIUM LANCEOLATUM, Scop., CARDUUS LANCEOLATUS, L.), est commun au bord des chemins, les champs pierreux; il est bisannuel et n'est consommé que par les chevaux, les vaches et les ânes lorsqu'il est jeune. Le *cirse potager* (CIRSIUM OLERACEUM, All., CNICUS OLE-RACEUS, L.), est assez abondant dans les bois, les prés marécageux; il est vivace, et les chevaux seuls consomment ses larges et grandes feuilles.

CARLINE. — *Carlina*, L.

92. Ce genre comporte peu d'espèces. La *carline sans tige, acaule, artichaut sauvage, chardonnerette, caméléon blanc* (CARLINA ACAULIS, L.), habite les hautes montagnes de l'intérieur de la France, les pelouses sèches du Dauphiné, des Vosges, des Alpes; elle est vivace et ne plaît aux animaux que lorsque ses feuilles sont jeunes. La *carline vulgaire* (CARLINA VULGARIS, L.), est plus commune que la précédente. On la rencontre en abondance sur le bord des chemins, dans les lieux arides et incultes. Cette plante est bisannuelle; les bestiaux ne la mangent que quand elle jeune. Ces deux espèces sont trop dures, lorsque les boutons à fleurs paraissent, pour que les chèvres, les moutons puissent les pâturer.

SARRETTE. — *Serratula*, L.

93. La *sarrette de teinturier* (SERRA-TULA TINCTORIA, L), est vivace et habite les bois ombragés, les côteaux couverts. Tous les animaux, excepté les bêtes bovines, la mangent avec plaisir lorsqu'elle est verte. La *sarrette rhapontic* (SERRATULA RHAPONTICUM, L.), qui croît sur les pelouses du Dauphiné, jouit des mêmes propriétés; elle est aussi vivace.

CENTAURÉE. — *Centaurea*, L.

94. Ce genre offre un très-grand nombre d'espèces. Les centaurées ont en général des feuilles et des tiges dures. Quelques-unes même ont des involucres imbriquées de folioles très-épineuses. Les espèces les plus intéressantes pour le cultivateur sont les suivantes : la *centaurée jacée, centaurée des prés, herbe du centaure* (CENTAUREA JACEA, L.), est très-commune dans les prés, les pelouses sèches et le bord des chemins; elle est vivace, mais les animaux la mangent. Les chevaux et les moutons la recherchent et consomment avec plaisir ses feuilles, qui repoussent très-promptement. Ses tiges sont toujours délaissées des bestiaux, parce qu'elles sont ordinairement très-dures. La *centaurée bleuet, barbeau, blaverole, casse-lunette* (CENTAUREA CYAMUS, L.), est commune dans les sols secs, les champs, les moissons. Cette jolie petite plante annuelle n'est pâturée que par les moutons et les vaches. Ses feuilles et ses tiges sont amères. La *centaurée des montagnes* (CENTAUREA MONTANA, L.), est vivace et commune dans les montagnes des Alpes, de l'Auvergne. Le bétail la pâture avec plaisir. La *centaurée noire* (CENTAUREA NIGRA, L.) est aussi vivace; elle est commune dans les bois, les haies, les buissons, le bord des chemins. Cette espèce participe des qualités et des défauts de la centaurée jacée.

EUPATOIRE COMMUN, EUPATOIRE A FEUILLES DE CHANVRE. — *Eupatorium canabinum*, L.

95. Cette espèce croît au bord des fossés humides, des ruisseaux et elle est vivace. Les moutons, mais plus spécialement les chèvres, sont les seuls animaux qui consomment les feuilles de cette plante lorsqu'elle est jeune.

TUSSILAGE. — *Tussilago*, L.

96. *Le tussilage pétasite, herbe à la teigne, herbe à la peste* (TUSSILAGO PE-TASITES, L.), est vivace et habite les prés humides, les sols argileux. Les animaux mangent ses feuilles sans les rechercher. Le *tussilage blanc* (TUSSILAGO ALBA, L.) est vivace et commun dans les Alpes, le Jura. Cette plante jouit des propriétés de sa congénère.

ARMOISE.—*Artemisia*, L.

97. Ce genre offre plusieurs espèces. Les plus intéressantes pour les cultivateurs sont : L'*armoise des champs, armoise bâtarde, auronne sauvage* (ARTEMISIA CAMPESTRIS, L.), habite les lieux secs, les vieux murs, les endroits sablonneux ; elle est vivace et très-recherchée des moutons et des chèvres quand elle est jeune. L'*armoise commune, fleur de Saint-Jean, herbe de Saint-Jean* (ARTEMISIA VULGARIS, L.), est vivace, croît au bord des chemins, des haies, dans les lieux sablonneux frais ; le bétail la mange sans la rechercher. L'*armoise mutelline, genepi blanc* (ARTEMISIA MUTELLINA, Will.), est aussi vivace ; elle végète dans les pâturages élevés des Alpes, du Dauphiné et plaît beaucoup aux chèvres et aux moutons. L'*armoise absinthe, armoise amère* (ARTEMISIA ABSINTHIUM, L.), est consommée par le bétail malgré son amertume qui se communique au lait des vaches et à la chair des moutons. Cette armoise est vivace et habite les lieux pierreux et montueux, le bord des chemins et les vignes.

TANAISIE COMMUNE, HERBE AUX VERS, HERBE SAINT-MARC.—*Tanacetum vulgare*, L.

98. Cette espèce est commune le long des chemins, le bord des eaux, dans les lieux incultes ; elle est vivace et possède la propriété d'être très-tonique à cause d'un principe amer qu'elle renferme et qui la rend très-odoriférante. Cette plante est peu recherchée du bétail, quoique Linné ait dit qu'elle plaît à tous les bestiaux. Toutefois, Yvart dit avoir observé que les moutons étaient très-avides des feuilles sèches, et que cette nourriture était pour eux un préservatif contre la pourriture.

BARDANE COMMUNE, GRATEAU, PEIGNEROLE, HERBE AUX TEIGNEUX. — *Actium lappa*, L.

99. Cette plante est assez commune le long des haies, des murs, des chemins, et elle est bisannuelle. Les vaches et les moutons la mangent quand elle est jeune, mais ils ne la recherchent pas. Les poules sont très-friandes des semences de cette plante.

GNAPHALE. — *Gnaphalium*, L.

100. Les espèces de ce genre qui intéressent le cultivateur sont peu nombreuses. On remarque le *gnaphale des champs* (GNAPHALIUM ARVENSE, Lam., FILAGO ARVENSIS, L.) qui croît très-abondamment dans les endroits sablonneux et arides, les vieux murs, et que tous les animaux, excepté les chevaux et les vaches, recherchent quand il commence à végéter. Le *gnaphale de France* (GNAPHALIUM GALLICUM, Lam., FILAGO GALLICA, L.), qui est aussi annuel, jouit des propriétés du précédent et il végète dans les lieux stériles et sablonneux. Le *gnaphale dioïque, petite piloselle, pied-de-chat* (GNAPHALIUM DIOÏCUM, DC.), qui habite les bruyères, les montagnes sèches, les lieux sablonneux, et que les moutons consomment avec plaisir. Suivant Bosc, les cochons rechercheraient les racines de cette dernière espèce qui est vivace. Les feuilles des gnaphales sont blanches et cotonneuses.

CHICORACÉES OU SEMI-FLOSCULEUSES.

LAMPSANE. — *Lapsana*, L.

101. Ce genre n'offre que quelques espèces. La *lampsane commune, herbe aux mamelles, saune blanche* (LAPSANA COMMUNIS, L.), est commune dans les lieux cultivés, les haies, le long des chemins. Cette plante est vivace et les animaux la mangent sans la rechercher. La *lampsane petite* (LAMPSANA MINIMA, Lam, HYOSERIS MINIMA, L.) est annuelle, habite les pâturages secs et les lieux sablonneux, possède les mêmes propriétés que l'espèce précédente.

PRENANTHE.—*Prenanthes*, L.

102. Ce genre offre trois principales espèces. Le *prenanthe des murs* (PRENANTHES MURALIS, L.), qui habite les lieux pierreux, les vieux murs, les endroits ombragés. Cette espèce est recherchée des animaux. Le *prenanthe pourpre* (PRENANTHES PURPUREA, L.), qui végète dans les forêts des montagnes et que les animaux consomment avec plaisir. Le *prenanthe à feuilles menues* (PRENANTHES TENUIFOLIA, L.), qui est commune dans les bois du Dauphiné et que les bestiaux aiment à pâturer. Ces trois espèces sont annuelles.

LAITRON. — *Sonchus*, L.

103. Les espèces qui appartiennent à ce genre et qui doivent fixer l'attention du cultivateur sont au nombre de cinq. Le *laitron commun, laisseron, laitue de lièvre* (SONCHUS OLERACEUS,

L.), est très-commun dans les terres cultivées, les sols un peu frais. Tous les animaux recherchent cette plante que l'on doit regarder comme très-rafraîchissante et nutritive. Le *laitron des champs* (SONCHUS ARVENSIS, L.) croît abondamment dans les champs argileux et humides, le bord des fossés. Tous les bestiaux, et surtout les chevaux, aiment cette plante. Le *laitron de plumier* (SONCHUS PLUMERI, L.) habite les lieux ombragés des hautes montagnes des Alpes, des Pyrénées, et les animaux, mais plus particulièrement les vaches et les bœufs, le mangent avec plaisir. Le *laitron des Alpes* (SONCHUS ALPINUS, L.), qui végète aussi dans les hautes montagnes, partage les propriétés du précédent. Le *laitron des marais* (SONCHUS PALUSTRIS, L.), croît dans les marais, au bord des fossés ; le bétail le consomme aussi. Toutes ces espèces sont vivaces, excepté le laitron commun qui est annuel.

LAITUE. — *Lactuca*, L.

104. Ce genre comporte peu d'espèces indigènes. La *laitue vivace* (LACTUCA PERENNIS, L.) croît dans les champs humides et pierreux, les vignes ; les bêtes à cornes et les moutons aiment cette plante. La *laitue à feuilles de saule* (LACTUCA SALIGNA, L.), qui habite les lieux pierreux, les vignes ; la *laitue scariole* (LACTUCA SCARIOLA, L.), qui croît dans les mêmes lieux, participent des propriétés de la laitue vivace. La laitue scariole est bisannuelle et la précédente annuelle. Ces trois espèces sont amères et laiteuses.

ÉPERVIÈRE. — *Hieracium*, L.

105. Ce genre est extrêmement nombreux. Les espèces les plus intéressantes, comme plante de pâturage, sont les suivantes. L'*épervière dorée* (HIERACIUM AUREUM, Will., LEONTODON AUREUM, L.) végète dans les prairies des Alpes, du Jura ; elle est vivace et tous les animaux la mangent. L'*épervière orangée* (HIERACIUM AURANTIACUM, L.) est aussi vivace ; elle habite les prairies élevées des Alpes, des Vosges, des Pyrénées. Les bestiaux la consomment sans la rechercher. L'*épervière des Alpes* (HIERACIUM ALPINUM, L.) habite les mêmes lieux et doit être regardée comme une bonne plante. L'*épervière rongée* (HIERACIUM PROEMORUM, L.) est assez commune en Alsace, en Lorraine, dans le Languedoc, elle est assez recherchée du bétail. L'*épervière*

piloselle, oreille de souris, oreille de rat (HIERACIUM PILOSELLA, L.), est très-commune dans les lieux arides et secs, les pelouses des montagnes. Cette plante fleurit de bonne heure au printemps. Tous les bestiaux la mangent, mais les chevaux la recherchent. Quelques cultivateurs ont regardé cette plante comme mortelle pour les bêtes à laine. M. Leroy regarde cette assertion comme sans fondement. Il a vu souvent les troupeaux manger la piloselle en abondance dans quelques parties de l'Auvergne, et surtout aux environs de Pontgibaud, où l'on dit que l'on doit laisser sortir les bestiaux quand la tige de la piloselle peut faire deux fois le tour du doigt. L'*épervière des murs* (HIERACIUM MURORUM, L.) est très-commune sur les murs et dans les bois. Tous les animaux la mangent, mais les chevaux la recherchent. On lui donne quelquefois le nom de l'*herbe à l'épervière*. L'*épervière auricule* (HIERACIUM AURICULA, L.) habite les lieux arides un peu humides et végète de bonne heure au printemps. Le bétail mange cette espèce que les chevaux et les moutons recherchent. L'*épervière en ombelle* (HIERACIUM UMBELLATUM, L.), est très-commune dans les haies, les bois, les lieux pierreux. Les chevaux recherchent cette espèce que tous les autres animaux mangent volontiers. L'*épervière grandiflore* (HIERACIUM GRANDIFLORUM, All.), habite les prairies des Alpes, du Mont-Dore ; les animaux la mangent sans la rechercher. L'*épervière des bois* (HIERACIUM SYLVATICUM, DC.) est assez commune dans les bois, les haies de la région du Midi et de l'Ouest ; elle jouit des propriétés de la précédente. Toutes ces espèces sont vivaces.

CRÉPIDE. — *Crepis*, L.

106. Ce genre offre quatre espèces alimentaires. La *crépide bisannuelle* (CREPIS BIENNIS, L.). est commune dans les prairies fertiles, les champs cultivés, sur le bord des bois. Tous les animaux aiment cette plante ; les cochons la recherchent. La *crépide verte* (CREPIS VIRENS, L.), qui est aussi commune dans les prairies, les lieux sablonneux, participe des propriétés de la précédente. La *crépide des toits* (CREPIS TECTORUM, L.), croît dans les lieux incultes, les prés secs, sur les vieux murs et les toits ; elle est bisannuelle comme ses congénères, et les animaux la recherchent tant que ses feuilles sont vertes et jeunes. La *crépide de Dioscoride* (CREPIS DIOSCORIDIS,

L., CREPIS DIFFUSA, DC.) est annuelle et croit dans les pâturages secs au pied des murs, le long des chemins. Tous les bestiaux recherchent cette plante.

PISSENLIT. — *Taraxcum*, L.

107. Ce genre ne comporte que quelques espèces. Le *pissenlit, dent-de-lion, laitue de chien, salade de taupe, cochet* (TARAXCUM DENS LEONIS, Lam., LEONTODON TARAXCUM, L.), est commun partout; il est vivace, végète dès les premiers jours du printemps. Ses feuilles, qui sont un peu amères, sont consommées par tous les animaux, surtout par les vaches et les bœufs. Le *pissenlit des marais* (TARAXCUM PALUSTRE, DC., LEONTODON PALUSTRE, Smith.), que l'on rencontre sur le bord des marais, plaît aussi au bétail.

LEONTODON. — *Leontodon*, L.

108. Le *Léontodon hérissé* (LEONTODON HIRTUM, L.) est commun au bord des chemins, dans les prairies, les pelouses. Cette espèce est recherchée par les vaches, et les autres animaux la paturent avec plaisir. Le *Léontodon écailleux* (LEONTODON SQUAMMOSUM, L.), habite les prairies des montagnes des Alpes, des Vosges, etc. Tous les bestiaux le mangent volontiers. Le *Léontodon de montagne* (LEONTODON MONTANUM DC., HIERACIUM TARAXCI, L.), habite les pelouses, les prairies des hautes montagnes du Dauphiné, et il plaît aussi aux animaux. Ces espèces sont vivaces.

SCORSONÈRE. — *Scorzonera*, L.

109. Ce genre offre deux espèces alimentaires. La *scorsonère basse* (SCORZONERA HUMILIS, L.) est commune dans les prés. Cette plante offre à tous les animaux une excellente nourriture; aussi mangent-ils ses feuilles avec beaucoup d'avidité. Elle favorise chez les vaches et les brebis la sécrétion du lait. Les cochons aiment beaucoup les racines de cette espèce. La *scorsonère d'Espagne* (SCORZONERA HISPANICA, L.) croit dans les pâturages des provinces méridionales, est vivace comme le précédent et fournit une bonne nourriture aux animaux.

SALSIFIS. — *Tragopogon*, L.

110. Les espèces les plus communes de ce genre, sont: Le *salsifis des prés, barbe de bouc, cercifis sauvage, cochet* (TRAGOPOGON PRATENSIS, L.), est com-

mun dans les prés humides, les sols argileux où il forme de larges touffes que les animaux, excepté la chèvre, recherchent beaucoup. Le *salsifis à feuilles de safran* (TRAGOPOGON CROCIFOLIUS, L.) habite les prairies de la Provence, du Dauphiné, et partage les propriétés du précédent. Le *salsifis commun, salsifis blanc* (TRAGOPOGON PORRIFOLIUS, L.) végète dans les prés, sur le bord des chemins de la Provence; ses feuilles fournissent aux vaches et aux bœufs une excellente nourriture verte. Ces espèces sont vivaces.

CHICOREE SAUVAGE, CHEVEUX DE PAYSAN. — *Cichorium intybus*, L.

111. Cette plante est très commune dans les champs, au bord des chemins, dans les sols calcaires; elle est vivace, et ses feuilles, quoique très amères, sont recherchées par les bêtes à cornes et les bêtes à laine. Cette plante resiste très-bien à la dent de ces derniers animaux.

RADIÉES ou CORYMBIFÈRES.

VERGE D'OR, HERBE DES JUIFS. — *Solidago virga aurea*, L.

112. Cette plante est commune dans les bois, sur le versant des montagnes; elle est vivace. Tous les animaux la mangent quand elle est jeune.

SENEÇON. — *Senecio*, L.

113. Le genre n'offre que quelques espèces alimentaires. Le *seneçon vulgaire, herbe aux charpentiers* (SENECIO VULGARIS, L.), végète toute l'année: on le rencontre dans les jardins, les champs, le long des haies. Les vaches le mangent, les porcs seuls le recherchent. Le *seneçon jacobée, herbe de Jacob* (SENECIO JACOBEA, L.), est commun le long des haies, sur le revers des fossés et dans les champs argileux. Les moutons le consomment quand ses feuilles sont jeunes; les autres animaux ne le mangent que quand la faim les presse. Le *seneçon cacalie* (SENECIO CACALIASTER, Lam.) est commun dans les bois des montagnes de l'Auvergne. Les bêtes à corne le mangent volontiers.

Ces deux espèces sont vivaces; la première est annuelle.

ARNICA OFFICINAL. — *Arnica montana*, L.

114. Cette plante est commune dans les prairies, les pelouses des montagnes. Les chèvres sont les seuls ani-

maux qui la broutent. On connaît cette espèce sous les noms suivants : *benoîte des montagnes, plantain des Alpes ou des Vosges, tabac de montagne, doronic d'Allemagne.*

PAQUERETTE COMMUNE , PETITE PAQUERETTE. — *Bellis perennis*, L.

115. Cette jolie petite plante est très-commune dans les prés et les pâturages ; elle végète toute l'année et est vivace. Les moutons la broutent avec plaisir.

CHRYSANTHÈME. — *Chrysanthemum*, L.

116. La *marguerite des prés, grande marguerite, grande pâquerette, herbe aux abeilles* (CHRYSANTHEMUM LEUCANTHEMUM, L.), est vivace ; on la rencontre abondamment dans les prairies sèches. Tous les animaux la mangent, surtout les chevaux, lorsqu'elle est jeune. La *marguerite de Montpellier* (CHRYSANTHEMUM MONSPELIENSE, L) habite les Cévennes ; elle est aussi vivace et participe des propriétés de la grande marguerite.

CAMOMILLE. — *Anthemis* , L.

117. La *camomille des champs* (ANTHEMIS ARVENSIS , L.) est très-commune dans les moissons et les champs : elle est annuelle, et son odeur, qui est peu prononcée, fait que les animaux la mangent assez volontiers. La *camomille des teinturiers, camomille jaune* (ANTHEMIS TINCTORIA, L.) habite les provinces méridionales. Cette espèce est vivace , et elle est recherchée par les chevaux.

ACHILLÉE. — *Achillea*, L.

118. Les espèces de ce genre les plus communes sont : *l'achillée mille feuilles, herbe aux charpentiers, sourcils de Vénus, herbe à la coupure* (ACHILLEA MILLEFOLIUM, L.) est vivace ; on la rencontre abondamment dans les prés, les terres argileuses , le bord des chemins. Tous les animaux aiment cette plante, mais les moutons la recherchent avec avidité. Elle repousse facilement sous la dent du bétail. *L'achillée compacte* (ACHILLEA COMPACTA, Lam.), qui croît dans les bois du Jura, du Dauphiné, de la Provence, *l'achillée sétacée* (ACHILLEA SETACEA, Wild.), qui habite les Alpes, les Pyrénées; *l'achillée noble* (ACHILLEA NOBILIS , L.), qui est commune en Provence , dans le Languedoc , les Vosges , sont aussi broutées par les moutons et les bêtes à cornes.

BIDENT. — *Bidens* , L.

119. Le *bident trifolié, langue de chat, chanvre aquatique, eupatoire bâtarde* (BIDENS TRIPARTITA , L.) croît dans les marais , sur le bord des eaux , le long des fossés, où il est commun. Cette plante plaît aux animaux quand elle est jeune. Le *bident penché* (BIDENS CERNUA, L.) est commun dans les fossés humides , les marais; il est aussi paturé par les bestiaux. Ces deux espèces sont annuelles.

SOUCI DES CHAMPS. — *Calendula arvensis*, L.

120. Cette plante est annuelle : on la rencontre dans les champs et les vignes. Tous les bestiaux la mangent, et elle favorise chez les vaches la sécrétion d'un lait ayant une saveur très-agréable.

DIPSACÉES.

SCABIEUSE. — *Scabiosa* , L.

121. Les espèces qui intéressent l'agriculteur ne sont pas très-nombreuses. On distingue la *scabieuse des champs, langue de vache, oreilles d'âne, herbe aux sabotiers* (SCABIOSA ARVENSIS , L.), qui est commune dans les champs , les prés et la lisière des bois. Cette espèce est consommée, lorsqu'elle est jeune, par les chevaux, les vaches et les moutons; les porcs refusent de la manger. La *scabieuse des bois* (SCABIOSA SYLVATICA, L.) est abondante dans les prés des montagnes de l'Auvergne , du Dauphiné. Tous les animaux la mangent jusqu'au moment de l'épanouissement des fleurs. Elle repousse très-bien sous la dent du bétail , qui s'engraisse sous son influence. La *scabieuse succise , herbe à diable , mors* ou *morsure du diable* (SCABIOSA SUCCISA, L.), est très-commune dans les prés secs, les bois, le bord des chemins ; le bétail la mange , mais elle est inférieure sous tous les rapports aux précédentes espèces. La *scabieuse colombaire* (SCABIOSA COLOMBARIA, L.) habite les lieux calcaires, les sols arides, sablonneux et volcaniques, les prés secs. Tous les animaux consomment cette espèce avec plaisir jusqu'à l'époque de sa floraison. La *scabieuse à feuilles découpées* (SCABIOSA GRAMUNTIA, L.) végète dans les régions méridionales le long des chemins, sur les sols calcaires. Les bestiaux consomment cette espèce au printemps, mais ils la consomment au moment de l'épanouissement de ses fleurs. Toutes ces espèces sont vivaces et redoutent peu les sécheresses.

VALÉRIANÉES.

VALÉRIANE. - *Valerianella*, L.

122. Ce genre offre plusieurs espèces intéressantes. La *valériane officinale, herbe au chat, valériane des bois* (VA-LERIANA OFFICINALIS. L.), est très-commune dans les bois humides, les prai-ries ombragées. Tous les animaux re-cherchent cette plante, quoiqu'elle les purge quand ils en consomment beau-coup. La *valériane dioïque, petite va-lériane* (VALERIANA DIOÏCA, L.), croît abondamment dans les prés maréca-geux, les prairies tourbeuses. Cette petite plante est recherchée des ani-maux ; les chevaux la mangent avec beaucoup d'avidité. La *valériane à trois lobes* (VALERIANA TRIPTERIS, L.) est commune sur les versants des monta-gnes des Alpes, du Dauphiné, de la Provence. Tous les animaux la recher-chent. La *valériane des montagnes* (VALERIANA MONTANA, L.), qui habite les endroits ombragés des montagnes ; la *valériane nord-celtique* (VALERIANA CELTICA, L.), qui végète dans le Dau-phiné, le Valais, sont aussi consommées favorablement par le bétail. Ces diverses espèces sont vivaces.

VALERIANELLE. — *Valerianella*, L.

123. La *valérianelle cultivée, mâ-che, boursette, salade verte, laitue de brebis, poule grasse* (VALERIANELLA LO-CUSTA, L.) est très-commune dans les lieux cultivés. Cette petite plante ré-siste parfaitement aux froids, et cette rusticité la rend précieuse pour les moutons et les agneaux qui s'en nour-rissent très-bien tout l'hiver et le prin-temps. La *valérianelle carénée* (VALE-RIANA CARINATA, Lois.), qui croît dans les moissons, la *valérianelle dentée* (VALERIANELLA DENTATA, DC.), qui ha-bite les mêmes lieux ; la *valérianelle à fruits velus* (VALERIANELLA ERIOCARPA, Desv.), que l'on rencontre près de Paris, en Anjou, dans le Languedoc, jouis-sent des propriétés des précédentes. Toutes ces plantes sont annuelles.

RUBIACÉES.

GARANCE.—*Rubia*, L.

124. La *garance luisante* (RUBIA LU-CIDA, L.) est vivace ; elle habite les haies, la lisière des bois ; la *garance étrangère* (RUBIA PEREGRINA, L.) croît dans les mêmes lieux, et elle est aussi vivace. Ces deux plantes sont mangées par les animaux quand leurs feuilles sont vertes et leurs tiges très-tendres.

VALENTIE CROISETTE, CROIX DE SAINT-ANDRÉ, ÉPERONNELLE. - *Valentia cru-ciata*, L. ; *Galium cruciatum*. DC.

125. Cette jolie plante est commune au printemps, dans les haies, les buis-sons et les prairies. Elle est vivace, et les bêtes à laine sont les seuls animaux qui la broutent quand elle est verte ; les autres animaux la mangent lors-qu'elle est sèche.

CAILLE-LAIT. *Galium*, L.

126. La plupart des espèces de ce genre sont alimentaires, excepté quand elles ont accompli leurs diverses phases de végétation. Le *caille-lait jaune, petit muguet, fleur de la Saint-Jean* (GAL-LIUM VERUM, L.), est très-abondant dans les bois, les prairies, le long des che-mins. Cette plante est consommée avec avantage par tous les animaux. Le *caille - lait blanc, croisette noire, grosse croisette* (GALLIUM MOLUGO, L.), est très-commune le long des haies, dans les buissons, les prés frais. Les ani-maux mangent volontiers ses jeunes tiges. Le *caille-lait accrochant, grate-ron, grippe, rable, grapelle, aspréle* (GALLIUM APARINE, L.), habite les mê-mes lieux. Les bestiaux ne le broutent que quand il est jeune. Le *caille-lait fangeux* (GALLIUM ULIGINOSUM, L.) croît dans les prés tourbeux, les marais, le bord des étangs. Les animaux s'en nourrissent assez volontiers. Le *caille-lait des marais* (GALLIUM PALUSTRE, L.) qui habite les mêmes lieux, jouit des mêmes propriétés. Le *caille-lait des bois* (GALLIUM SYLVATICUM, L.) vé-gète dans les lieux ombragés. Le bétail le mange sans le rechercher. Le caille-lait accrochant est annuel ; les autres espèces sont vivaces.

SHERARDE DES CHAMPS. — *Sherardia arvensis*, L.

127. Cette petite rubiacée est an-nuelle et très-commune dans les terres cultivées. Elle végète continuellement sous la dent des animaux, qui s'en nour-rissent très-bien.

ASPÉRULE. -*Asperula*, L.

128. Ce genre comporte deux espèces fourragères. L'*aspérule odorante, mu-guet des bois, hépatique étoilée* (ASPE-RULA ODORATA, L.), habite les bois om-

bragés . les lieux montueux et couverts.
Cette plante est consommée avec avantage par les chevaux et surtout par les
vaches. Elle communique au lait de ces
dernières un arome très-agréable. L'*as-*
pérule des teinturiers (ASPERULA TINC-
TORIA . L.) végète sur les pelouses sèches. dans les lieux pierreux ; le bétail
la recherche. Ces deux espèces sont
vivaces.

CAPRIFOLIACÉES.

CHÈVREFEUILLE. — *Lonicera* , L.

129. Cette famille ne comporte que
des sous-arbrisseaux. Le *chèvrefeuille*
des bois (LONICERA PERICLYMENUM. L.)
est commun dans les haies , les bois .
surtout dans ceux de la région du nord.
Les chèvres, les moutons et les vaches
consomment volontiers ses feuilles. Le
chèvrefeuille d'Étrurie (LONICERA ETRUS-
CA. San.) croît dans les haies du midi :
il est aussi mangé par le bétail.

VIORME. — *Viburnum* , L.

130. Le *viorme aubier. sureau aqua-*
tique, aubier, caillebot (VIBURNUM OPU-
LUS, L.), est commun dans les bois frais
et les haies. Tous les animaux , mais
surtout le cheval, mangent les fruits
de cet arbrisseau. La *viorme coton-*
neuse, bourdaine blanche, coudre man-
siane, mansanne, bardeau (VIBURNUM
LANTANA, L.), est commune dans les haies
et les bois Ses feuilles sont très-recherchées par tous les animaux.

LORANTHÉES.

GUI COMMUN . VERGNET , POMME HÉMOR-
RHOÏDALE. — *Viscum album* , L

131. Ce végétal parasite croît sur les
pommiers, les poiriers, les peupliers, etc.
Les moutons consomment avec plaisir
ses jeunes pousses.

OMBELLIFÈRES.

CERFEUIL. — *Chœrophyllum* , L.

132 Ce genre présente plusieurs bonnes plantes fourragères. Le *cerfeuil cul-*
tivé (CHÆROPHYLLUM SATIVUM, L.) croît
dans les provinces méridionales. Les
feuilles de cette espèce sont rafraîchissantes. et les moutons . les vaches et
les chèvres les recherchent beaucoup.
Le *cerfeuil sauvage. persil d'âne* (CHÆ-
ROPHYLLUM SYLVESTRE, L.), est parfois
très-commun dans les prairies , au bord

des haies, dans les bois et les vergers.
Cette ombellifère plait aux vaches et
aux ânes , quoiqu'elle ait une odeur peu
agréable et un goût âcre et amer. Le
cerfeuil bulbeux (CHÆROPHYLLUM BUL-
BOSUM, L.), qui habite les buissons, les
haies et les bois des contrées méridionale; le *cerfeuil panaché* (CHÆROPHYL-
LUM TEMULUM , L.), qui est commun
dans les buissons et les haies ; le *cer-*
feuil odorant (CHÆROPHYLLUM ODORA-
TUM, DC.), qui croît dans les prairies
de la Provence et du Dauphiné , sont
consommés par les animaux quand ils
sont jeunes. Le cerfeuil sauvage et l'o-
dorant sont vivaces ; les autres sont
bisannuels.

SCANDIX PEIGNE DE VÉNUS , AIGUILLE DE
BERGER. AIGUILLETTE. — *Scandix pecten*
veneris , L..

133. Cette ombellifère est commune
dans les moissons , les bois sablonneux. Malgré son amertume, les animaux la consomment , mais ils ne la
recherchent pas. Elle est annuelle.

ÆNANTHE. — *Ænanthe* , L.

134. Ce genre présente très-peu de
plantes alimentaires. L'*œnanthe aqua-*
tique (ÆNANTHE. AQUATICA, Lam., PHEL-
LANDRIUM AQUATICUM, L.) est commune
dans les fossés, les marais . le bord
des étangs. Le bétail mange ses feuilles
et ses jeunes tiges. C'est à tort que cette
plante a été regardée comme vénéneuse. L'*œnanthe à feuilles de peu-*
cedan (ÆNANTHE PEUCEDANIFOLIA, Poll.)
habite les prés humides. Les animaux la consomment , mais ils ne la
recherchent pas. L'*œnanthe fistuleuse,*
chervil des marais, persil des marais.
jonc odorant (ÆNANTHE FISTULOSA, L.),
croît dans les marais , le long des fossés. Les animaux refusent souvent de
la manger lorsqu'elle est verte, à cause
de sa saveur amère et peu agréable ;
mais ils la consomment lorsqu'elle est
sèche. Ces diverses espèces sont vivaces.

SESELI. — *Seseli* , L.

135. Le *seseli carvi. cumin des prés*
(SESELI CARVI , DC. , CARUM CARVI , L.),
habite les prés montagneux, le bord
des bois , et il est bisannuel. Cette
plante , qui est très-aromatique , est
mangée avec plaisir par les vaches et
les bêtes à laines. Le *seseli de monta-*
gne (SESELI MONTANUM, L.), que l'on rencontre dans les montagnes arides , les

côteaux secs; le *seseli élevé* (SESELI ELATUM, L.), qui croît dans les mêmes lieux, sont aussi consommés par le bétail. Cette espèce est bisannuelle ; la précédente est vivace.

ACHE. — *Apium*, L.

136. Ce genre offre deux espèces. L'*ache céleri, ache d'eau, ache des marais* (APIUM GRAVEOLENS, L.), croît naturellement au bord des ruisseaux, le bord des chemins et des marais salants. Cette ombellifère a une odeur très-forte, et elle n'est broutée que par les moutons et les chèvres. L'*ache persil* (APIUM PETROSELINUM, L.) croît en Provence ; elle est bisannuelle comme la précédente. Les moutons recherchent cette plante qui est pour eux un préservatif de la cachexie aqueuse. La chair des moutons qui la mangent en abondance, acquiert un goût très-agréable.

BOUCAGE. — *Pimpinella*, L.

137. Ce genre a quatre espèces fort intéressantes. Le *boucage à grandes feuilles, pimpinelle, grande saxifrage, grand persil de bouc* (PIMPINELLA MAGNA, L.), est assez commun dans les bois, les buissons, les prairies fraîches des plaines et des montagnes. Il est vivace, et les bestiaux, mais surtout les moutons, le mangent avec plaisir. Cette plante repousse très-bien sous la dent des animaux. Le *boucage saxifrage, pied de bouc, pied de chèvre, petit boucage* (PIMPINELLA SAXIFRAGA, L.) est abondant dans les lieux secs, les côteaux arides, les sols calcaires. Cette espèce fournit aux bêtes à laine une excellente nourriture ; elle produit peu, mais elle végète continuellement. Ce boucage résiste parfaitement à la sécheresse. Le *boucage à feuilles d'angélique* (PIMPINELLA ANGELICÆFOLIA, Lam.) croît dans les bois, au bord des haies, dans les prairies humides, où il couvre parfois des étendues considérables. Il est vivace comme le précédent ; sa feuille est abondante ; il jouit des propriétés du boucage saxifage quand ses tiges et ses feuilles sont jeunes. Le *boucage dioïque* (PIMPINELLA DIOICA, L.) est abondant dans les montagnes de la Provence, du Dauphiné. Cette espèce est mangée par le bétail, malgré sa petitesse.

SELIN. — *Selinum*, L.

138. Toutes les espèces qui appar-

tiennent à ce genre sont vivaces. Les espèces les plus intéressantes sont : Le *selin à feuilles de carvi* (SELINUM CARVIFOLIUM, L.) habite les prés marécageux, les bois humides. Tous les animaux le mangent, mais ils ne le recherchent pas. Le *selin des montagnes* (SELINUM OREOSELINUM, Crantz.) croît dans les bois élevés et les collines incultes. Les vaches recherchent généralement cette espèce, qui convient aussi aux autres animaux. Le *selin des Pyrénées* (SELINUM PYRENÆUM, Gouan.) végète dans les hautes prairies des Pyrénées et des Vosges, et il est aussi consommé par le bétail. Le *selin des marais* (SELINUM PALUSTRE, L.), qui habite les lieux humides des montagnes, les grands marais, sert aussi à la nourriture des vaches.

ANGELIQUE. — *Angelica*, L.

139. Ce genre offre deux espèces fourragères. L'*angélique sauvage* (ANGELICA SYLVESTRIS, L.) est commune dans les prés humides, au bord des bois, des ruisseaux. Cette plante convient à tous les animaux quand elle est jeune. L'*angélique archangélique* (ANGELICA ARCHANGELICA, L.) est aussi vivace. On la rencontre dans les montagnes de la Provence, de l'Alsace, de l'Auvergne et des Alpes. Tous les animaux mangent cette plante avec plaisir ; les vaches la recherchent beaucoup malgré sa saveur amère et son odeur très-aromatique.

PEUCEDANE. — *Peucedanum*, L.

140. La *peucédane parisienne, brise-pierre, perce-pierre, saxifrage des anciens, Silace* (PEUCEDANUM PARISIENSE DC.) est vivace ; on la rencontre dans les prés secs, le bord des haies. Les vaches sont peut-être les seuls animaux qui mangent cette ombellifère. La *peucédane officinale* (PEUCEDANUM OFFICINALE, L.) habite les prés, les bois d'une grande partie de la France ; elle est aussi vivace, et tous les animaux la mangent.

PANAIS CULTIVÉ. — *Pastinaca sativa*, L.

141. Cette ombellifère habite les chemins, le bord des haies, les lieux secs. Les vaches et les chevaux l'aiment beaucoup. Le panais est bisannuel, et on le connaît sous le noms de *pastenade blanche, racine blanche, grand chervi*.

BERCE.—*Heracleum*, L.

142. Les espèces qui appartiennent à ce genre sont très-élevées et ont de larges feuilles. La *berce commune, panais de vache, patte de loup, angélique sauvage, acanthe d'Allemagne* (HERACLEUM SPONDYLIUM, L.), est très-commune dans les prairies humides, les haies. Cette plante fournit à tous les animaux une nourriture abondante et nutritive; elle végète de très-bonne heure au printemps; elle repousse promptement et résiste très bien à la sécheresse. La *berce à feuilles étroites* (HERACLEUM ANGUSTIFOLIUM, L.), qui habite les bois, les prairies des montagnes; la *berce des Pyrénées* (HERACLEUM PYRENAICUM, Lam.), qui croît dans les mêmes lieux, sont aussi consommées par les animaux.

CAUCALIDE. — *Caucalis*, L.

143. Toutes les espèces de ce genre sont annuelles. La *caucalide fausse carotte, gratteau* (CAUCALIS DAUCOIDES, L.), est commune dans les moissons le long des chemins. Cette plante convient à tous les animaux. La *caucalide grandiflore, giroville, persillée* (CAUCALIS GRANDIFLORA, L.), habite les champs argileux, croit dans les moissons. Les animaux s'en nourrissent convenablement quand ses tiges ne sont pas entièrement développées. La *caucalide anthrisque* (CAUCALIS ANTHRISCUS, Willd., TONDYLIUM ANTHRISCUS, L.) est très-commune au bord des chemins, dans les champs cultivés, les lieux incultes. Cette plante convient à tous les animaux; les chevaux la recherchent comme une bonne plante fourragère. La *caucalide nodiflore* (CAUCALIS NODIFLORA, Lam., TONDYLIUM NODOSUM, L.), qui croît le long des chemins, dans les endroits arides; la *caucalide des champs* (CAUCALIS ARVENSIS, Willd.), que l'on rencontre abondamment dans les champs incultes, le bord des haies et des chemins, sur le talus des chemins, sont recherchées des moutons. Toutes ces espèces sont annuelles.

CAROTTE SAUVAGE. — *Daucus carotta*, L.

144. Cette ombellifère est commune dans les prairies sèches, le long des chemins, sur le talus des fossés; elle est bisannuelle, et les bestiaux ne mangent ses feuilles qui sont nutritives, que quand elles sont jeunes. Tous les animaux la refusent quand ses fleurs sont développées.

LASER — *Laserpitium*, L.

145. Ce genre offre deux espèces fourragères. Le *laser à larges feuilles, centaurée blanche, laser d'Hercule, turbith bâtard* (LASERPITIUM LATIFOLIUM, L.), croît dans les lieux élevés, les collines boisées; il est vivace; il plaît aux bêtes à cornes tant qu'il est jeune. Le *laser simple* (LASERPITIUM SIMPLEX, L.) est commun dans les hautes montagnes des Alpes et des Pyrénées; il est recherché des moutons.

ŒTHUSE A FEUILLES CAPILLAIRES. — *Œthusa meum*, Murr.; *Ligusticum capillaceum*, Lamb.

146. Cette plante habite les montagnes des Alpes, des Pyrénées, des Cévennes, des Vosges. Les animaux recherchent beaucoup cette plante qui rend excellent le lait des vaches, quoiqu'elle soit très-âcre; elle est vivace et très-précoce et repousse avec promptitude.

LIVÊCHE MUTELLINE. —*Ligusticum mutellina*, Crantz; *Phellandrium mutellina*, L.; *Œnanthe purpurea*, Lam.

147. Cette ombellifère croît dans les pâturages élevés des Alpes, des Vosges, les prairies de l'Auvergne. Elle convient à tous les animaux.

RENONCULACÉES.

PIGAMON. — *Thalictrum*, L.

148. Ce genre renferme un très-grand nombre d'espèces, dont deux doivent être connues de l'agriculteur. Le *pigamon jaune, rhubarbe des pauvres, rue des prés, rue des chèvres, pied de milan* (THALICTRUM FLAVUM, L.), qui croît dans les prairies basses, le bord des ruisseaux, le *pigamon mineur* THALICTRUM MINUS, L.), que l'on rencontre dans le nord et le midi de la France, sur les prés secs, dans les bois élevés. Les animaux consomment ces plantes, mais ils ne les recherchent pas. Elles sont vivaces.

ANÉMONE PULSATILLE. — *Anemone pulsatilla*, L.

149. Cette espèce est la seule parmi les anémones dont les feuilles sont broutées par les chèvres et les moutons. Les autres animaux dédaignent cette plante qui croît sur les montagnes arides, les champs sablonneux. Cette espèce est vivace, et on la connaît sous les noms de *fleur aux dames, herbe au vent, coquelourde, passe-fleur, coquerelle*.

RENONCULE. —*Ranunculus*, L.

150. La plupart des espèces qui appartiennent à ce genre sont regardées comme nuisibles. Les plantes que l'on doit regarder comme alimentaires sont : la *renoncule ficaire, petite chélidoine, petite éclaire, pissenlit rond, janneau, grenouillette* (RANUNCULUS FICARIA, L.), croît dans les bois ombragée, les lieux humides. Tous les animaux la mangent, mais ils ne la recherchent pas. Cette espèce est très-précoce, et les cochons mangent ses racines avec avidité. La *renoncule âcre, bouton d'or, bassinet des prés, patte de loup, pied de corbin, fleur de beurre* (RANUNCULUS ACRIS, L.), est extrêmement commune dans les prés, pâturages, le bord des chemins. Elle est très-âcre, et cependant les animaux s'en nourrissent à défaut d'autres plantes fourragères. La *renoncule rampante, bassinet rampant, pied de coq, pied de poule* (RANUNCULUS REPENS, L.), est commune dans les prés, le long des haies, des fossés. Cette espèce est alimentaire, et les vaches et les chevaux la mangent avec plaisir. La *renoncule dorée* (RANUNCULUS AURICOMUS, L.) croît dans les prés ombragés, les taillis, les haies. Les bestiaux mangent volontiers cette espèce ; les chevaux sont les seuls animaux qui la refusent. La *renoncule flottante* (RANUNCULUS FLUITANS, L., Lam.) habite les rivières, les eaux courantes peu profondes. Les animaux s'en nourrissent, mais les vaches la recherchent. La *renoncule aquatique, herbe sardonique, mille-feuilles aquatique* (RANUNCULUS AQUATILIS, L.), est commune dans les fossés, les eaux stagnantes ; le cheval la refuse. Les autres animaux la consomment volontiers à défaut d'autre nourriture. La *renoncule des montagnes* (RANUNCULUS MONTANUS, Wild) habite les montagnes calcaires du Dauphiné, les pâturages des Alpes et des Pyrénées. Les chevaux, les moutons, les chèvres la mangent avec avidité. Toutes ces renoncules sont vivaces.

BERBERIDÉES.

ÉPINE-VINETTE, VINETTIER. —*Berberis vulgaris*, L.

151. Cet arbrisseau est commun dans les haies et les buissons. Les bestiaux aiment beaucoup ses feuilles et ses jeunes pousses, qui sont un peu acidules.

FUMARIÉES.

FUMETERRE. — *Fumaria*, L.

152. La *fumeterre officinale, pissesang, fiel de terre, pied de geline*, (FUMARIA OFFICINALIS, L.), est commune dans les champs cultivés, les jardins. Cette plante, malgré sa saveur amère, plaît assez aux vaches et aux moutons. La *fumeterre bulbeuse* (FUMARIA BULBOSA, L.) croît dans les bois, les plaines ombragées, les haies : elle plaît beaucoup aux vaches et aux moutons. Les cochons recherchent ses bulbes. La *fumeterre à pédicelles recourbés* (FUMARIA CAPREOLATA, L.), que l'on rencontre dans les lieux cultivés, dans les champs, les haies; la *fumeterre à petites fleurs* (FUMARIA PARVIFLORA, L.), qui habite les haies, les champs sablonneux, jouissent des propriétés de la fumeterre officinale. La fumeterre bulbeuse est vivace : les autres espèces sont annuelles.

CRUCIFÈRES.

RAIFORT SAUVAGE. — *Raphanus raphanistrum*, L.

153. Cette plante est commune dans les champs cultivés, les moissons ; elle est annuelle, et les vaches la mangent volontiers avant que ses fleurs soient complètement épanouies. Elle est annuelle et on la connaît sous les noms de *ravenelle, ravenaille*.

MOUTARDE. — *Sinapis*.

154. La *moutarde des champs, senevé, sanve, moutarde sauvage, navette des serins, jotte* (SINAPIS ARVENSIS, L.), est commune dans les moissons, les champs et les vignes. Les vaches et les moutons la mangent sans la rechercher ; les oiseaux sont très-friands de ses semences. Elle est annuelle. La *moutarde noire, senevé noir, navasse rouge* (SINAPIS NIGRA, L.), habite les terrains incultes, les chemins, les champs ; elle est commune dans les terrains calcaires

Cette plante est aussi annuelle et elle est recherchée. Les oiseaux sont aussi avides de ses graines. La *moutarde blanche*, *herbe au beurre* (SINAPIS ALBA, L.), habite les lieux cultivés, les champs pierreux du midi, le bord des chemins. Les vaches aiment beaucoup cette plante, qui est annuelle et qui seconde puissamment la sécrétion du lait et la production du beurre.

SISYMBRE. — *Sisymbrium*, L.

155. Ce genre comporte quatorze espèces. Sur ce nombre, trois intéressent le cultivateur. Le *sisymbre cresson*, *cresson de fontaine* (SISYMBRIUM NASTURTIUM, L.), est vivace; il croît dans les ruisseaux et les vaches le consomment ainsi que les moutons, mais ils ne le recherchent pas. Le *sisymbre sauvage* (SISYMBRIUM SYLVESTRE, L.), que l'on trouve dans les lieux sablonneux, près des rivières, le *sisymbre officinal* (SISYMBRIUM OFFICINALE. L.), qui croît dans les lieux incultes, le long des chemins, sont mangés par les vaches et les moutons quand ils sont jeunes. Cette dernière espèce, que l'on nomme *tortelle*, *moutarde des haies*, *herbes aux chantres*, est annuelle ; les autres sont vivaces.

VELAR. — *Erysimum*, L.

156. Le *velar barbarée*, *cresson vivace*, *cresson de terre*. *herbe de Saint-Julien*, *de Sainte-Marguerite*, *de Sainte-Barbe*, *julienne jaune* (ERYSIMUM BARBAREA, L., BARBAREA VULGARIS, R. Brown), est commune dans les prés, les lieux humides ; elle est vivace et très-précoce. Les vaches la broutent. Le *velar alliaire*, *herbe des aulx*, (ERYSIMUM ALLIARIA, L,, HESPERIS ALLIARIA, Pesn.), croît dans les haies, les buissons, les lieux humides et ombragés. Les vaches la mangent quelquefois, quoique ses feuilles exhalent une odeur d'ail très-prononcée.

JULIENNE SAUVAGE. — *Hesperis matronalis*, L.

157. On rencontre cette crucifère dans les haies, les prés humides du midi de la France. Elle est bisannuelle, et les vaches et les moutons la mangent lorsqu'elle est jeune. On la connaît sous les noms de *girarde*, *giroflée des dames*, *cassolette*, *caraflée*, *giroflée musquée*.

CARDAMINE. — *Cardamina*, L.

158. Ce joli genre habite les prairies humides, les lieux marécageux. La *cardamine des prés*, *cresson des prés*, *cresson élégant*, *cressonnette*, *passerage sauvage* (CARDAMINE PRATENSIS, L.), fleurit de très-bonne heure au printemps ; les bestiaux s'en nourrissent bien, mais elle fournit peu. La *cardamine amère* (CARDAMINE AMARA, L.), la *cardamine à petites fleurs* (CARDAMINE PARVIFLORA, L.), la *cardamine impatiente* (CARDAMINA IMPATIENS, L.), sont aussi alimentaires et vivaces.

COCHLEARIA. — *Cochlearia*, L.

159. Ce genre offre une odeur piquante et une saveur âcre. Le *cochléaria d'Armorique*, *cran de Bretagne*, *cranson rustique*, *moutarde des capucins*, *des moines*, *radis de cheval*, *grand raifort*, *faux raifort* (COCHLEARIA ARMORACIA, L.), croît sur le bord des ruisseaux, dans les lieux humides du Dauphiné, du nord de la France. Le bétail consomme volontiers ses feuilles ; ses tiges donnent à la chair et au lait un goût peu agréable. Le *cochléaria d'Angleterre* (COCHLEARIA ANGLICA, L.), qui croît dans la région de l'ouest et du nord, possède les mêmes propriétés. Ces deux espèces sont vivaces.

PASSERAGE A LONGUES FEUILLES. — *Lepidium latifolium*, L.

160. Cette plante croît çà et là dans les lieux humides, les endroits ombragés, le bord des marais salants; elle est vivace. Le bétail s'en nourrit volontiers.

TABOURET. — *Thlaspi*, L.

161. Les tabourets alimentaires sont : le *tabouret bourse à pasteur*, *bourse à berger*, *mouflette* (THLASPI BURSA PASTORIS, L., CAPSELLA BURSA PASTORIS, Vent.), est très-commun dans les lieux cultivés, les chemins. les décombres; il végète en été comme en hiver. Cette plante est très-bonne et les vaches et les moutons la recherchent beaucoup. Le *tabouret des champs* (THLASPI ARVENSE, L.) croît dans les champs sablonneux. Les animaux la mangent, mais ils ne la recherchent pas. Bosc dit que cette espèce donne un mauvais goût à la viande des moutons, au lait, au fromage, au beurre des vaches qui s'en

nourrissent pendant quelques jours. Le *tabouret des montagnes* (THLAPSI MONTANUM, L.) habite les pâturages des montagnes du Dauphiné, des Cévennes, du Jura, et il est consommé assez volontiers par les moutons et les vaches. Cette dernière espèce est vivace; les autres sont annuelles.

PASTEL DES TEINTURIERS. — *Isatis tinctoria*, L.

162. Cette crucifère croît dans les régions méridionales ; on la rencontre sur les coteaux calcaires, les lieux secs; elle est commune à Briançon. Le pastel est très-alimentaire ; il convient aux vaches et surtout aux moutons qui le consomment avec avidité. On connaît cette espèce, qui est bisannuelle, sous les noms de *guéde*, *guesde*, *voriéde*, *herbe de saint Philippe*.

ARABETTE DE THALIE. — *Arabis thaliana*, L.

163. Cette petite plante croît sur les pelouses, dans les prés secs, les lieux sablonneux, le long des chemins; elle est annuelle, et les moutons s'en nourrissent très-bien. Cette plante est trop peu élevée pour qu'elle puisse être consommée par les vaches.

CISTÉES.

HÉLIANTHÈME.—*Hélianthemum*, L.

164. Toutes les espèces de ce genre sont vivaces. L'*hélianthème commun, herbe d'or, fleur du soleil* (HELIANTHEMUM VULGARE. Desf., CISTUS HELIANTHEMUM, L.), croît dans les gazons des montagnes des Alpes, du Dauphiné. Les animaux le mangent avec plaisir, quoique ses feuilles soient généralement dures; il résiste bien à la dent du mouton et à la sécheresse. L'*hélianthème ombellé* (HELIANTHEMUM UMBELLATUM, L.) végète sur les coteaux secs; les animaux broutent assez volontiers ses feuilles et ses jeunes pousses. L'*hélianthème des Apennins* (HELIANTHEMUM APENNINUM, DC.), que l'on rencontre sur les coteaux secs en Anjou, dans le Jura, le Languedoc; l'*hélianthème taché* (HELIANTHEMUM GUTTATUM, Mill.), qui habite les lieux secs et sablonneux surtout des contrées méridionales; l'*hélianthème à feuilles menues* (HELIANTHEMUM FUMANA, Desf.), qui croît sur les coteaux arides, dans les lieux secs, jouissent des propriétés de l'hélianthème ombellé.

HYPÉRICINÉES.

MILLEPERTUIS PERFORÉ, CHASSE-DIABLE HERBE A MILLE TROUS ET AUX PIQURES, — *Hypericum perforatum*, L.

165. Cette plante est très-commune dans les haies, les bois, les chemins, les lieux incultes. Les moutons, les chèvres, et surtout les bœufs et les chevaux mangent cette plante quand elle est jeune. La dureté de ses tiges force les animaux à la refuser quand elle a atteint un développement sensible. La saveur de ce millepertuis est amère et un peu salée.

TILIACÉES.

TILLEUL. — *Tilia*, L.

166. Ce genre offre deux espèces indigènes : le *tilleul des bois* (TILIA EUROPEA, L.), qui croît dans les bois montueux; le *tilleul à petites feuilles* (TILIA MICROPHYLLA, Vent.), qui habite les mêmes lieux. Les feuilles de ces arbres sont nutritives; tous les animaux les mangent avec plaisir. Cependant Linné dit avoir observé qu'elles donnaient une mauvaise qualité au lait. Cette observation n'a pas été confirmée de nos jours.

GÉRANIACÉES.

GÉRANION. — *Geranium*, L.

167. Ce joli genre offre plusieurs espèces alimentaires. Le *géranion sanguin, sanguinaire* (GERANIUM SANGUINEUM, L.), croît dans les bois, les lieux sablonneux, les prés secs; il est vivace et le bétail le mange soit à l'état vert, soit à l'état sec. Le *géranion colombin* (GERANIUM COLUMBINUM, L.) habite les champs sablonneux, les collines, les bois; il est brouté par les chèvres et les moutons, il est annuel. Le *géranion brun* (GERANIUM PHOEUM, L.) est vivace; on le rencontre dans les pâturages, les prairies du Dauphiné, de l'Auvergne, des Vosges. Les bêtes à cornes le consomment sans le rechercher. Le *géranion mou* (GERANIUM MOLLE, L.) est commun dans les lieux secs, le long des chemins, des haies, des champs, dans les terres incultes; il est annuel; les moutons et les chèvres sont les seuls animaux qui s'en nourrissent. Le *géranion des Pyrénées* (GERANIUM PYRENAICUM, croît dans les prairies des montagnes des Pyrénées, des Alpes, de l'Auvergne; il est vivace et les bêtes à cornes le mangent. Le *géranion noueux* (GERANIUM NODO-

sum, **L.**) est vivace et les moutons, les chèvres et les bêtes à cornes le mangent volontiers ; on le rencontre dans les bois des montagnes de la Provence, des Alpes, de l'Auvergne, des Pyrénées.

ÉRODIE A FEUILLES DE CIGUE, BEC DE GRUE. — *Erodium cicutarium*, l'Hérit. ; *Geranium cicutarium*, **L.**

168. Cette plante est très-commune dans les champs et les prés sablonneux, le long des chemins ; elle est annuelle, très-précoce ; les moutons la pâturent avec plaisir ; les vaches en sont friandes.

ACÉRINÉES.

ÉRABLE. — *Acer*, **L.**

169. Ce genre comporte cinq espèces indigènes. L'*érable commun, champêtre auzeraule, bois de poule, petit érable* (ACER CAMPESTRE, **L.**) est commun dans les haies et les bois. L'*érable sycomore* (ACER PSEUDO PLATANUS, **L.**) habite les montagnes du Dauphiné. L'*érable duret* (ACER OPULIFOLIUM, Vill.) croît dans les montagnes, les bois des Alpes et des Pyrénées. L'*érable de Montpellier* (ACER MONSPESSULANUM, **L.**) végète dans les lieux arides et secs du Languedoc, de la Provence. L'*érable plane, faux sycomore* (ACER PLATANOIDES, **L.**), habite les bois montueux de l'Auvergne, des Cévennes, du Dauphiné. Les feuilles de ces divers arbres plaisent beaucoup aux animaux ; elles sont très-alimentaires.

AMPÉLIDÉES.

VIGNE VINIFÈRE. — *Vitis vinifera*, **L.**

170. Cette plante végète spontanément dans les provinces méridionales ; tous les animaux mangent avec avidité ses feuilles et ses jeunes pousses.

OXALIDÉES.

OXALIDE SURELLE. — *Oxalis acetosella*, **L.**

171. Cette jolie petite plante croît dans les bois, les haies, les lieux ombragés des montagnes exposées au nord. Elle est acidule et rafraîchissante ; le bétail la pâture volontiers quand elle est jeune, c'est-à-dire avant la maturation des graines. On connaît cette plante sous les noms d'*oseille à trois feuilles, surelle, trèfle aigre, oseille des bois, herbe de bœuf, alleluia, pain de coucou.*

VIOLACÉES.

VIOLETTE. — *Viola*, **L.**

172. Les espèces qui appartiennent à ce genre sont très-nombreuses. Celles qui intéressent le cultivateur sont : la *violette hérissée* (VIOLA HIRTA, **L.**) croît dans les haies, les prairies sèches, les endroits pierreux ; tous les animaux la mangent. La *violette odorante, jacée de printemps* (VIOLA ODORATA, **L.**), habite les haies, les bois, les taillis, les prés ; le bétail la mange sans la rechercher. La *violette canine, des chiens* (VIOLA CANINA, **L.**), est assez commune dans les bois sablonneux, les landes, les lieux secs, les prairies ; elle est mangée par les vaches, les chèvres et les moutons. La *violette tricolore, jacée tricolore, pensée sauvage, herbe de la Trinité* (VIOLA TRICOLOR, **L.**), est commune dans les champs, les lieux cultivés, les sols sablonneux ; les vaches, les chèvres sont les seuls animaux qui s'en nourrissent. La *violette des Pyrénées* (VIOLA PYRENAICA, DC.) habite les lieux humides des montagnes des Pyrénées, des Alpes de Provence ; les animaux la mangent avec plaisir. La *violette jaune* (VIOLA LUTEA, Huds.) est commune dans les prairies, les pelouses des montagnes du Mont-Dor, du Jura, de l'Ardèche, des Vosges ; elle est broutée par les vaches, les chèvres et les moutons. La violette tricolore est annuelle ; les autres espèces sont vivaces.

CARYOPHYLLÉES.

DIANTHUS. — *Dianthus*, **L.**

173. Les espèces de ce genre sont très-nombreuses, mais peu d'entre elles sont alimentaires et recherchées des animaux. Les espèces que ces derniers consomment, lorsqu'elles sont fraîches et tendres, sont : L'*œillet des chartreux* (DIANTHUS CARTHUSIANORUM, **L.**), que l'on rencontre dans les lieux arides des hautes montagnes des contrées méridionales et que les moutons et les bêtes à cornes mangent volontiers. L'*œillet prolifère* (DIANTHUS PROLIFER, **L.**), qui habite les bois, les champs sablonneux, les coteaux arides ; il est brouté par les vaches, les bœufs et les moutons. L'*œillet velu* (DIANTHUS ARMERIA, **L.**), qui croît dans les haies, les bois, les buissons, les champs arides ; tous les animaux le mangent. L'*œillet superbe* (DIANTHUS SUPERBUS, **L.**), qui végète dans les bois, dans les pâturages ombragés, dans les vallées des montagnes du Jura, du Dauphiné, des Alpes, des Pyrénées, de l'Auvergne; il est mangé par tous les animaux. Toutes ces espèces, à l'exception de l'œillet des chartreux, qui est vivace, sont annuelles.

SAPONAIRE.—*Saponaria*, L.

174. La *saponaire à cinq angles, blé de vaches* (SAPONARIA VACCARIA, L.), croît dans les lieux arides, les champs et les moissons; elle est annuelle: tous les bestiaux la mangent, mais les vaches la recherchent. La *saponaire à feuilles de basilic* (SAPONARIA OCIMOIDES, L), qui habite les Alpes, le Dauphiné et qui est vivace, est aussi mangée par le bétail.

CUCUBALE. — *Cucubalus*. L.

175. La *cucubale béhen* (CUCUBALUS BEHEN, L., SILENE INFLATA, Smith) est commune dans les champs calcaires, les lieux maritimes, les hautes montagnes; elle est vivace, et tous les animaux, mais particulièrement les vaches, la mangent avec plaisir. La *cucubale à petites fleurs* (CUCUBALUS OTITES, L.) est bisannuelle; elle est commune dans les lieux sablonneux et stériles, les sables maritimes. Cette espèce est très-recherchée des moutons; les autres animaux la mangent volontiers.

SILENE.—*Silene*. L.

176. Les espèces de ce genre ont des tiges visqueuses, et cependant elles sont assez recherchées des animaux soit vertes, soit sèches. Les espèces que le cultivateur doit connaître, sont: Le *silène penché* (SILENE NUTANS, L.) croît dans les prés montagneux, les coteaux arides, le bord des bois où il forme de petites touffes; les chevaux, les moutons et les chèvres sont les seuls animaux qui le consomment. Le *silène à cinq taches* (SILENE QUINQUEVULNERA, L.) végète dans les sols sablonneux des provinces du midi, de l'est et du sud-ouest. Cette espèce plaît beaucoup aux chevaux et aux moutons; les vaches et les bœufs la consomment rarement. Le *silène saxifrage* (SILENE SAXIFRAGA, L.) est commun dans les montagnes des Alpes, de Vaucluse, des Cévennes, et il est très-recherché par les chèvres et les moutons. Le *silène d'Angleterre* (SILENE ANGLICA, L.) est assez commun dans les moissons des terres calcaires, les lieux sablonneux; tous les animaux le mangent; les bêtes à cornes sont les seuls animaux qui ne le recherchent

pas. Le *silène à courte tige* (SILENE ACAULIS, L.) habite les pelouses des Alpes, des Pyrénées, des Vosges; les moutons le pâturent avec plaisir. Le *silène armérie* (SILENE ARMERIA, L.) croît dans les lieux arides et pierreux des contrées du midi, dans le Languedoc, la Provence; les chèvres et les moutons l'aiment beaucoup. Les silènes à cinq taches, d'Angleterre, arméries sont annuels; les autres espèces sont vivaces.

LYCHNIDE. — *Lychnis*, L.

177. Ce genre offre deux espèces alimentaires. Le *lychnide visqueux, œillet de janséniste* (LYCHNIS VISCARIA, L.), croît dans les prés secs, les endroits peu couverts, les bois élevés; les moutons l'aiment beaucoup, mais les vaches le refusent. Le *lychnide dioïque, compagnon blanc, œillet de Dieu, passe-fleur sauvage, saponaire blanche* (LYCHNIS DIOÏCA, L.), végète dans les haies, le long des chemins, dans les champs secs; il est mangé par tous les animaux. Ces deux espèces sont vivaces.

SPERGULE. *Spergula*, L.

178. Toutes les espèces qui appartiennent à ce genre sont recherchées des animaux. La *spergule des champs, spargoule, espargoule* (SPERGULA ARVENSIS, L.), est très-commune dans les lieux sablonneux un peu humides; elle convient à tous les animaux; les vaches et les moutons l'aiment beaucoup. Les vaches qui se nourrissent de cette plante donnent beaucoup de lait et du beurre de parfaite qualité. La *spergule à cinq étamines* (SPERGULA PENTENDRA L.), qui croît dans les lieux sablonneux; la *spergule noueuse* (SPERGULA NODOSA, L.). qui habite le bord des ruisseaux, les lieux marécageux; la *spergule en alêne* (SPERGULA SUBULATA, Swartz), que l'on rencontre dans les lieux sablonneux humides; la *spergule glabre* (SPERGULA GLABRA, Wild.), qui végète sur les gazons des montagnes du Dauphiné, de la Provence, quoique plus petites que celle des champs, plaisent aussi aux moutons et aux vaches. La spergule noueuse et celle glabre sont vivaces: les autres sont annuelles.

SABLINE. *Arenaria*, L.

179. Les sablines sont très-petites. Les plus communes et les plus intéressantes, sont: La *sabline rouge* (ARE-

NARIA RUBRA, L.), qui croît dans les prés secs, les lieux sablonneux et arides, les sables maritimes et que les animaux aiment beaucoup. La *sabline marginée* (ARENARIA MARGINATA, DC., ARENARIA MEDIA, L.), qui habite les sables maritimes, les terres salées, et que le bétail consomme volontiers. La *sabline à feuilles de serpolet* (ARENARIA SERPILLIFOLIA, L.), que l'on rencontre dans les terrains pierreux, les sols sablonneux, et que les moutons recherchent beaucoup. La *sabline des moissons* (ARENARIA SEGETALIS, Lam.), qui croît dans les moissons, les terrains sablonneux et qui plaît beaucoup aux moutons. La *sabline à trois fleurs* (ARENARIA TRIFLORA, L), qui habite les sols sablonneux, les gazons des montagnes, et que les moutons consomment avec avidité. Cette espèce est vivace; les autres sont annuelles.

STELLAIRE. — *Stellaria*, L.

180. Ce joli genre offre plusieurs espèces intéressantes. La *stellaire moyenne, mouron des oiseaux* (STELLARIA MEDIA, Smith, ALSINE MEDIA, L.), habite tous les terrains et végète toute l'année; elle est très précoce et tous les animaux, mais principalement les bêtes à cornes, l'aiment beaucoup. La *stellaire holostée, langue d'oiseau* (STELLARIA HOLOSTEA, L.), est très-commune le long des haies, dans les bois et les prairies; elle végète de très-bonne heure au printemps; tous les animaux la mangent avec plaisir, les vaches en sont très-friandes. La *stellaire graminée* (STELLARIA GRAMINEA, L.) croît dans les prés, les haies, les buissons, au bord des bois; tous les animaux s'en nourrissent très-bien. La *stellaire des bois* (STELLARIA NEMORUM, L.) végète dans les bois montagneux, les prairies humides, ombragées; le bétail la mange volontiers. La *stellaire aquatique* (STELLARIA AQUATICA, Poll., LARBREA AQUATICA, Saint-Hilaire) est commune au bord des ruisseaux, des sources, dans les fossés, les marais, où elle forme des touffes très-apparentes que les bœufs et les vaches mangent avec plaisir. Le mouron des oiseaux, la stellaire aquatique, sont annuels; les autres stellaires sont vivaces.

CÉRAISTE. - *Cerastium*, L.

181. Les céraistes sont petits. Le *céraiste commun, mouron d'alouette* (CERASTIUM VULGATUM, L., CERASTIUM

GLOMERATUM, Thuil.), est très commun dans les champs, les lieux sablonneux, le long des chemins; tous les animaux le mangent avec plaisir, et les moutons le recherchent. Le *céraiste des champs* (CERASTIUM ARVENSE, L.) croît dans les sols sablonneux, le long des chemins; le bétail le mange volontiers.

LIN. — *Linum*, L.

182. Le *lin des Alpes* (LINUM ALPINUM, L.) habite les pelouses des Alpes et du Jura, il est vivace et le bétail s'en nourrit volontiers quand il est jeune. Le *lin vivace* (LINUM PERENNE, Will.), qui croît dans les Pyrénées, le Dauphiné; le *lin de montagne* (LINUM MONTANUM, DC.), qui végète dans les hautes montagnes du Dauphiné, du Jura, des Pyrénées, sont aussi vivaces, et ils jouissent des propriétés du précédent.

CRASSULACÉES.

SAXIFRAGE. — *Saxifraga*, L.

183. Les espèces qui appartiennent à ce genre sont peu élevées. La *saxifrage granulée, saxifrage blanche, herbe à la gravelle* (SAXIFRAGA GRANULATA, L.), est vivace; elle habite les lieux secs et arides, les coteaux secs. Le bétail la mange sans la rechercher. La *saxifrage tridactyle* (SAXIFRAGA TRIDACTYLITES, L.), qui croît dans les sols secs et sablonneux et qui est annuelle, la *saxifrage étoilée* (SAXIFRAGA STELLARIS, L.), qui est aussi vivace et que l'on rencontre dans les lieux humides des montagnes, participent des propriétés de la précédente.

DORINE A FEUILLES OPPOSÉES. — *Chrysoplenium oppositifolium*, L.

184. Cette plante, que l'on désigne sous les noms de *cresson doré, hépatique des marais*, croît sur les bords couverts des ruisseaux dans le nord et l'ouest de la France; elle est vivace; le bétail la mange assez volontiers.

ONAGRARIÉES.

ÉPILOBE. — *Epilobium*, L.

185. Les épilobes sont vivaces. Les plus communs sont : l'*épilobe à épis, laurier de saint Antoine, osier fleuri, antonine, herbe de saint Antoine* (EPILOBIUM ANGUSTIFOLIUM, L., EPILOBIUM SPICATUM, Lam.), habite les bois

un peu humides ; les vaches et les chèvres aiment beaucoup ses feuilles lorsqu'elles sont jeunes. L'*épilobe mollet* (EPILOBIUM MOLLE, Pesn., EPILOBIUM PARVIFLORUM, Wilh.) est assez commun dans les lieux humides, le bord des eaux, des étangs, des marais : tous les animaux la consomment avec plaisir. L'*épilobe des montagnes* (EPILOBIUM MONTANUM, L.) est commun dans les lieux boisés, les bois montagneux ; tous les animaux le mangent. L'*épilobe velu* (EPILOBIUM HIRSUTUM, L.) croit sur le bord des eaux, dans les prairies humides ; le bétail s'en nourrit très-volontiers. L'*épilobe à feuilles d'origan* (EPILOBIUM ORIGANIFOLIUM, Lam.) et l'*épilobe des Alpes* (EPILOBIUM ALPINUM, L.), qui végètent sur les Alpes, les Pyrénées, plaisent aussi aux chèvres et aux bêtes à cornes.

CIRCÉE PARISIENNE.—*Circœa lutetiana*, L.

186. Cette plante, que l'on rencontre communément dans les bois et les lieux ombragés et humides, est vivace et assez recherchée des animaux, surtout des moutons. On la connait sous les noms d'*herbe aux sorciers*, *herbe de saint Étienne*, *herbe à la magicienne*.

MACRE, CHATAIGNE D'EAU. — *Trapa natans*, L.

187. Cette plante croit dans les étangs, les eaux stagnantes. Les vaches mangent ses feuilles, qui flottent à la surface des eaux, avec assez de plaisir. On désigne cette plante aquatique sous les noms de *corniole*, *marron d'eau*, *truffe d'eau*, *noix d'eau*, *cornette* ; elle est vivace.

SALICARIÉES.

SALICAIRE. — *Lythrum*, L.

188. La *salicaire commune*, *lysimachie rouge* (LYTHRUM SALICARIA, L.), habite les fossés, les ruisseaux, les prés humides et les endroits frais et ombragés ; elle est vivace ; tous les animaux la mangent ; les moutons la recherchent et l'aiment beaucoup. La *salicaire à feuilles d'hyssope* (LYTHRUM HYSSOPIFOLIUM, L.), qui croit dans les lieux mouillés l'hiver, est aussi consommée par le bétail. Cette dernière espèce est annuelle ; la précédente est vivace.

ROSACEES.

SPIRÉE. — *Spirœa*, L.

189. Ce joli genre offre deux espèces alimentaires. La *spirée ulmaire*, *reine des prés*, *petite barbe de chèvre*, *herbe aux abeilles*, *ormière*, *vignette* (SPIRÆA ULMARIA, L.), végète le long des ruisseaux, dans les prés et les bois humides ; ses feuilles, qui ont une odeur agréable, plaisent beaucoup aux chèvres et aux moutons ; les cochons recherchent ses racines ; les chevaux ne recherchent pas cette rosacée. La *spirée filipendule* (SPIRÆA FILIPENDULA) est vivace comme la précédente ; elle croît en abondance dans les prés, les bois, les endroits secs et sablonneux. Tous les animaux, excepté les chevaux, consomment ses feuilles avec plaisir ; les cochons recherchent les tubercules de ses racines. La *spirée barbe de chèvre*, *épine de bouc* (SPIRÆA ARUNCUS, L.), qui croît abondamment dans les bois montueux et sur les bords des ruisseaux dans les Alpes, les Pyrénées et les Vosges, plaît aussi aux vaches et aux chèvres ; elle est vivace.

BENOITE. — *Geum*, L.

190. Toutes les espèces de ce genre sont vivaces. La *benoîte officinale*, *herbe de saint Benoît*, *herbe bénite*, *sanicle de montagne*, *galiote*, *grippe* (GEUM URBANUM, L.), est très-commune dans les bois, les haies et les lieux ombragés. Les feuilles de cette rosacée plaisent beaucoup aux animaux ; elle active la sécrétion du lait chez les vaches, lorsqu'elles s'en nourrissent. La *benoîte des ruisseaux* (GEUM RIVALE, L.) habite les bords des cours d'eau, les prairies humides des montagnes ; elle jouit des propriétés de la précédente. La *benoîte des montagnes* (GEUM MONTANUM, L.) est assez commune dans les pâturages des hautes montagnes du Dauphiné, des Cévennes, des Pyrénées et des Vosges ; le bétail la mange aussi avec plaisir.

DRYADE A HUIT PÉTALES. — *Dryas octopetala*, L.

191. Cette plante est vivace ; elle habite les montagnes moyennes des Alpes, du Jura, du Dauphiné et des Pyrénées ; les moutons et les chèvres en sont très-friands.

RONCE. — *Rubus*, L.

192. Les ronces sont vivaces. La *ronce arbrisseau*, *mûrier des haies* (RUBUS FRUTICOSUS, L.) est très-commune dans les haies, les buissons et les bois ; ses feuilles, que l'on regarde comme astringentes, sont recherchées des mou-

tons et des chèvres ; les bêtes à cornes les mangent volontiers ; les chevaux y touchent rarement. La *ronce saxatile, ronce des rochers* (RUBUS SAXATILIS, L.), habite les bois montueux du Dauphiné, des Pyrénées, le Ballon des Vosges ; elle convient aux vaches et surtout aux chèvres et aux moutons, qui la consomment avec avidité. La *ronce à fruits bleuâtres* (RUBUS CÆSIUS, L.) est commune le long des haies, aux bords des routes et des eaux ; elle plaît beaucoup aux moutons et aux chèvres.

COMARET DES MARAIS, QUINTE-FEUILLE A FLEURS ROUGES. — *Comarum palustre*, L.

193. Cette rosacée habite les marais et les tourbières ; elle est vivace ; les vaches sont les seuls animaux qui la consomment sans la rechercher.

POTENTILLE. — *Potentilla*, L.

194. Ce genre renferme un grand nombre d'espèces. Les plus intéressantes sont : la *potentille printanière* (POTENTILLA VERNA, L.) est commune sur les pelouses, les coteaux, les montagnes calcaires ; elle végète de très-bonne heure au printemps ; les moutons la pâturent avec plaisir. La *potentille rampante* (POTENTILLA REPTANS, L.) croît abondamment dans les prés, les champs, le bord des chemins et des fossés ; tous les animaux la mangent. La *potentille argentine* (POTENTILLA ANSERINA, L.) habite les lieux secs, les endroits où l'eau séjourne durant l'hiver : le bétail la consomme sans la rechercher. La *potentille ascendante* (POTENTILLA CAULESCENS, L.) est assez abondante sur les rochers et les pelouses du Dauphiné, des Cévennes, des Vosges et des Pyrénées ; elle plaît assez aux moutons. Toutes ces potentilles sont vivaces.

TORMENTILLE DROITE. — *Tormentilla erecta*, L.

195. Cette rosacée est très-commune dans les prés, les pelouses sèches, les bois et le long des chemins ; elle est vivace ; les vaches et les moutons s'en nourrissent ; les cochons sont friands de sa racine, qui est aromatique et astringente.

AIGREMOINE OFFICINALE. — *Agrimonia officinalis*, Lam.

196. Cette plante est commune le long des chemins et des bois, sur les pelouses sèches et dans les haies ; elle est vivace ; elle convient aux moutons et aux chèvres ; les vaches et les chevaux la mangent très rarement : on la connaît sous le nom d'*eupatoire des anciens.*

ALCHIMILLE. — *Alchemilla*, L.

197. Ce genre offre trois espèces alimentaires. L'*alchimille commune, pied de lion, patte de lapin, manteau des dames* (ALCHEMILLA VULGARIS, L.) croît dans les prairies fraîches, les pelouses des montagnes ; elle est vivace ; elle est très-recherchée des animaux ; elle repousse promptement sous la dent du bétail. L'*alchimille des Alpes* (ALCHEMILLA ALPINA, L.) est commune dans les pâturages des Alpes, du Dauphiné et du Jura ; elle est aussi vivace. Cette plante n'est mangée par les bestiaux que lorsqu'ils y sont pressés par la faim. L'*alchimille des champs, perce-pied, petit pied de lion* (ALCHEMILLA ARVENSIS, L) est très-commune dans les champs et les moissons ; elle est annuelle ; les moutons la pâturent avec plaisir.

PIMPRENELLE, BIPINELLE, PETITE PIMPRENELLE DES MONTAGNES.—*Poterium sanguisorba*, L.

198. Cette plante croît dans les terres sablonneuses, les sables maritimes, les sols calcaires et volcaniques ; elle est vivace, résiste bien à la dent du bétail ainsi qu'aux froids et aux sécheresses. Cette plante convient à tous les animaux ; les moutons et les lapins la consomment avec avidité.

SANGUISORBE, GRANDE PIMPRENELLE, PIMPRENELLE DES MONTAGNES. — *Sanguisorba officinalis*, L.

199. Cette plante habite les prés secs et ceux inondés l'hiver, les sols calcaires, silicieux et volcaniques ; elle est vivace ; elle plaît à tous les animaux ; les moutons la recherchent beaucoup. Cette plante repousse promptement sous la dent du bétail et supporte très-bien les grandes chaleurs.

LÉGUMINEUSES.

AJONC D'EUROPE. — *Ulex Europæus*, L.

200. Cette légumineuse dont les tiges et les rameaux sont hérissés d'épines, croît dans les lieux secs, les landes, les bois et les haies, surtout dans l'ouest.

le sud-ouest et le nord : elle est vivace ; tous les animaux mangent avec plaisir les extrémités de ses pousses. On connaît cette plante sous les noms de : *jonc marin, jonc épineux, lande, genêt épineux, landier, sainfoin d'hiver, lande épineuse, vigneau.*

GENÊT. — *Genista*, L.

201. Ce genre ne comporte que des arbrisseaux. Le *genêt à balais* (GENISTA SCOPARIUM, L.), est très-commun dans les champs, les bois et lieux sablonneux du centre, de l'ouest et des Pyrénées ; tous les animaux épointent ses jeunes pousses. Le *genêt d'Espagne, jonc d'Espagne* (GENISTA JUNCEA, L.), habite les lieux arides et montueux du midi ; tous les animaux consomment ses jeunes pousses avec plaisir. Ce bel arbrisseau, quand il forme presque exclusivement la nourriture des moutons et des bêtes à cornes, occasionne chez ces animaux une maladie inflammatoire des voies urinaires. Le *genêt des teinturiers, herbe aux teinturiers, genette, genestrolle* (GENISTA TINCTORIA, L.), végète dans les prés secs, les collines et les rochers. Tous les animaux, mais surtout les chevaux et les moutons le consomment volontiers. Le *genêt velu* (GENISTA PILOSA, L.) est assez commun dans les lieux pierreux et sablonneux, les coteaux secs du centre et de l'est ; tous les bestiaux, mais surtout les moutons, le recherchent beaucoup.

BUGRANE — *Ononis*, L.

202. La *bugrane épineuse, arrête-bœuf, bougrane, herbe à l'âne* (ONONIS SPINOSA, L , ONONIS ARVENSIS, Smith), est commune dans les champs calcaires, les sables maritimes, le bord des chemins. Tous les animaux, excepté le cheval, mangent ses jeunes pousses avec plaisir ; ou regarde ses feuilles comme astringentes. La *bugrane élevée* (ONONIS ALTISSIMA, Lam.) jouit des propriétés de la précédente ; elle est commune dans les montagnes des Pyrénées.

CYTISE. — *Cytisus*, L.

203. Le *cytise faux ébénier, bois de lièvre, ébénier des Alpes, aubour* (CYTISUS LABURNUM, L.), croît dans les bois montueux des Alpes, du Jura, du Lyonnais, des Pyrénées ; les vaches, les moutons et les chèvres broutent volontiers ses feuilles et ses jeunes pousses ; les chevaux les délaissent. Le *cytise velu* (CYTISUS HIRSUTUS, L.) habite les lieux secs, les sols légers des contrées méridionales ; tous les animaux, excepté le cheval, mangent ses feuilles et ses jeunes pousses avec assez de plaisir. Bosc dit qu'elles donnent beaucoup de lait aux chèvres, aux brebis et aux vaches. Le *cytise à feuilles sessiles* (CYTISUS SESSILIFOLIUS, L.), qui croît sur les coteaux secs du midi de la France, participe des propriétés du faux ébénier.

LUZERNE. — *Medicago*, L.

204. Ce genre comporte un grand nombre d'espèces que l'on doit regarder comme d'excellentes plantes de pâturages. La *luzerne lupuline-minette dorée, luzerne houblonnée, bujoline, trèfle noir, mignonnette, trèfle jaune* (MEDICAGO LUPULINA, L.), est bisannuelle ; elle croît dans les lieux arides, les prés, le bord des chemins elle est commune sur les sols calcaires. Cette plante plaît beaucoup aux animaux. La *luzerne faucille, luzerne de Suède, tranche* (MEDICAGO FACCATA, L.), est vivace et habite le long des chemins, les prés secs et les lieux arides et calcaires ; tous les animaux en sont friands. La *luzerne maculée, luzerne tachée* (MEDICAGO MACULATA, Willd.), est annuelle ; elle est commune dans les prés, les champs, le bord des routes de l'ouest, du centre et du midi de la France ; tous les bestiaux la recherchent beaucoup. La *luzerne naine* (MEDICAGO MINIMA, L.) est aussi annuelle ; elle croit dans les lieux sablonneux, les sables maritimes, les pâturages du midi : le bétail la mange volontiers. La *luzerne marine* (MEDIDAGO MARINA, L.) est vivace ; on la rencontre dans les sables maritimes de l'Océan et de la Méditerranée. Cette espèce est recherchée des moutons et des chevaux. La *luzerne à pointes* (MEDICAGO APICULATA, Willd.) est annuelle ; elle est commune dans la Provence, le Languedoc et les provinces de l'ouest ; le bétail s'en nourrit avec plaisir. La *luzerne à écusson* (MEDICAGO SCUTELLATA, All.), qui habite les champs du Dauphiné, de la Provence et du Languedoc ; la *luzerne en toupie* (MEDICAGO TURBINATA, All.), qui croît dans les moissons du midi ; la *luzerne couronnée* (MEDICAGO CORONATA, Lam.), que l'on rencontre dans les champs des contrées méridionales. La *luzerne orbiculaire* (MEDICAGO ORBICULARIS, All.), qui croît en Dauphiné, en Languedoc, en Provence ; la *luzerne de Gérard* (MEDICAGO GERARDI, Willd.), qui végète dans le centre et le midi ; la *luzerne ciliée* (ME-

DICAGO CILIARIS, Willd.), qui habite les champs du midi et les gazons des Pyrénées, plaisent aussi au bétail. Ces dernières espèces sont annuelles et elles fleurissent en mai et juin comme les précédentes. C'est donc depuis le moment où elles commencent à végéter jusqu'à l'instant où leurs fleurs disparaissent, qu'elles sont consommées par animaux. Les espèces vivaces, au contraire, sont pâturées jusqu'au moment où la température, en automne, arrête leur végétation. En général, les luzernes ont une action puissante sur l'abondance et la qualité du lait des vaches, des chèvres et des brebis, et elles sont plus communes dans la région méridionale que dans celle du nord.

TRIGONELLE. — *Trigonella*, L.

205. Toutes les espèces de ce genre sont alimentaires. La *trigonelle fenugrec, foin grec, senne-grain* (TRIGONELLA FOENUM GRÆCUM, L.), croît dans les champs, les lieux cultivés du midi ; les tiges et les feuilles plaisent assez aux animaux ; les chevaux et les bêtes à cornes sont très-friands de ses semences. La *trigonelle de Montpellier* (TRIGONELLA MONSPELIACA, L.) est assez commune dans les lieux secs près Paris et dans les champs sablonneux des contrées méridionales ; tous les animaux s'en nourrissent, mais elle est recherchée par les moutons. Cette espèce a l'odeur de la trigonelle fenugrec. La *trigonelle pied d'oiseau* (TRIGONELLA ORNITHOPODIOIDES, DC., TRIFOLIUM MELILOTUS, L.) végète sur les pelouses, les lieux secs de l'Anjou, de la Normandie, de la Bretagne et des Pyrénées ; le bétail la broute avec plaisir. La *trigonelle en épée* (TRIGONELLA GLADIATA, Stev., TRIGONELLA PROSTATA, DC.) habite les lieux stériles en Provence et Bas-Languedoc ; tous les bestiaux la mangent. Toutes ces légumineuses sont annuelles.

MÉLILOT. — *Melilotus*, Tourn.

206. Ce genre comporte, comme le précédent, des espèces qui répandent des odeurs très-agréables lorsqu'elles sont à moitié sèches ou que leurs tiges et leurs feuilles ont été converties en foin. Le *mélilot officinal, trèfle odorant, mirlilot, trèfle de cheval, couronne royale* (MELILOTUS OFFICINALIS, DC., MELILOTUS ALTISSIMA, Thuil.), est commun dans les bois, les lieux un peu humides, le bord des eaux et la lisière des prés ; elle plaît à tous les animaux ;

les chevaux et les moutons recherchent cette légumineuse, surtout avant sa floraison. Le *mélilot à petites fleurs* (MELILOTUS PARVIFLORA, Desf.) croît dans les champs cultivés, les prés secs et les collines arides et maritimes en Provence, en Languedoc, en Roussillon, en Saintonge et en Bretagne ; il plaît aux chevaux et aux moutons. Ces deux mélilots sont annuels.

TRÈFLE. — *Trifolium*, L.

207. Les trèfles sont des plantes éminemment nutritives ; le sol de France en produit un grand nombre d'espèces. Le *trèfle des prés, tremène, herbe à vache, triolet, trèfle de Normandie, grand trèfle* (TRIFOLIUM PRATENSE. L.), est très-commun dans les prés secs et moyens et les bonnes terres cultivées ; il est vivace et plaît à tous les animaux ; il repousse facilement sous la dent des bêtes bovines. Le *trèfle blanc, petit trèfle blanc, trifollet, trianelle blanche, Fin-Houssy, trèfle rampant,* (TRIFOLIUM REPENS, L.), est vivace ; il est très-commun dans les prés, les chemins et le bord des fossés ; il résiste très-bien aux sécheresses, aux pieds des hommes et aux froids : tous les animaux, mais principalement les moutons le recherchent à cause de l'excellente qualité de son fourrage. Le *trèfle incarnat, farouche, trèfle de Roussillon* (TRIFOLIUM INCARNATUM, L.), est annuel ; il végète dans les prairies et les champs du midi et du centre ; tous les bestiaux le mangent avec plaisir jusqu'à sa floraison. Le *trèfle filiforme, petit tranche* (TRIFOLIUM FILIFORME, L.), est annuel ; il croît abondamment dans les prairies, les pelouses sèches et le bord des chemins ; tous les animaux le pâturent tant qu'il est vert ; ses tiges sont fines et délicates. Le *trèfle fraise, trèfle capiton* (TRIFOLIUM FRAGIFERUM, L.), est commun le long des chemins, sur les pelouses et dans les prés secs ; il repousse facilement, et le bétail le consomme avec avidité ; les moutons l'aiment beaucoup ; il est vivace. Le *trèfle cotonneux* (TRIFOLIUM TOMENTOSUM, L.) est annuel ; il croît dans les prés maritimes des bords de la Méditerranée ; il plaît au bétail. Le *trèfle écumeux* (TRIFOLIUM SPUMOSUM L.) est annuel et assez commun dans les pâturages secs et le bord des champs en Languedoc, Provence, Auvergne et le Lyonnais ; les animaux s'en nourrissent bien. Le *trèfle strié* (TRIFOLIUM STRIATUM, L.) est annuel ; il habite les pelouses, les coteaux ari-

des et le bord des chemins. Ce trèfle est petit ; néanmoins, il plaît beaucoup aux moutons. Le *trèfle maritime* (TRIFOLIUM MARITIMUM, Huds.), est commun dans les prés maritimes de l'Océan et de la Méditerranée. Ce trèfle, qui est vivace et dont les tiges sont élevées, est consommé par tous les animaux. Le *trèfle bardanne* (TRIFOLIUM LAPPACEUM, L.) croît dans les champs et les prés du sud et du sud-est. Cette espèce est consommée avec avantage par tous les animaux, mais particulièrement par les chevaux. Le *trèfle des champs, patte de lièvre* (TRIFOLIUM ARVENSE, L.), est annuel et très-commun dans les champs et les bois sablonneux ; les chèvres et les moutons sont les seuls animaux qui le pâturent avec plaisir et le recherchent. *trèfle jaunâtre* (TRIFOLIUM OCHROLEUCUM, L.), est vivace et assez répandu dans les prés secs, les lieux montueux; tous les bestiaux le recherchent et s'en nourrissent très-bien. Le *trèfle intermédiaire* (TRIFOLIUM MEDIUM, L.) est vivace ; il croît dans les bois, les lieux sablonneux frais ; tous les animaux le mangent avec avidité. Le *trèfle des Basses-Alpes* (TRIFOLIUM ALPESTRE, L.), est vivace ; il est commun sur les coteaux et les montagnes de l'Auvergne, des Alpes et des Pyrénées ; le fourrage qu'il fournit plaît beaucoup au bétail. Le *trèfle rouge* (TRIFOLIUM RUBENS, L.) est vivace ; il habite principalement les contrées du centre et du sud ; il est commun dans les prés et les bois des montagnes des Pyrénées et des Alpes. Ce trèfle résiste très-bien aux grandes chaleurs ; le bétail se nourrit très-bien de ses feuilles et de l'extrémité supérieure de ses tiges ; celles inférieures sont un peu ligneuses. Le *trèfle des Hautes-Alpes, réglisse des Alpes* (TRIFOLIUM ALPINUM, L.), est assez commun dans les pâturages des hautes montagnes des Alpes, des Monts-d'Or, des Cévennes et des Pyrénées ; il est vivace. Ses tiges, quoique peu élevées, forment un abondant pâturage, et elles sont recherchées des animaux ; elles plaisent beaucoup aux vaches. Le *trèfle des montagnes* (TRIFOLIUM MONTANUM, L.), est vivace ; il végète dans les prés montueux, les sols sablonneux, les pelouses sèches ; tous les bestiaux s'en nourrissent très-bien : la partie inférieure des tiges est souvent trop dure pour qu'elle soit consommée. Le *trèfle gazonnant* (TRIFOLIUM CÆSPISTOSUM, Reyn.) est commun dans les prairies des Alpes, du Dauphiné et des Pyrénées. Tous les animaux consomment

cette espèce avec plaisir ; les moutons la recherchent beaucoup ; elle est vivace, peu élevée, mais végète sans cesse. Le *trèfle élégant* (TRIFOLIUM ELEGANS, Savi.) est vivace et abondant dans les prairies, les bois taillis et les pâturages montueux du centre et de l'est de la France ; tous les animaux le recherchent et le mangent avec avidité. Le *trèfle couché, trèfle houblon, petite mignonnette, petit trèfle brun* (TRIFOLIUM PROCUMBENS, L. TRIFOLIUM CAMPESTRE, Schreb.), est annuel ; il croît dans les lieux incultes, le bord des chemins, les champs et les prés secs ; les moutons le pâturent avec avidité malgré sa petitesse. Le *trèfle des campagnes, trèfle jaune, trance* (TRIFOLIUM AGRARIUM, L., TRIFOLIUM AUREUM, Will), est annuel ; il est commun dans les prairies un peu humides, les bois et les vallées ; il est recherché de tous les animaux. Le *trèfle brun* (TRIFOLIUM SPADICEUM, L. végète dans les prairies des hautes montagnes du Dauphiné, de l'Auvergne, du Languedoc et des Pyrénées. Cette espèce est tardive et plaît beaucoup au bétail, surtout aux bêtes ovines ; elle est vivace. Le *trèfle bai* (TRIFOLIUM BADIUM, Schreb.) est commun dans les pâturages et les prairies des hautes montagnes du Dauphiné, des Pyrénées et de la Provence. Tous les animaux, mais particulièrement les moutons, le recherchent.

LOTIER. — *Lotus*, L.

208. Le *lotier corniculé, lotier velu, trèfle cornu, lotier des prés, lotier d'Allemagne, pied de pigeon, pois joli, pied du bon Dieu, petit sabot*, (LOTUS CORNICULATUS, L., LOTUS VILLOSUS, Thuil., LOTUS ARVENSIS, Schk., LOTUS TENUIFOLIUS, Poll.), habite les prés, les coteaux, les pâturages, le bord des chemins ; il est vivace et résiste très-bien aux sécheresses, aux froids et à l'humidité. Cette légumineuse est recherchée de tous les animaux ; c'est une excellente plante de pâturage. Les variations que ce lotier éprouve dans un grand nombre de circonstances, ont porté certaines personnes à admettre ces variétés comme des espèces distinctes du lotier corniculé. C'est pourquoi la synonymie de cette espèce est si considérable. Le *lotier siliqueux* (LOTUS SILIQUOSUS, L., TETRAGONOLOBUS SILIQUOSUS, Roth.), est commun dans les prairies humides du centre et du midi de la France ; elle croît aussi sur les sables maritimes ; le bétail le mange sans le rechercher ; il est vivace. Le

lotier comestible (LOTUS EDULIS, L.) est annuel ; il habite les lieux arides et maritimes en Provence. Le bétail le mange sans le rechercher. Le *lotier faux-cytise* (LOTUS CYTISOIDES, L.) est commun dans les lieux maritimes, en Provence et en Roussillon ; les moutons et les chèvres le recherchent ; les autres animaux le mangent avec plaisir ; il est vivace. Le *lotier pied d'oiseau* (LOTUS ORNITHOPODIOIDES, L.) habite les champs, les lieux arides de la Provence et du Languedoc ; il est consommé assez volontiers par les animaux. Le *lotier à fruits grêles* (LOTUS ANGUSTISSIMUS, L.) est assez commun dans les lieux incultes, les coteaux, les pelouses, les chemins de la Provence, de l'Anjou, de la Bretagne, de la Lorraine ; il est consommé avec avantage par le bétail. Ces deux dernières espèces sont annuelles.

LUPIN. — *Lupinus*, L.

209. Le *lupin bigarré* (LUPINUS VARIUS, L.) croît dans les moissons des contrées méridionales. Cette légumineuse est recherchée des moutons. Le *lupin à feuilles étroites* (LUPINUS ANGUSTIFOLIUS, L.), végète dans les moissons de la Guyenne, du Roussillon et de la Provence ; il plaît aux animaux et surtout aux moutons. Le *lupin jaune* (LUPINUS LUTEUS, L., LUPINUS ODORATUS, Hort.), habite aussi les provinces méridionales ; le bétail le mange sans le rechercher. Ces trois espèces sont annuelles.

ANTHYLLIDE. — *Anthyllis*, L.

210. Ce genre comporte deux espèces alimentaires. L'*anthyllide vulnéraire, vulnéraire des paysans* (ANTHYLLIS VULNERARIA, L.), est commune dans les champs, les pâturages secs, les sols calcaires. Les bêtes bovines, les chèvres et les moutons sont les seuls animaux qui la consomment. L'*anthyllide des montagnes* (ANTHYLLIS MONTANA, L.), habite les lieux montueux du Dauphiné, du Jura et des Pyrénées ; elle jouit des propriétés de la précédente. Cette dernière espèce est vivace ; l'anthyllide vulnéraire est annuelle.

ORNITHOPE. — *Ornithopus*, L.

211. Les ornithopes sont petits. L'*ornithope délicat, pied d'oiseau* (ORNITHOPUS PERPUSILLUS, L.), est commun dans les champs siliceux, les pâturages secs, les moissons ; les chèvres et les moutons l'aiment beaucoup. L'*ornithope rosé* (ORNITHOPUS ROSEUS Duf., ORNITHOPUS SATIVUS, Brot., ORNITHOPUS INTERMEDIUS, Roth), est assez commun dans les champs sablonneux de la Guyenne et de la Bretagne : les moutons le mangent avec plaisir. L'*ornithope comprimé* (ORNITHOPUS COMPRESSUS, L.) est abondant dans les terrains sablonneux de la Provence, du Languedoc, de la Guyenne, de l'Anjou et de la Bretagne. Cette espèce est annuelle comme les précédentes, et les bêtes à laine la pâturent avec avantage.

HIPPOCRÉPIDE EN OMBELLE. — *Hippocrepis comosa*, L.

212. Cette plante est assez commune dans les lieux incultes, les localités calcaires, arides, où elle forme de larges touffes. Tous les animaux la recherchent, surtout le mouton, quand elle est jeune. Après sa floraison, qui a lieu en mai et juin, elle est trop dure pour que le bétail la mange avec plaisir ; elle est vivace.

SAINFOIN. — *Hedysarum*, L.

213. Les espèces que ce genre comporte sont très-alimentaires. Le *sainfoin commun, esparcette, sparcette, herbe éternelle, tête de coq, foin de Bourgogne* (HEDYSARUM ONOBRYCHIS, L., ONOBRYCHIS SATIVA, Lam.), végète dans les champs calcaires, sur les coteaux secs et arides des Alpes et du Dauphiné ; il est vivace et tous les animaux le recherchent. Le *sainfoin des Alpes* (HEDYSARUM OBSCURUM, L.), croît sur les montagnes des Alpes et des Pyrénées ; il est consommé avec plaisir par les animaux. Le *sainfoin couché* (HEDYSARUM SUPINUM, Will.), est commun dans les prés secs et sur le bord des chemins en Dauphiné, en Roussillon, en Languedoc ; il offre à tous les animaux un excellent pâturage. Le *sainfoin des rochers* (HEDYSARUM SAXATILE, L.) habite les rochers, les coteaux pierreux et secs du Dauphiné, de la Provence ; ses tiges et ses feuilles sont recherchées par les animaux. Ces dernières espèces sont aussi vivaces.

CORONILLE NAINE. — *Coronilla minima*, L.

214. Cette plante est vivace ; on la rencontre sur les coteaux secs et pierreux du Centre et surtout du Midi. Les chèvres et les moutons sont les seuls animaux qui la broutent.

VESCE. — *Vicia*, L.

215. Ce genre offre un grand nombre d'espèces. Celles qui intéressent le cultivateur sont : la *vesce cultivée, grand jerzeau, vesce de pigeon, pesette* (VICIA SATIVA, L.), est commune dans les moissons, dans les haies et les buissons ; elle plaît beaucoup à tous les animaux ; elle est annuelle. La *vesce multiflore, jarseau* (VICIA CRACCA, L., VICIA MULTIFLORA, Poll.), est commune dans les champs, les prés frais et les buissons ; elle est vivace ; tous les animaux recherchent cette vesce. La *vesce à feuille de pois* (VICIA PISIFORMIS, L.), est vivace ; on la rencontre dans les prés et les bois de la Provence, de la Bourgogne et de l'Alsace. Cette espèce plaît beaucoup aux animaux et ses tiges sont élevées. La *vesce jaune* (VICIA LATEA, L.) est annuelle ; elle croît le long des chemins, dans les moissons et les haies ; tous les animaux la recherchent. La *vesce hybride* (VICIA HYBRIDA, L.) est annuelle et croît dans les champs arides de l'est, du centre et du midi de la France ; les animaux la mangent avec plaisir. La *vesce fausse gesse* (VICIA LATHYROIDES, L.) croît dans les lieux sablonneux et ombragés, sur les collines arides. Cette espèce, qui est très-hâtive, est mangée avec plaisir par tous les animaux ; elle est annuelle et peu élevée. Bosc dit que les habitants de la Sologne doivent souvent à cette légumineuse la conservation de leurs moutons. La *vesce des haies* (VICIA SEPIUM, L.) croît dans les bois, les haies et les buissons ; elle est vivace, végète de bonne heure au printemps et est consommée avec avantage par tous les bestiaux. La *vesce des buissons* (VICIA DUMETORUM, L.) végète dans les buissons et les bois montueux des Alpes, du Jura et des Pyrénées ; elle est vivace et plaît au bétail. La *vesce de Narbonne* (VICIA NARBONENSIS, L.) habite les champs des provinces méridionales ; elle est bisannuelle, ses tiges sont élevées ; elle plaît beaucoup aux animaux. La *vesce de Hongrie* (VICIA PANNONICA, L.) est commune dans les moissons du midi et du centre de la France ; elle est annuelle. Tous les animaux consomment cette espèce avec plaisir. La *vesce bisannuelle* (VICIA BIENNIS, L.) habite les lieux pierreux des montagnes d'Auvergne et du Haut-Languedoc ; le bétail la recherche beaucoup ; elle est très-rustique.

POIS. — *Pisum*, L.

216. Ce genre n'offre que deux espèces indigènes au sol de la France : le *pois maritime* (PISUM MARITIMUM, L.), qui habite les champs et les moissons de la Provence et de la Picardie, et le *pois ailé* (PISUM OCHRUS, L., LATHYRUS OCHRUS, DC.), qui croît dans les champs et les moissons de la région méridionale. Ces deux espèces sont assez recherchées des animaux. La première espèce est vivace, la seconde est annuelle.

GESSE. — *Lathyrus*, L.

217. Ce genre comporte plusieurs espèces indigènes très-intéressantes. La *gesse cultivée, pois carré, pois de brebis, lentille d'Espagne, pois gras, pois breton, lentille suisse* (LATHYRUS SATIVUS, L.), croît dans les champs de la région méridionale ; elle est annuelle ; les bestiaux la mangent avec plaisir. La *gesse chiche, garousse, jarat, jarosse, petite gesse, petit pois chiche, gessette* (LATHYRUS CICERA, L.), végète dans les champs du midi : elle est annuelle ; elle convient à tous les animaux. La *gesse sans feuilles, pois aux lièvres, reluiseau* (LATHYRUS APHACA, L.), est annuelle ; elle croît dans les moissons et les prés. Tous les bestiaux, surtout les moutons, recherchent cette légumineuse. La *gesse des prés* (LATHYRUS PRATENSIS, L.), est vivace et commune dans les prés, les haies et les buissons ; tous les animaux la consomment avec avidité. La *gesse des bois* (LATHYRUS SYLVESTRIS, L.) habite les bois, les vignes, les prés montueux et les buissons ; elle est vivace. Le bétail la mange sans la rechercher. La *gesse tubéreuse, gland de terre, anette, macusson, arnoute, favouettes, louisette* (LATHYRUS TUBEROSUS, L.), est vivace et croît dans les haies et les champs ; tous les animaux la mangent ; les porcs sont friands de ses tubercules. La *gesse velue* (LATHYRUS HIRSUTUS, L.) est assez commune dans les champs et les moissons ; elle est annuelle et le bétail s'en nourrit très-bien. La *gesse des marais* (LATHYRUS PALUSTRIS, L., OROBUS PALUSTRIS, Rchb.) habite les prés marécageux ; elle est vivace ; tous les animaux la mangent, mais ils ne la recherchent pas. La *gesse à larges feuilles, pois à bouquets, pois vivace, pois éternel, grande gesse* (LATHYRUS LATIFOLIUS, L.), croît dans les haies et les vignes du Midi. Tous les animaux consomment

avec avidité ses tiges et ses feuilles, qui sont hautes et développées tant qu'elles sont fraîches et jeunes. Cette plante est vivace. La *gesse sans vrilles* (LATHYRUS NISOLIA, L.) est assez commune dans les champs pierreux, les buissons, le bord des prés. Cette gesse, qui est annuelle, est très-recherchée des animaux. La *gesse anguleuse* (LATHYRUS ANGULATUS, L.) est commune dans les moissons et les champs arides et sablonneux; elle est annuelle; le bétail la recherche beaucoup.

ASTRAGALE. — *Astragalus*, L.

218. Ce genre n'offre que quatre espèces fourragères réellement intéressantes. L'*astragale pois chiche* (ASTRAGALUS CICER, L.) est vivace; elle croît dans les lieux secs et montueux du Dauphiné, des Alpes et du Jura; tous les animaux la mangent volontiers. L'*astragale esparcette* (ASTRAGALUS ONOBRYCHIS, L.) habite les pâturages des Alpes, de la Provence et du Dauphiné; elle est vivace. Les moutons sont les seuls animaux qui la broutent. L'*astragale de Montpellier* (ASTRAGALUS MONSPESSULANUS, L.) croît sur les coteaux arides du centre et du midi de la France; elle est vivace; les moutons et les chèvres s'en nourrissent très-volontiers. L'*astragale à feuilles de réglisse, fausse réglisse, orglisse, réglisse bâtarde, chasse-vache* (ASTRAGALUS GLYCYPHYLLOS, L.), est aussi vivace; elle est commune dans les haies, les bois, le long des chemins; le bétail ne mange cette espèce qu'à défaut d'autres plantes.

BAGUENAUDIER COMMUN, FAUX SÉNÉ, SÉNÉ D'EUROPE. — *Colutea arborescens*, L.

219. Cet arbrisseau est commun dans les bois, les buissons du Midi. Ses feuilles sont recherchées par les animaux; les moutons en sont très-friands.

ERS. — *Ervum*, L.

220. Les espèces les plus communes de ce genre sont: L'*ers à une fleur* (ERVUM MONANTHOS, L.) croît dans les moissons, les champs du Lyonnais, du Roussillon, de l'Auvergne. Cette espèce est annuelle; tous les animaux la mangent avec avidité. L'*ers ervillier, lentille bâtarde, peselte, lentille ervillière, pois mauresque, faux orobe, arobe, goirils, alliez, eros* (ERVUM ERVILIA, L.), habite les champs, les moissons du Dauphiné et de la Provence; cette plante plaît beaucoup aux animaux, surtout aux moutons. L'*ers velu* (ERVUM HIRSUTUM, L.) est commun dans les moissons, les champs, les bois et les buissons; tous les animaux recherchent cette légumineuse. L'*ers à quatre semences* (ERVUM TETRASPERMUM, L.) est annuel comme les deux précédentes espèces; on le rencontre dans les champs, les moissons, les bois, les buissons; il plaît aussi aux animaux.

OROBE. — *Orobus*, L.

221. L'*orobe tubéreux* (OROBUS TUBEROSUS, L.) est commun dans les bois, les haies, les prairies ombragées. Tous les animaux mangent ses tiges et ses feuilles lorsqu'elles sont vertes; les cochons recherchent ses tubercules. L'*orobe printanier* (OROBUS VERNUS, L.) habite les bois du centre, du midi et de l'est de la France. Cette plante plaît beaucoup au bétail, surtout aux chevaux. L'*orobe jaune* (OROBUS LUTEUS, L.) végète dans les prairies et les bois des montagnes du Dauphiné, de l'Auvergne, de la Provence et des Pyrénées; il est consommé par tous les animaux jusqu'au moment de l'épanouissement de ses fleurs. L'*orobe noir* (OROBUS NIGER, L.) habite les bois et les taillis montueux du centre et de l'est; il plaît beaucoup au bétail. L'*orobe blanc* (OROBUS ALBUS, L.) croît dans les prairies sèches du Dauphiné, de la Provence et de l'Anjou. Tous les animaux recherchent cette plante. Toutes ces espèces sont vivaces.

EUPHORBIACÉES.

MERCURIALE ANNUELLE. — *Mercurialis annua*, L.

222. Cette plante croît dans les lieux cultivés; les vaches, les chèvres et les cochons la mangent très-volontiers. On la connaît sous les noms de *ramberge, ortie bâtarde, vignoble, mercoret, foirande, rambuge, vignette, lusotte, caquenlit, cagarelle*.

RHAMNÉES.

NERPRUN. — *Rhamnus*, L.

223 Le *nerprun purgatif, épine de cerf, noirprun* (RHAMNUS CATHARTICUS, L.), croît dans les bois, les haies; les chèvres, les chevaux et les moutons mangent les feuilles de cet arbrisseau. Le *nerprun bourdaine, bourgène, pouverne, aulne noir, rhubarbe des*

paysans (RHAMNUS FRANGULA , L.), végète dans les haies et les bois ; les vaches et les chèvres mangent volontiers ses feuilles et ses jeunes pousses , l'écorce de cet arbuste est amère.

AMENTACÉES.

ORME COMMUN, ORMEAU, ORMILLE PYRAMIDAL , ARBRE A PAUVRE HOMME. — *Ulmus campestris*, L.

224. Cet arbre croît dans les bois, les haies , les montagnes des Vosges et de l'Auvergne ; les moutons et les chèvres sont très-friands de ses feuilles ; les vaches et les chevaux les consomment aussi.

HÊTRE COMMUN. — *Fagus sylvatica* , L.

225. Cet arbre est commun dans le centre de la France ; tous les animaux recherchent ses feuilles lorsqu'elles sont jeunes ; les moutons et les chèvres en sont très-avides. On connaît le hêtre sous les noms suivants : *fouteau* , *fan* , *foyard*, *faou*.

CHATAIGNIER, CHATAGNE, CASTAGNE. — *Castanea vulgaris*, Lam.

226. Cet arbre croît partout, et surtout sur les sols légers ; tous les animaux mangent ses feuilles et ses pousses quand elles sont jeunes ; les porcs recherchent ses fruits.

CHARME COMMUN, CHARMILLE, CHARPE , CHARPENNE. — *Carpinus betulus*, L.

227. Cet arbre est commun dans les bois et les haies ; tous les animaux consomment ses feuilles ; les vaches en sont friandes.

CHÊNE. — *Quercus*, L.

228. Les chênes indigènes les plus communs sont : le *chêne rouvre*, *chêne à grappes*, *chêne mâle*, *rouve*, *durelin*, *robre* , *roure* , *roble* (QUERCUS ROBUR , L.), est commun dans les bois et les haies ; les bestiaux mangent volontiers ses feuilles lorsqu'elles sont jeunes. Le *chêne à glands sessiles* (QUERCUS SESSILIFLORA, Smith.), le *chêne doux*, *chêne tauzin*, *chêne angoumois* (QUERCUS TAUZA , Bosc ; QUERCUS PUBESCENS , Willd.), le *chêne de Bourgonne* (QUERCUS CERRIS , L.), sont aussi indigènes , et le bétail mange leurs feuilles volontiers ainsi que leurs jeunes pousses. Les

fruits des chênes plaisent beaucoup aux porcs.

AULNE COMMUN , VERGNE , BERGUE , VERNE. — *Alnus glutinosa* , Tourn.

229. Cet arbre se trouve sur le bord des ruisseaux , des rivières ; le bétail consomme ses feuilles. mais il n'y touche que quand il manque d'autre nourriture.

BOULEAU BLANC, BOIS-BALAIS, BROUILLARD. —*Betula alba*, L.

230. Le bouleau croît dans tout le Nord et l'Ouest , et sur les montagnes des Pyrénées et des Alpes. Ses jeunes pousses et ses feuilles plaisent beaucoup à tous les animaux.

PEUPLIER. — *Populus*, L.

231. Le *peuplier blanc* , *blanc de Hollande*, *ypréau*, *obel* (POPULUS ALBA, L.) , habite les bois humides ; les chevaux , les moutons et les chèvres recherchent ses feuilles. Le *peuplier tremble* (POPULUS TREMULA , L.) est commun dans les bois humides ; ses feuilles plaisent beaucoup à tous les animaux. Le *peuplier noir* , *léard* , *peuplier franc* , *Liardier* (POPULUS NIGRA, L.), abonde sur le bord des eaux, dans les haies et les bois ; le bétail mange assez volontiers ses feuilles.

MICOCOULIER AUSTRAL. — *Celtis australis*, L.

232. Cet arbre est commun dans les provinces méridionales ; ses feuilles plaisent beaucoup aux moutons et aux chèvres ; les vaches les mangent aussi. On le connaît sous les noms suivants : *bois de Perpignan* , *frabrecoulier*, *fenabrègue*, *Perpignan*.

SAULE. — *Salix*, L.

233. Ce genre comporte un grand nombre d'espèces. Les plus communes sont : le *saule commun* , *osier blanc* , *plomb blanc*, *sausse* (SALIX ALBA, L.), est très-commun sur le bord des rivières et des ruisseaux ; tous les animaux mangent ses feuilles et ses pousses lorsqu'elles sont jeunes. Le *saule noir* (SALIX CINEREA, L.) abonde dans les haies, sur le bord des eaux ; le bétail mange volontiers ses feuilles. Le *saule marceau*, *boursault marsault* (SALIX CAPREA, L.), est commun dans les haies, les clairières des bois , surtout des sols calcaires ; ses feuilles plaisent beaucoup aux bestiaux. Le *saule pentandre* ou *à feuilles de laurier* (SALIX PENTENDRA , L.) est commun dans la région septentrionale de la France et dans les montagnes élevées des Alpes , des Pyrénées et de l'Auvergne ; ses feuilles sont consommées par le bétail. Le *saule à feuilles longues. osier vert* (SALIX VIMINALIS , L.) croît sur le bord des ruisseaux et des rivières ; les bestiaux mangent volontiers ses feuilles. Le *saule herbacé* (SALIX HERBACEA, L.) est assez commun dans les prairies des hautes montagnes des Alpes et des Pyrénées : il est très-petit ; tous les animaux le recherchent : les moutons et les chèvres l'aiment beaucoup.

CONIFÈRES.

SAPIN ÉPICEA. — *Abies excelsa* , Poir. ; *Pinus abies* , L.

234. Cet arbre croît dans les forêts des Alpes, de l'Auvergne et des Pyrénées ; les moutons broutent volontiers ses feuilles, qui ont, comme toutes celles des crucifères, la propriété de contrarier le développement de la cachexie chez ces animaux. On connaît cet arbre sous les noms suivants : *picea, pesse , pinesse , sapin gentil , sapin à poix , sapin de Norwége.*

PIN MARITIME. — *Pinus maritima,* Mill.

235. Cet arbre est commun dans les landes de Bordeaux et les sables du Mans. Les moutons mangent assez volontiers ses feuilles. On le désigne sous le nom de *pin de Bordeaux.* Les autres espèces jouissent des propriétés de celui-ci , qui est le seul indigène en France.

GENÉVRIER COMMUN. — *Juniperus communis* . L.

236. Ce genévrier est très-commun sur les sols calcaires ; les moutons mangent avec avidité ses jeunes pousses : ses baies sont toniques ; les oiseaux les recherchent beaucoup. Cet arbre est connu sous les noms suivants : *genièvre, petrillot, cade, petrot.*

TABLE ALPHABÉTIQUE

CHAPITRE II.

DES PLANTES NUISIBLES.

Sous la dénomination de plantes nuisibles, je comprends toutes les plantes indigènes qui sont âcres, narcotiques et vénéneuses, végétaux qui déterminent des indispositions, des maladies ou des mortalités.

I. VÉGÉTAUX MONOCOTYLÉDONÉS.

AROIDÉES.

GOUET. — *Arum*, L.

1. Le *gouet serpentaire, serpentaire commune* (ARUM DRACUNCULUS , L.), croît dans les provinces méridionales ;

toute la plante est vénéneuse. *Le gouet maculé, aron, girou, pied de veau, racine amidonnière, bouvet, religieuse, giraude de moine, cornet, baratte* (ARUM MACULATUM, L.., ARUM VULGARE, Lam.), habite les haies, les bois ombragés ; cette plante est vénéneuse ; sa racine, quoique renfermant une fécule alimentaire, a une saveur âcre et piquante, et elle est purgative ; ses feuilles sont aussi âcres, mais cuites elles servent, dans les environs de Vendôme, à engraisser les porcs ; ces deux espèces sont vivaces.

GRAMINÉES.

IVRAIE ZIZANIE , HERBE D'IVROGNE , IVRAIE ANNUELLE. — *Lolium temulentum*, L.

2. Cette ivraie est assez commune dans les moissons ; ses feuilles sont alimentaires, mais ses graines causent aux animaux qui en mangent une certaine quantité, des vertiges, des mouvements convulsifs, des vomissements et la mort.

COLCHICACÉES.

COLCHIQUE D'AUTOMNE. — *Colchicum autumale*, L.

3. Cette plante est commune dans les prairies humides ; elle fleurit vers la fin de l'été ; ses feuilles, qui sont très-larges et apparaissent au printemps, sont vénéneuses et mortelles pour les animaux. Les animaux les consomment quelquefois. M. Ch. Prévost rapporte l'exemple de deux vaches qui furent empoisonnées pour avoir mangé chacune 1 kilog. 500 de feuilles de colchique mélangées avec partie égale de bonne herbe. Cette plante est connue sous les noms suivants : *safran des prés, faux safran, lis vert, safran d'automne, tue-chien, chénarde, voyeute.*

HELLÉBORE BLANC, VARAIRE. — *Veratrum album*. L.

4. Cette vératre est abondante dans les prairies des hautes montagnes des Alpes ; elle est très-irritante et vénéneuse ; elle empoisonne tous les animaux qui s'en nourrissent abondamment ; elle détermine des coliques chez ceux qui n'en consomment que quelques feuilles. Ordinairement le bétail la refuse.

LILIACÉES.

5. Cette famille comprend divers genres comportant des plantes nuisibles aux animaux. Les aulx ont en général une odeur très-forte qui communique au lait et au beurre un goût alliacé très-désagréable ; le bétail les consomme souvent mêlés à d'autres plantes lorsqu'il vit sur des prairies qui en sont infectées. Les espèces les plus communes sont : *l'ail des vignes* (ALLIUM VINEALE, L.), qui croît dans les prés, les vignes et les lieux sablonneux ; *l'ail victorial, ail serpentin, faux nard* (ALLIUM VICTORIALE, L.), qui est assez commun dans les Alpes ; *l'ail des ours* (ALLIUM URSINUM , L.), qui habite les haies et les bois humides : *l'ail anguleux, ail des mulots* (ALLIUM ANGULOSUM, L.), qui croît dans les Alpes du Dauphiné. La *scille d'automne* (SCILLA AUTUMNALIS , L.), que l'on rencontre dans les lieux sablonneux, les coteaux et les prés secs ; les bulbes de cette liliacée sont très-vénéneux ; le bétail consomme bien rarement ses feuilles. La *fritillaire pintade, coccigrolle, damier, tulipe des prés, gorgonne* (FRITILLARIA MELEAGRIS , L.), qui croît dans les prés, les pâturages humides, a des feuilles très-caustiques et un bulbe vénéneux.

NARCISSÉES.

NARCISSE, FAUX NARCISSE. — *Narcissus, pseudo-Narcissus*, L.

6. Cette plante est commune dans les bois et les prairies ; ses feuilles sont irritantes et son bulbe vénéneux ; le bétail refuse ordinairement de la manger. On la connaît sous les noms ci-après : *Narcisse sauvage, Narcisse des prés, Narcisse jaune, porion, Jeannette, marteau, aiault, chaudron.*

NIVÉOLE PRINTANIÈRE. — *Leucoïum vernum*, L.

7. Cette plante croit dans les lieux couverts, les bois et les prés ; le bétail ne la consomme pas ; son bulbe est vénéneux.

IRIDÉES.

8. Cette famille ne comporte pas des plantes alimentaires ; mais elle renferme *l'iris des marais, faux acorus, glaïeul des marais , iris jaune, flambe d'eau, flamme bâtarde* (IRIS PSEUDO-ACORUS, L., IRIS LUTEA, Lam., IRIS PALUDOSA, Pers.), dont la racine est vénéneuse ; le *glaïeul commun, glais, petite flambe, lis de la Saint-Jean* (GLADIOLUS COMMUNIS), dont le bulbe a la même propriété. L'iris des marais est commun dans les marais, les prés marécageux et les fossés ; le glaïeul com-

mun croît abondamment dans les provinces du Midi.

II. VÉGÉTAUX DICOTYLÉDONÉS.

ARISTOLOCHIÉES.

ARISTOLOCHE CLÉMATITE. — *Aristolochia clematatis*, L.

9. Cette plante est commune dans les haies, les lieux pierreux, les endroits sablonneux; elle est vivace. Les feuilles ainsi que la racine ont une odeur forte et une saveur très-âcre et amère ; elles produisent l'empoisonnement. On connaît cette plante sous les noms d'*aristoloche des vignes, aristoloche vulgaire, pommerasse, guillebaude, ratelaire, sarrasine, ratalie.*

ASARET D'EUROPE, CABARET. — *Asarum officinale*, Moench., *Asarum europæum*, L.

10. Cette plante croît dans les bois ombragés du centre et du midi de la France ; elle est vivace, ses tiges et ses feuilles sont âcres et irritantes : elles déterminent des diarrhées et des vomissements qui peuvent occasionner la mort. On désigne cette plante sous les noms de *rondelle, oreille d'homme, nard commun, oreillette, nard sauvage, rondelette.*

THYMÉLÉES.

DAPHNÉ. — *Daphne*, L.

11. Le *daphné lauréole, lauréole mâle, laurier des bois, laurier épurge, laurier purgatif, auriole* (DAPHNE LAUREOLA, L.), habite les haies et les bois, surtout dans les lieux montagneux. Les parties de cet arbrisseau sont très-âcres, très-caustiques et très-purgatives. L'écorce est vésicante. Le *daphné bois gentil, mezéréon, lauréole femelle, bois d'oreilles, joli bois, lauréole* (DAPHNE MEZEREUM, L.), est commun dans les bois des montagnes du centre et du Midi; toutes ses parties sont âcres et caustiques. Le *daphné garou, trintanelle, lin bâtard, sain bois, thymelée à feuilles de lin, garouette* (DAPHNE GNIDIUM, L.), habite les lieux montueux des contrées méridionales ; il jouit des propriétés des précédents. Ces arbrisseaux sont dangereux pour les animaux.

POLYGONÉES.

RENOUEE POIVRÉE. — *Polygonum hydopiper*, L.

12. Cette plante est commune dans les lieux humides, les fossés et les endroits marécageux ; elle est annuelle.

Ses tiges, ses feuilles et ses graines ont une saveur âcre très-prononcée. Le bétail y touche très-rarement. On connaît cette renouée sous les noms de *poivre d'eau, piment brûlant, persicaire brûlante, piment aqualique, persicaire âcre.*

PLOMBAGINÉES.

DENTELAIRE EUROPÉENNE, HERBE AU CANCER, MALHERBE. — *Plumbago europæa*, L.

13. Cette plante, qui croît dans les contrées du Midi, est vivace et sa racine est extrêmement âcre et caustique; elle détermine la mort.

PRIMULACÉES.

CYCLAMEN D'EUROPE, RAVE DE TERRE, PAIN DE POURCEAU. — *Cyclamen europæum*, L.

14. Cette primulacée habite les bois montagneux des provinces méridionales ; sa racine est très-âcre et purgative. On dit que les porcs étaient très-friands de cette partie de la plante, mais, jusqu'à ce jour, ce fait n'a point été confirmé par les observations.

GLOBULARIÉES.

GRASSETTE COMMUNE, LANGUE D'OIE, TUE-BREBIS. — *Pinguicula vulgaris*, L.

15. Cette plante croît dans les marais, les prés humides; elle est vivace; toutes ses parties sont purgatives. Cette grassette est mortelle pour les moutons.

SCROPHULARINÉES.

GRATIOLE OFFICINALE. — *Gratiola officinalis*, L.

16. Cette plante est commune au bord des étangs, des rivières et des marais et dans les prés humides; elle est drastique, très-purgative et occasionne, soit âcre, soit verte, des entérites aux animaux qui la consomment. Cette scrophulaire, qui est vivace, est connue sous les noms de *gratia Dei, herbe au pauvre homme, hysope des haies, séné des prés, petite digitale.*

PÉDICULAIRE. — *Pedicularia*, L.

17. La *pédiculaire des marais, herbe aux poux* (PEDICULARIA PALUSTRIS, L.), qui est commune dans les marais et les sols tourbeux ; la *pédiculaire des bois* (PEDICULARIA SYLVATICA, L.), que l'on rencontre dans les bois et les prés humides, sont irritantes; elles déterminent des pissements de sang et peuvent occasionner la mort. Ces deux espèces sont vivaces.

SOLANÉES.

BELLADONE. — *Atropa belladona*, L.

18. Cette solanée que l'on connaît sous le noms de *morelle furieuse, belle dame, bouton noir,* habite la lisière des bois montueux ; elle est vivace. Cette plante est très-vénéneuse, occasionne le sommeil et la mort.

STRAMOINE. — *Datura*, L.

19. La *stramoine à feuilles sinuées, pomme épineuse, put-put, herbe du diable, herbe des démoniaques, herbe à la taupe, chasse-taupe, pomme de vallée* (DATURA STRAMONIUM, L.), est assez commune dans les décombres, au bord des chemins ; la *stramoine à feuilles dentées* (DATURA TATULA, L.) croît dans les mêmes lieux, mais elle est beaucoup plus rare. Ces deux plantes sont annuelles et très-vénéneuses ; ce sont des poisons dangereux.

JUSQUIAME. — *Hyoscyamus*, L.

20. La *jusquiame noire, herbe aux engelures, mort aux poules, Hannebonne, Hennebane, careillade, porcelet, potelée* (HYOSCYAMUS NIGER, L.), est assez abondante dans les décombres, au bord des chemins. La *jusquiame blanche, fève de porc* (HYOSCYAMUS ALBUS, L.), végète principalement dans les provinces méridionales. Ces deux solanées ont une saveur âcre et une odeur fétide ; elles déterminent des vomissements, des vertiges et la mort ; elles sont bisannuelles.

MORELLE NOIRE. — *Solanum nigrum*, L.

21. Cette plante est commune au bord des chemins, dans les lieux cultivés et les décombres ; elle est annuelle ; ses feuilles sont narcotiques et leur saveur âcre ; ses fruits, comme ceux de la *morelle grimpante* (SOLANUM DULCAMARA, L.), sont vénéneux. On connaît cette morelle sous les noms de *crève-chiens, raisin de loup, morelle, morelle commune.*

APOCYNÉES.

ASCLÉPIADE. — *Asclepias*, L.

22. L'*asclépiade blanche, domptevenin* (ASCLEPIAS VINCETOXICUM, L.), croît dans les lieux pierreux, sur les collines, les roches et les sables maritimes. L'*asclépiade noire* (ESCLEPIAS NIGRUM, L.), est assez commune sur les collines du Midi. Ces deux plantes sont vivaces, et leurs feuilles comme leurs racines, ont une saveur amère et âcre. Les animaux libres de choisir leur nourriture refusent ces végétaux.

NÉRION COMMUN, LAURIER-ROSE, OLÉANDRE, FLEUR DE SAINT-JOSEPH, ROSAGE, LAURELLE, ROSAGINE. — *Nerium oleander*, L.

23. Cet arbuste est commun dans les bois de la Provence ; le suc de ses tiges et de ses feuilles est âcre et caustique ; c'est un poison dangereux.

RHODORACÉES.

ROSAGE FERRUGINEUX, LAURIER ROSE DES ALPES, ROMARIN SAUVAGE. — *Rhododendrum ferrugineum*, L.

24. Cet élégant arbrisseau croît sur le sommet des montagnes des Alpes et des Pyrénées ; ses feuilles et ses bourgeons sont très-vénéneux.

LOBÉLIACÉES.

LOBÉLIE BRULANTE. — *Lobelia urens*, L.

25. Cette plante est commune dans les prés humides du centre, de l'ouest et du sud-ouest de la France ; elle est très-âcre, très-caustique ; c'est un poison dangereux pour le bétail ; elle est annuelle.

OMBELLIFÈRES.

ÉTHUSE PETITE CIGUE. — *Æthusa cinapium*, L.

26. Cette ombellifère est commune dans les lieux cultivés, les bois, les haies et les décombres ; elle est annuelle. Cette plante est vénéneuse et occasionne des vertiges et la mort si elle est consommée en grande quantité ; à petite dose elle empoisonne les oies. On la connaît sous les noms de *persil bâtard, persil de chat, persil de chien, faux persil, ciguë des jardins, ache des chiens, cicutaire folle.*

CIGUE VIREUSE. — *Cicuta virosa*, L. ; *Cicuta aquatica*, Lam.

27. Cette plante croît dans les prés humides, les marais, le bord des étangs et des fossés ; elle est vivace ; c'est un violent poison pour les animaux. Elle est connue sous les noms de *cicutaire aquatique, ciguë d'eau, ciguë des marais, persil des crapauds, persil des fous, ciguë aquatique.*

CIGUE MACULÉE.—*Conium maculatum*, L.

28. Cette ciguë, que l'on appelle *grande ciguë, ciguë d'Athènes, ciguë des anciens, ciguë ordinaire, fenouil sauvage, cambrion*, et qui végète dans les haies, les lieux pierreux et les décombres, est vénéneuse et elle détermine des vertiges, des convulsions et la mort chez les animaux qui s'en nourrissent abondamment. Linné et M. Lecoq ont vu des vaches manger impunément cette plante que l'on regarde comme mortelle pour la plupart des animaux domestiques; cette observation mérite d'être confirmée. Suivant M. Vallot, la grande ciguë tue les cochons, après les avoir rendus enragés, et elle plonge les ânes dans un sommeil très-profond. Cette ombellifère est vivace.

OENANTHE. — *OEnanthe*, L.

29. L'œnanthe safranée, *persil laiteux, pin-pin, pensacre, parsacre* (OENANTHE CROCATA, L.) est vivace : elle croît dans les prairies marécageuses et le bord des ruisseaux. Cette plante est très-vénéneuse ; ses racines que l'on nomme *navette* renferment un suc jaune qui est un poison très-actif : ce liquide existe parfois à la partie inférieure des tiges. L'*œnanthe aquatique, Phellandrie aquatique* (OENANTHE AQUATICA, Lam.; PHELLANDRIUM AQUATICUM, L.), qui est commune dans les fossés, les marais et le bord des étangs, est moins nuisible que la précédente, et les bestiaux, d'après Bosc, en mangent sans inconvénient. Toutefois, si elle était consommée en grande abondance, elle pourrait irriter les organes digestifs et compromettre la vie des bestiaux qui en auraient autant consommé.

BERLE.— *Sium*, L.

30. La *berle à larges feuilles, ache d'eau* (SIUM LATIFOLIUM, L.), est très-commune dans les marais, les prés marécageux ; elle a une odeur forte et une saveur âcre, désagréable ; c'est une plante dangereuse, elle occasionne chez les bestiaux qui s'en nourrissent des vertiges, des convulsions qui sont souvent suivies de la mort. La *berle à feuilles étroites, persil des marais* (SIUM ANGUSTIFOLIUM, L.), qui habite les fossés et les marais, est aussi nuisible que la précédente. M. Vallot dit que cette dernière espèce est dangereuse pour les vaches, surtout après le mois de juillet. Ces deux berles sont vivaces.

RENONCULACÉES.

ACONIT. — *Aconitum*, L.

31. L'aconit napel, *casque, capuchon, fleur en casque, tore, thora, madriette, coqueluchon* (ACONITUM NAPELLUS, L.), habite les endroits ombragés des montagnes des Alpes, des Cévennes et de l'Auvergne ; elle empoisonne le bétail qui s'en nourrit. M. Hugues rapporte que mêlée au foin, dans la proportion d'un douzième, cette renonculacée détermine chez les solipèdes l'ivresse et des contractions spasmodiques L'*aconit tue-loup, étrangle-loup, herbe au loup* (ACONIT LYCOCTONUM, L.), qui croît dans les bois et les prés des montagnes des Alpes, des Pyrénées, de la Provence, du Languedoc et des Vosges ; l'*aconit anthore* (ACONITUM ANTHORA, L.), qui végète sur les rochers abrités des Alpes, du Jura, du Dauphiné et des Pyrénées ; l'*aconit des Pyrénées* (ACONITUM PYRENAICUM, L.), sont aussi très-vénéneuses. Ces diverses espèces sont vivaces.

ANEMONE. — *Anemone*, L.

32. Ce genre offre un grand nombre d'espèces. Les plus communes sont : l'*anémone des bois, sylvie, renoncule des bois, bassinet purpurin, fausse anémone, bassinet blanc* (ANEMONE NEMOROSA L.), est très-commune dans les bois et les prés ombragés ; elle est âcre, irritante, et cause aux ruminants des diarrhées et le pissement de sang ; elle est mortelle pour les bêtes ovines ; l'*anémone des prés* (ANEMONE PRATENSIS, L.), qui végète dans les prés secs de la Provence et de l'Auvergne ; l'*anémone des Alpes* (ANEMONE ALPINA, L.), que l'on rencontre dans les pâturages des Alpes, des Pyrénées, des Cévennes, des Vosges et du Mont-d'Or ; l'*anémone sauvage* (ANEMONE SYLVESTRIS, L.), qui est commune dans les haies et les bois de la Provence, du Dauphiné, de la Lorraine et de l'Alsace, sont aussi nuisibles que l'anémone des bois ; l'*anémone pulsatille* (ANEMONE PULSATILLA, L.) est presque la seule espèce que les moutons et les chèvres broutent. Toutefois, si cette dernière espèce était consommée en grande abondance par ces animaux, elle leur occasionnerait des inflammations intestinales. Toutes ces anémones sont vivaces.

RENONCULE. — *Ranunculus*, L.

33. Les espèces qui appartiennent à ce genre sont très-nombreuses. Celles nuisibles au bétail sont : la *renoncule scélérate*, *grenouillette aquatique*, *herbe sardonique*, *renoncule des marais*, *mort aux vaches* (RANUNCULUS SCELERATUS, L.), croît dans les fossés, les marais, les lieux humides ; elle est vénéneuse et très-dangereuse pour les bœufs, les vaches et les chevaux ; cette espèce n'a aucune action nuisible sur les chèvres et les moutons lorsque ces animaux se contentent de brouter ses feuilles et l'extrémité de ses tiges. Daubenton a cultivé cette renoncule pour l'usage de ses troupeaux ; la *renoncule flammette*, *petite douve*, *petite flamme* (RANUNCULUS FLAMMULA, L.), végète dans les prés humides, les fossés. les lieux marécageux : toutes ses parties sont âcres et caustiques ; c'est un véritable poison pour les animaux, surtout pour les moutons et les chevaux ; la *renoncule thora* (RANUNCULUS THORA, L.), habite les Alpes, les Pyrénées, le Jura et les Vosges : elle est très-vénéneuse. M. Duchesne rapporte que les chasseurs des Alpes trempaient anciennement leurs flèches dans son suc pour tuer les animaux ; la *renoncule âcre* (RANUNCULUS ACRIS, L.), qui est très-commune dans les prairies (Voir *Plantes utiles*, 150), est très-caustique et vésicante, surtout pendant l'hiver, mais elle ne détermine des inflammations mortelles chez les animaux que lorsqu'elle est consommée seule et en grande quantité. Le principe âcre disparaît par la dessication ou l'ébullition dans l'eau. La *renoncule aquatique* (RANUNCULUS AQUATILIS, L.), qui est commune dans les fossés, les eaux stagnantes (Voir *Ib.*), est classée par M. Orfila parmi les poisons âcres, mais elle n'est réellement nuisible aux bestiaux que lorsqu'ils en consomment beaucoup à l'état frais pendant plusieurs jours. Les Alsaciens des bords de l'Ill retirent cette plante de l'eau, la font sécher et la donnent aux vaches. M. Nestler assure qu'elle rend le lait plus abondant et le beurre de meilleure qualité. La *renoncule des champs* (RANUNCULUS ARVENSIS, L.) est commune dans les champs. les moissons ; elle est âcre et corrosive. M. Brugnone a empoisonné des chiens avec le jus de cette espèce, et il a constaté qu'elle développait en peu de temps des coliques et des diarrhées chez les bêtes à cornes. La *renoncule lancéolée*, *grande douve*, *herbe de feu* (RANUNCULUS LINGUA, L.), est assez commune dans les marais, les terrains fangeux ; cette espèce est âcre. irritante, et peut occasionner des inflammations mortelles. La *renoncule à feuilles d'ophioglosse* (RANUNCULUS OPHIOGLOSSIFOLIUS, Will.) habite les lieux humides des contrées du midi et de l'ouest ; elle est âcre, caustique et mortelle pour les animaux. Toutes ces renoncules sont vivaces.

CLÉMATITE. — *Clematis*, L.

34. La *clématite des haies*, *vigne blanche*, *barbe de chèvre*, *vigne de Salomon*, *berceau de la Vierge*, *consolation*, *herbe aux gueux*, *viorne des pauvres*, *vioche*, *marselle* (CLEMATIS VITALBA, L.), est commune dans les haies et les bois ; toutes ses parties sont âcres, irritantes et vésicantes à l'état vert : sèches ou cuites, elles sont alimentaires. Dans le Lyonnais, les populations recueillent cette plante, la font sécher ou cuire, et la donnent aux bestiaux qui la mangent avec plaisir. La *clématite brûlante*, *clématite odorante* (CLEMATIS FLAMMULA, L.), habite les haies de la Provence. Aux environs d'Aigues-Mortes, et depuis Agde jusqu'à Narbonne, les habitants la donnent sèche ou cuite ; les animaux aiment beaucoup ce fourrage. Quand elle est verte ou fraîche, elle est âcre, caustique et vénéneuse. La *clématite droite* (CLEMATIS ERECTA, L.), qui croît dans les lieux incultes du Midi, est aussi nuisible aux animaux lorsqu'elle est verte. Ces trois espèces sont vivaces.

ACTÉE EN ÉPI, HERBE DE SAINT-CHRISTOPHE, CRISTOPHORIANE. — *Actea spicata*, L.

35. Cette renonculacée végète dans les bois montueux, les lieux ombragés des hautes montagnes, est un poison actif ; ses racines sont très-purgatives, et ses baies très-mortelles pour le bétail.

DAUPHINELLE STAPHISAIGRE. — *Delphinium staphisagria*, L.

36. Cette plante, que l'on connaît sous les noms d'*herbe à la pituite*, *herbe pédiculaire*, *herbe aux pouilleux*, croît dans les bois et les lieux incultes de la Provence ; ses graines sont

un poison très-violent. Les animaux ne consomment pas cette plante.

HELLÉBORE, ELLÉBORE. — *Helleborus*, L.

37. *L'hellébore fétide, herbe aux bœufs, herbe du cru, herbe au fi, fève de loup, pas de lion, patte d'ours, pied de griffon, pommelée, pied de lin* (HELLEBORUS FOETIDUS, L.), est commune dans les lieux secs, les pâturages, le long des routes ; elle est dangereuse pour les animaux : elle est irritante et occasionne des diarrhées qui sont souvent mortelles. M. Brugnone assure que cette espèce fait périr tous les ans quelques-uns des poulains qui vont sur les pâturages des Alpes.

D'après M. Magne, l'hellébore ne perd pas, par la dessiccation, ses propriétés malfaisantes ; elle est même plus nuisible sèche qu'à l'état vert. *L'hellébore noire, fleurs de Noel, hellébore à fleurs roses, herbe de feu, rose d'hiver* (HELLEBORUS NIGER, L.), qui croît dans les bois des montagnes des Alpes, de la Provence, du Languedoc et des Pyrénées ; *l'hellébore à feuilles vertes* (HELLEBORUS VIRIDIS, L.), qui croît dans les terrains pierreux des montagnes des mêmes lieux, sont aussi très-vénéneuses et jouissent des mêmes propriétés. Ces plantes sont vivaces.

PAPAVÉRACÉES.

CHÉLIDOINE ÉCLAIRE. — *Chelidonium majus*, L.

38 Cette plante est très-commune dans les haies, les décombres et sur les murs ; elle est vivace. Son odeur est très-forte ; elle contient un suc jaune, âcre, piquant, très-purgatif, qui détermine des irritations quelquefois mortelles. Tous les animaux la dédaignent. On la connaît sous les noms de *grande éclaire, herbe à l'éclaire, grande chélidoine, herbe à l'hirondelle, félongène*.

GLAUCIÈRE JAUNE. — *Glaucium luteum*, Smith.

39. Cette plante croît dans les lieux sablonneux, les graviers des lieux maritimes ; elle est bisannuelle, irritante et peut causer la mort. Le bétail n'y touche pas. On la désigne sous les noms de *pavot cornu, chélidoine cornue*.

PAVOT. — *Pavot*, L.

40. Le *pavot coquelicot, pavot rouge des champs, pavot rouge sauvage, ponceau, coq ponceau, coprose, mahon, moine* (PAPAVER RHOEAS, L.), croît dans les moissons des sols calcaires et des sols maritimes ; il est narcotique et détermine des maladies nerveuses et la mort. D'après M. Gaullet, il n'est dangereux qu'après la formation des capsules ; on doit à ce vétérinaire l'exemple d'un empoisonnement de huit vaches par les tiges de pavot. M. Vallot rapporte qu'il cause la dyssenterie aux chevaux. Le *pavot argémone, pavot à massue* (PAPAVER ARGEMONE, L.), qui végète dans les moissons des sols calcaires et des bords de la mer ; le *pavot douteux* (PAPAVER DUBIUM, L.), qui est commun dans les champs, déterminent aussi des indigestions et des convulsions. Ces diverses plantes narcotiques sont annuelles.

RUTACÉES.

RUE FÉTIDE. — *Ruta graveolens*, L.

41. Cette plante, que l'on connaît sous les noms de *rue commune, rue domestique, rue des jardins, rhue, herbe de grâce*, végète dans les lieux arides et secs du Midi, du Dauphiné et des Pyrénées ; ses feuilles et ses tiges ont une odeur très-forte : leur saveur est âcre et amère ; tous les bestiaux refusent de la consommer. Cette plante vénéneuse est vivace.

REDOUL A FEUILLES DE MYRTE. — *Coriaria myrtifolia*, L.

42. Cet arbuste croît dans les haies de la Provence, des Pyrénées, du Languedoc ; ses feuilles et ses fruits sont très-irritants ; c'est un poison narcotique dangereux. On connaît cet arbrisseau sous les noms de *corroyère, redon, sumac des teinturiers, herbe aux tanneurs*.

CRASSULACÉES.

ORPIN BRULANT. — *Sedum acre*, L.

43. Cette plante est connue sous les noms de *pain d'oiseau, joubarbe âcre, vermiculaire, vermiculaire brûlante, illecebra, marquet, poivre de muraille* ; elle est commune dans les sables arides, sur les murs, les rochers,

les pelouses sèches, les pâturages des hautes montagnes ; ses feuilles ont une saveur âcre, brûlante, et elles sont très-purgatives. Cette crassulée est vivace.

LÉGUMINEUSES.

CORONILLE BIGARRÉE, FAUCILLE, PIED DE GROLLE. — *Coronilla varia*, L.

44. Cette jolie plante est commune dans les lieux secs et arides des contrées calcaires ; elle est vivace. Le bétail ne la consomme pas lorsqu'elle est verte. A cet état, elle est vénéneuse et très-nuisible ; elle produit des tremblements et des convulsions. Sèche, elle perd ses propriétés dangereuses, et les vaches et les moutons la consomment avec plaisir.

GALÉGA, RUE DE CHÈVRES, LAVANÈSE, FAUX INDIGOTIER, HERBE AUX CHÈVRES. — *Galega officinalis*, L.

45. Cette légumineuse habite le long des chemins, des ruisseaux, des buissons et des vignes, dans le centre et le midi de la France ; elle est vivace. Les feuilles de cette plante ont une odeur aromatique, mais leur saveur est âcre ; elles sont sudorifiques. Tous les bestiaux les négligent.

GESSE CHICHE. — *Lathyrus cicera*, L.

46. Cette plante croît dans les champs des contrées méridionales ; elle est annuelle ; ses tiges et ses feuilles sont recherchées des bestiaux, mais ses graines occasionnent aux animaux qui en mangent une diminution du sérum du sang qui est souvent suivie de la mort. On connaît cette gesse sous les noms de *jarosse, jarat, gairoute, gessette, garousse, petite gesse, petit pois chiche*.

TÉRÉBINTHACÉES.

SUMAC. — *Rhus*, L.

47. Le *sumac des corroyeurs, roux, vinaigrier, corroyère* (RHUS CORIARIA, L.), habite les lieux secs et pierreux de la région méridionale ; ses tiges et ses feuilles sont de mauvais aliments ; le *sumac fustet, fustec, arbre à perruques, coquesigrue* (RHUS COTINUS, L.), végète sur les lieux élevés du Roussillon, de la Provence et du Dauphiné ; ses feuilles sont très-nuisibles ; le *sumac arbre à poison, arbre à la puce, herbe à la puce, arbre à la gale* (RHUS TOXICODENDRON, L.), habite en France les bois marécageux de Montaure, près Louviers, où il est commun ; cet arbre est dangereux ; le suc laiteux qu'il contient devient noir lorsqu'il est en contact avec l'air, et il est très-corrosif et vénéneux.

RHAMNÉES.

FUSAIN D'EUROPE. — *Evonymus europœus*, L.

48. Cet arbrisseau est commun dans les bois, les haies, les buissons de la Provence, du Dauphiné, du Bas-Languedoc, etc., etc.; c'est un poison violent pour les chèvres et les brebis : ses fruits sont très-purgatifs et âcres. Linné assure que les bêtes à laine consomment volontiers ses feuilles et ses jeunes pousses : ce fait n'a pas été confirmé. On désigne cet arbuste sous les noms de *bonnet carré, bonnet de prêtre, bois à lardoires, fusain, garais*.

EUPHORBIACÉES.

EUPHORBE, TITHYMALES. — *Euphorbia*, L.

49. Ce genre offre un grand nombre d'espèces qui sont toutes nuisibles aux animaux ; le suc blanc laiteux qu'elles contiennent est âcre, irritant et corrosif. Les espèces les plus communes et les plus dangereuses sont : l'*euphorbe à feuilles de cyprès, petit cyprès, petite ésule, rhubarbe des pauvres* (EUPHORBIA CYPARISSIAS, L.), est vivace ; elle croît dans les lieux stériles, dans les vignes, au bord des chemins ; sa racine est très-purgative ; ses feuilles sont âcres ainsi que sa tige. L'*euphorbe réveille-matin, omblette, lait de couleuvre* (EUPHORBIA HELIOSCOPIA, L.), est commune dans les terres cultivées ; son suc est très-âcre ; elle est annuelle. L'*euphorbe épurge, Catherinette, herbe à l'épurge, catapuce, ginouséle* (EUPHORBIA LATHYRIS, L.), est bisannuelle ; elle habite les haies, les coteaux pierreux et secs des contrées méridionales ; sa racine, ses feuilles et ses graines sont très-purgatives. L'*euphorbe des vignes, petit réveille-matin* (EUPHORBIA PEPLUS, L.), est annuelle : elle croît dans les vignes et les lieux cultivés. Linné et M. Lecoq disent que les chevaux l'aiment beaucoup pendant qu'elle est jeune ; il faut regarder cette assertion comme très-

dubitative, considérer cette euphorbe comme peu favorable à l'existence des chevaux, et la détruire avec soin. Si ces animaux consomment cette espèce, ce n'est que lorsqu'ils sont pressés par la faim. Les autres animaux n'y touchent pas. L'*euphorbe des marais*, *turbith noir, lailusson* (EUPHORBIA PALUSTRIS, L.), est commune dans les marais, les prés humides, le bord des rivières; elle est vivace; elle est purgative et quoique sèche, elle cause la diarrhée aux chevaux. L'*euphorbe ésule, grande ésule* (EUPHORBIA ESULA, L.), est commune au bord des chemins, des haies, dans les lieux incultes et pierreux; elle est vivace; son suc est très-purgatif. Les euphorbes ont une action défavorable sur le lait des vaches qui les mangent; ce liquide devient très-purgatif.

MERCURIALE VIVACE. — *Mercurialis perennis*, L

50. Cette plante croît dans les bois, les haies, les endroits ombragés; elle est commune au printemps; elle détermine la diarrhée, la dyssenterie chez la vache et le cheval; elle est mortelle pour les bêtes à laine. **M.** Magne assure qu'elle convient aux porcs, et que ces animaux peuvent la consommer impunément. Cette observation mérite d'être confirmée. Cette mercuriale est connue sous les noms de *chou de chien, mercuriale des bois, mercuriale sauvage, mercuriale de montagne.*

CONIFÈRES.

IF COMMUN, IFVETEAU. — *Taxus baccata*, L.

51. Les feuilles de cet arbre sont vénéneuses et mortelles pour tous les animaux. Les effets de ce poison se manifestent promptement quand un animal en mange une certaine quantité. J'ai perdu, en quelques heures, une vache qui avait brouté les feuilles d'un if. Cet arbre est commun dans les Alpes, la Provence et le Jura.

TABLE ALPHABÉTIQUE

DES PLANTES MENTIONNÉES DANS CE CHAPITRE.

CHAPITRE III.

DES PATURAGES NATURELS.

Sous le nom de *pâturages naturels*, on désigne des terrains que la charrue ne façonne pas et que certains végétaux couvrent spontanément. Ces lieux herbeux forment donc des pâturages permanents. Je diviserai ces pâturages en trois sections. La première comprendra les landes ; la seconde, les bois ; la troisième, les terrains inaccessibles à la charrue.

PREMIÈRE SECTION.

Des landes ou des bruyères.

Les terrains auxquels on donne le nom de *landes* ou de *bruyères* occupent une étendue considérable dans les provinces du Berri, de la Sologne, de la Bretagne et de la Guienne. Ces contrées, où la bruyère est maîtresse de la surface du sol, sont en général peu fertiles, et elles ont un air de nudité qui attriste le cœur du voyageur. Cette ingratitude de la nature s'identifie-t-elle avec les mœurs et les habitudes des populations de ces provinces ? Si l'on réfléchit et si l'on étudie les habitants des localités où l'agriculture est en pleine voie de prospérité, on est porté à admettre qu'ils sont laborieux, intelligents, et cela parce qu'ils ont été à même, à cause de l'esprit éclairé de leurs ancêtres, de profiter des bienfaits de l'instruction. En est-il ainsi des populations des contrées arides et pauvres ? Évidemment non ! Ainsi, l'habitant de la Sologne qui vit au milieu des bruyères, dont l'habitation est éloignée des villages, est généralement apathique et ignorant, et il n'a pas cette énergie de caractère qui distingue à un si haut point le cultivateur de la Brie et de la Picardie. Il en est de même des populations des landes (Guienne) : celles-ci sont chétives, présentent des signes de vieillesse de très-bonne heure, et elles paraissent presque toujours consommées avant d'avoir pu être utiles. Ce défaut de perfectibilité, sinon de dégénération, présage toujours des animaux particuliers à cause de leur petitesse et souvent de leur chétiveté. L'amoindrissement de ces animaux a pour cause directe l'ingratitude de la couche arable. En effet, le pâturage des landes ou bruyères est fort médiocre. C'est que la couche végétale est formée d'un grand nombre de débris de plantes d'une décomposition lente et d'une acidité extrême ; c'est que le sol repose ordinairement sur des couches imperméables, des argiles presque pures, des bancs de schistes ou d'alios, des couches de sable argileux, ferrugineux, des sous-sols inertes granitiques. La texture du sol et la mauvaise situation de ce dernier doivent être regardées comme très-nuisibles à la vie de beaucoup de végétaux naturels et agricoles. Durant l'hiver, les plantes sont enveloppées d'eau qui rend le sol insalubre ; pendant l'été, au contraire, elles sont pour ainsi dire desséchées et presque entièrement privées d'humidité. Aussi résulte-t-il de ces diverses causes et conditions que les plantes, qui couvrent les sols de landes, sont toujours très-peu nombreuses, et que presque toutes appartiennent à d'autres familles qu'à celle des légumineuses. Ainsi, ces terrains produisent en grande abondance des *ajoncs*, des *bruyères*, et de temps à autre le *genêt anglais* (GENISTA ANGLICA , L.), le *brome pinné* (BROMUS PINNATUS ,), l'*agrostis sétacé* (AGROSTIS CETACEA , Curt.), le *nard roide* (NARDUS STRICTA , L.), la *fétuque à feuilles menues* (FESTUCA TENUIFOLIA , Sibth.), se marient à la fougère.

Néanmoins, malgré leur aridité, ces pâturages nourrissent encore les animaux qui les parcourent. Et si les plantes qui y végètent ne fournissent pas une nourriture d'un ordre supérieur, il faut reconnaître que les bêtes à laine, quoique chétives ou petites et recouvertes d'une laine ordinairement noire et grossière, y acquièrent une chair excellente et parfumée ; que les vaches y donnent un lait remarquable par la grande quantité de parties butireuses qu'il renferme ; que les chevaux s'y entretiennent assez bien, et qu'ils y conservent les qualités qui les distinguent et qui rappellent qu'ils descendent de races nobles. On connaît, en effet, le mérite des vaches bretonnes, des moutons solognotes et berrichons, les qualités et la rusticité des chevaux des landes de l'ouest, et de ceux du Morvan et des Ardennes, localités où la bruyère couvre encore de vastes étendues de terrain.

A vrai dire, le partage des terres de bruyères n'est réellement favorable qu'au printemps, lors de la pousse de la bruyère, et en automne, époque où l'humidité de l'atmosphère vient favoriser de nouveau la végétation d'une herbe fine. A l'été, le pâturage est bien faible, bien triste, et cependant la lande, quoique desséchée par la chaleur solaire, est encore la grande pourvoyeuse.

C'est l'hiver qui est la saison la plus défavorable pour les animaux qui doivent vivre sur les landes. La terre, à cette époque, est froide et humide, la nourriture est mauvaise, ligneuse, fade, et elle ne fait que faciliter l'existence, c'est-à-dire entretenir la vie. Il faut avoir été témoin de ces conditions défavorables pour se faire une idée des difficultés que l'on a à vaincre pour éviter des mortalités ou que les troupeaux ne soient décimés par des maladies.

Le régime nu des landes doit être regardé comme occasionnant presque toujours des pertes lorsqu'on y a recours l'hiver et les premiers jours du printemps, et que l'on abandonne la gardiature des bêtes à laine à des enfants. Le mouton est un animal délicat et assez difficile à entretenir. Lorsqu'il séjourne sur les landes l'hiver au soleil comme à la pluie, la laine se détache, tombe du corps des animaux, la cachexie aqueuse décime le troupeau ; c'est une misère affreuse ! Pour que la lande aide la vie, il faut éviter que le troupeau paisse par un temps humide et qu'il soit conduit sur les endroits marécageux ou couverts d'eau. On évite souvent aussi bien des désastres et des résultats fàcheux, lorsqu'on donne le matin avant le départ pour la lande et le soir après la rentrée, une ration de paille, ou un peu de foin, ou des feuilles sèches. Il faut des circonstances bien diverses pour que la bête à laine résiste au régime nu des landes lorsqu'elle est confiée à de jeunes enfants depuis l'automne jusqu'au printemps, et que son départ pour la lande a lieu avant neuf ou dix heures du matin.

Le pâturage d'été offre toujours moins d'inconvénients. Toutefois, il n'est réellement avantageux aux animaux que lorsqu'on évite de les laisser sur la lande à l'ardeur du soleil depuis dix à onze heures du matin jusqu'à deux ou trois heures du soir. Ce moment de la journée est celui où, en été, les moutons souffrent beaucoup, et cela à cause de l'aridité du sol, de la sécheresse des parties herbacées, de la température des plantes et de celle de l'atmosphère, et de la chaleur solaire. C'est le matin et le soir que les bêtes à laine paissent plus librement, et durant cette saison on ne doit nullement redouter l'influence defavorable des rosées. La rigidité et la sécheresse des parties herbacées des plantes qui composent le pâturage contre-balancent toujours très-avantageusement l'excès d'humidité que les végétaux pourraient supporter avant le lever et après le coucher du soleil.

Toutes choses égales d'ailleurs, le pâturage des landes est généralement d'un ordre si inférieur, qu'il ne peut aider aucune tentative d'amélioration animale ; il ne faut y avoir recours d'une manière continue que pour les bêtes à laine. Ces animaux sont les seuls au moyen desquels on puisse assez fructueusement utiliser la valeur intrinsèque de ces terres arides pendant toute l'année et sans le concours d'autre nourriture.

SECTION II.

Des bois.

Dans les localités où il existe de grandes étendues de bois et où ce dernier est *défensable*, on y conduit des bestiaux soit en vertu du droit territorial, soit en vertu d'un droit de parcours ou d'usage.

Lorsque les essences sont élevées, l'ombre qui favorise la croissance des plantes herbacées les rend insipides et peu nutritives. Ces végétaux présentent ordinairement des tiges grêles, d'un vert pâle et elles sont pour ainsi dire étiolées. Les terrains couverts de taillis ont un avantage sur ceux qui sont peuplés de futaies ; l'herbe qu'offre le sol est toujours moins fade, moins insipide, moins grêle. Cela est si vrai que lorsque les animaux sont abandonnés à eux mêmes au sein d'un bois, ils séjournent rarement sous l'ombrage des grands arbres où la *mercuriale vivace* (MERCURIALIS PERENNIS. L.), l'*anémone des bois* (ANEMONE NEMOROSA, L.), se mêlent aux pâturins, aux fétuques, aux méliques, etc. ; ils recherchent, au contraire, les vides, les clairières, les lisières où l'herbe est plus nutritive à cause de l'influence de la lumière et de la chaleur qui y sont sans cesse vivifiantes.

On ne doit user du pâturage dans les bois que lorsque la pénurie de nourri-

ture y oblige. Les vaches qui pacagent au sein des forêts bien peuplées d'essences feuillues ne sont pas toujours celles qui donnent un lait très-abondant et très-riche. D'un autre côté, il n'est pas bien démontré que les matières fertilisantes qui sont perdues dans ce pâturage, ainsi que les plus forts produits qu'on aurait pu obtenir, ne compensent pas la dépense qu'il aurait fallu faire pour nourrir les animaux sur l'exploitation. C'est principalement dans les localités où le sol est pauvre, où il est couvert d'essences résineuses, qu'on est convaincu des faibles ressources qu'offre communément le pâturage des bois.

Il est bien indispensable, sous le rapport de l'avenir des bois, de n'y conduire les animaux que lorsque les arbres sont défensables. Si les bois sont encore en *défends*, si les plantes qui couvrent la terre ne plaisent aux animaux ou si elles leur font défaut, le bétail vit aux dépens des feuilles, des pousses et des rejets. Les animaux qui broutent les bourgeons, les jeunes pousses, existent presque toujours dans de mauvaises conditions ; ils deviennent faibles, produisent peu, résistent difficilement à de rudes travaux et sont exposés à prendre une phlegmasie, tantôt urinaire, tantôt gastrique, à laquelle on a donné les noms de *maladie de bois*, *mal de brou*. C'est plus particulièrement au printemps que cette maladie présente des caractères fâcheux, qu'elle affecte les animaux. C'est qu'à cette époque les jeunes pousses du chêne, du frêne, du hêtre, sont styptiques, acerbes et très-astringentes pour les tissus organiques animaux. On prévient souvent ces accidents en administrant au bétail, avant son départ pour le bois, un peu de foin ou de très-bonne paille.

Tous les pâturages n'ont pas la même valeur : celle-ci varie selon la nature du sol, les essences dominantes et l'âge du taillis ou de la futaie, c'est-à-dire l'élévation des brins. Le pâturage des terrains peuplés de chêne, de bouleau, d'orme et d'aulne, est assez bon ; les plantes qui végètent à l'ombre de ces essences sont assez élevées et nutritives lorsque le couvert n'est pas complet. Sous les essences résineuses, le pâturage est insignifiant ; les herbes qui couvrent le sol sont dures, sèches et de qualité très-secondaire ; ce pâturage ne convient qu'aux moutons. Le hêtre et le châtaignier ombragent presque entièrement le sol et le pâturage y est tout à fait mauvais. On ne remarque sous ces arbres que des mousses et des lichens ; les plantes appartenant à la classe des plantes utiles y sont très-peu nombreuses.

Tous les bestiaux ne se comportent pas de la même manière au milieu des bois. Les animaux de grande taille, les vaches et les bœufs ne nuisent pas sensiblement à la végétation et à l'avenir des essences si les brins sont âgés, si le bois est défensable. Les chèvres, les moutons et les chevaux font beaucoup de dégâts. Les deux premières espèces broutent sans cesse, c'est-à-dire aussi longtemps que cela leur est possible, les jeunes pousses et les feuilles. Aussi est-ce pour cela que l'art. 78 du code forestier défend à tous usagers, nonobstant titres ou possessions contraires, de conduire ou de faire conduire dans les forêts de l'État, des brebis, des moutons ou des chèvres, à peine contre le propriétaire d'une amende de 4 fr. pour une bête à laine, 8 fr. pour une chèvre, et contre le pâtre ou berger de 15 fr. d'amende. En cas de récidive, ce dernier sera condamné à un emprisonnement de cinq à quinze jours (1).

Tous les bestiaux admis au pâturage doivent, aux termes de l'art. 75 du même code, avoir une clochette au cou, sous peine de 2 fr. d'amende par chaque tête en contravention, et selon l'art. 69, l'administration forestière doit faire connaître chaque année, avant le 1er mars, aux usagers les cantons déclarés défensables et le nombre de têtes qui y seront admises. Tout usager ne peut jouir de ses droits de pâturage ou de panage que pour les bestiaux à son propre usage, et non pour ceux dont il fait commerce, à peine, porte l'art. 70, d'une amende, par chaque tête, de 2 fr. pour un porc, 4 fr. pour une bête à laine, 6 fr. pour un cheval, 8 fr. pour une chèvre, 10 fr. pour un bœuf, une vache ou un veau.

Les porcs font peu de tort aux bourgeons, mais ils s'attaquent généralement aux fruits du chêne, du hêtre et du châtaignier. Toutefois, ils ne peuvent être conduits à la *glandée* (droit de conduire des porcs dans les forêts de l'État) pour qu'ils consomment sur place le gland, que dans les cantons qui auront été déclarés défensables ou désignés

par l'administration forestière, sauf le recours, dit l'art. 67, en conseil de préfecture, et ce nonobstant toute possession contraire. D'après l'art. 66, la durée de la glandée ou *paisson* et du *panage*, ne peut excéder trois mois, à partir de l'époque de l'ouverture qui est toujours fixée par l'administration forestière. Ordinairement la glandée n'est ouverte que depuis le 1er octobre jusqu'au 1er février.

L'époque la plus favorable pour que le pâturage des animaux dans les bois n'entraîne aucun inconvénient, est le printemps lorsque les feuilles sont développées, et la fin de l'été et l'automne lorsque ces organes commencent à jaunir. Il est assez rare que le parcours ait lieu en hiver. Durant l'été, le pâturage n'est pas toujours favorable aux animaux, surtout s'il a lieu pendant les fortes chaleurs. On sait que vers le milieu du jour les mouches sont nombreuses au sein des bois, et qu'elles agitent et tourmentent fortement les animaux. Pendant cette saison, le pâturage n'est réellement avantageux que quand il a lieu le matin et le soir. Alors les bestiaux vivent et pâturent plus librement.

SECTION III.

Des terrains inaccessibles à la charrue.

§ 1. DES MONTAGNES.

Le sommet des hautes montagnes, les lieux escarpés, les endroits où les travaux agricoles ainsi que les transports sont impossibles, sont dévolus au pâturage du bétail. L'herbe qui couvre ces lieux, lorsque la neige a disparu, est toujours peu élevée, mais elle est sapide, nutritive et agréable au bétail. Ces pâturages sont communs dans les montagnes des Alpes, des Pyrénées, des Vosges, du Jura, de l'Auvergne, etc., où l'on nourrit et élève des animaux d'une agilité et d'une vigueur remarquables.

Lorsque ces élévations ne sont pas de nature granitique et qu'elles sont calcaires ou volcaniques, il est assez rare qu'elles ne soient pas couvertes d'une herbe fine, d'un gazon très-touffu. Alors les animaux vivent pendant cinq mois de l'année dans d'excellentes conditions, et les vaches y donnent de très-bons produits. Ce sont ces pâturages qui permettent d'entretenir, dans les montagnes de l'Auvergne, les *burons* où se fabriquent les fromages dits du Cantal, et d'y élever et multiplier la race

---

(1) Nonobstant, la suppression prononcée par cet article du code forestier, du droit de pacage des bêtes à laine dans les forêts, donne lieu à une indemnité en faveur de l'usager, lorsque son droit est fondé sur un titre valable ou une possession équivalent à un titre (Arrêt de la cour de cassation, du 16 janvier, 1841).

de Salers, si renommée pour son aptitude au travail ; de continuer, au sein
des élévations du Jura, la fabrication
des fromages dits de gruyère, de sept-
moncel et vacherins que la Franche-
Comté exporte chaque année en si
grande quantité ; ce sont eux qui assurent, dans les Pyrénées, l'existence des
troupeaux des contrées inférieures ou
du Béarn, du Roussillon, de la Na-
varre et du Languedoc, qui permettent
dans le Dauphiné la transhumance des
troupeaux de la Provence.

Le bétail qui vit et erre pendant la
belle saison sur les plantes des montagnes n'a pas une très-haute stature ;
son corps est trapu, sa taille moyenne,
mais sa poitrine est assez développée.
C'est que l'air pur et vif de ces lieux a
une action puissante sur l'existence de
tous les êtres organisés. En général les
animaux qui naissent et se développent
au sein des montagnes sont robustes,
très-aptes au travail, et leur chair est
ferme et savoureuse. Ces diverses qualités sont caractérisées à un très-haut
degré chez les races auvergnates et li-
mousines.

Les pâturages des plateaux, des terrains horizontaux, sont généralement
plus humides que les versants, et ils
sont souvent envahis par des renoncules, des carex, des liliacées, etc.
Si, au contraire, l'exposition et la direction de la surface de la terre, sont
favorables à l'écoulement des eaux plu-
viales ou de celles qui proviennent de
la fonte des neiges, les légumineuses
se marient plus facilement aux graminées, et le pâturage est mieux fourni et
plus alimentaire. Dans ce dernier cas,
les animaux ont une plus grande taille,
comme sur quelques mamelons jurass-
siens, près de Mouthe ; tandis que sur
la première situation, les environs
de Saint-Laurent-Grandvaux, par
exemple, le bétail y est chétif et mi-
sérable.

Les pâturages des montagnes favorisent l'entretien et l'élevage de la race
bovine avec un grand succès, parce
que la production herbacée est toujours
substantielle et qu'elle suffit très-bien
aux vaches qui habitent les chalets ou
les burons pendant la belle saison dans
les montagnes. Ces animaux sont toujours plus rustiques que ceux qui vivent
et résident dans les vallées ; c'est qu'ils
ont été habitués dès leur jeune âge à
résister aux vicissitudes des saisons si
brusques, si fréquentes parfois dans les
hautes montagnes ; c'est que depuis
leur naissance ils ont vécu constamment
pour ainsi dire d'une herbe nourris-

sante, mais peu élevée, car les montagnes n'offrent souvent au-dessus du roc
qu'une faible épaisseur de terre végétale.

Dans quelques lieux, alors que les
graminées, les légumineuses se mêlent
aux gentianes, aux rosacées, aux polygonées amères et aux labiées, les pâturages sont parfaitement appropriés à
l'existence des bêtes à laine et des
chèvres qui demandent comme la vache, à respirer un air pur et vif pour
exister en parfaite santé.

Les pelouses très-aromatiques jouissent de la propriété d'être très-
salutaires aux individus atteints d'hy-
dropisie, ou ayant un tempérament
lymphatique. Cela est si vrai, que la
pourriture (cachexie aqueuse) qui, chez
les bêtes à laine, est incurable dans la
Provence, dans le Languedoc, le Rouergue, etc., guérit sur les montagnes des
Alpes, de la Haute-Auvergne et les
Pyrénées.

La production herbacée des pâturages aromatiques ne rend pas le lait
des vaches plus butireux, mais elle
augmente la quantité en égard aux
vertus naturelles des animaux, et elle
le rend surtout très-caséeux. Cette modification est très-favorable aux habitants de ces montagnes. On sait qu'il
existe plusieurs sortes de fromage qui
ne peuvent être fabriqués avantageusement qu'avec du lait obtenu au sein de
ces lieux parce qu'ils comportent toujours plus de caséum que de butirum.

Les pâturages des hautes montagnes
qui permettent l'engraissement de la
race bovine, sont peu nombreux ; les
meilleurs et les plus favorables à cette
spéculation existent principalement au
sein des montagnes calcaires et volcaniques.

§ 2. DES MARAIS.

Ces marais, qui existent dans le fond
de larges vallées à surface horizontale,
sont toujours couverts d'une couche
d'eau stagnante plus ou moins épaisse
pendant l'hiver. Cette eau dormante
qui ne disparaît que par l'évaporation,
vers les derniers jours du printemps,
rend le sol peu favorable à l'existence
des bonnes fourragères. Celles qui croissent ordinairement sur les pâturages
marécageux sont aqueuses, dures et de
médiocre qualité. Les plus communes,
et peut-être les plus vigoureuses, sont
les *joncs*, les *prêles*, les *scirpes*, les
laiches, l'*œnanthe*, la *phellandrie*, les
renoncules, que les animaux ne consomment que lorsqu'ils y sont forcés
par la faim.

Le pâturage de ces terrains humides et souvent malsains ne convient qu'aux bêtes à cornes. Les chevaux et les bêtes à laine doivent en être exclus. Les premiers y éprouvent des changements, des modifications organiques très-défavorables ; les secondes y contractent trop aisément la pourriture et souvent y meurent. Les bêtes à cornes, quoique plus rustiques que les chevaux, engraissent mal sur de tels pâturages ; et il faut que la température soit très-convenable durant l'été pour qu'elles quittent ces lieux en bon état, c'est-à-dire avec une peau souple, un poil lisse et exemptes d'affections organiques. Les vaches qui y vivent donnent toujours un lait très-peu butireux ; les bœufs de travail deviennent mous, faibles, peu ardents.

Nonobstant, les pâturages marécageux sont de mauvaises localités pour les animaux. Les rosées qui y sont très-abondantes, les insectes qui y pullulent, l'air qui y est sans cesse vicié par les émanations insalubres et incessantes, rendent les animaux cacochymes, et ces causes et ces corps concourent puissamment à la formation des maladies qui affectent les bestiaux qui vivent et sont élevés dans ces lieux.

Tous les marais ne jouissent pas des défauts qui caractérisent les lieux humides que l'on désigne sous le nom de marais. Il existe des pâturages marécageux qui ne sont couverts, depuis l'automne jusqu'au printemps, que d'une légère couche d'eau résultant des débordements des cours d'eau et des étangs qui les limitent, ou de la grande abondance des pluies, et qui s'évapore ordinairement dès que la température s'élève au printemps, et aussitôt que les fleuves et les rivières rentrent dans leur lit habituel. Cette prompte disparition rend toujours les plantes qui couvrent la superficie de ces marais, moins ligneuses, moins aqueuses, plus salubres, plus nutritives. Aussi se livre-t-on parfois avec succès sur ces terrains à l'élevage de l'espèce bovine, et parfois même à l'embauche et aussi à l'engraissement d'individus destinés à la consommation.

Toutefois, je dirai que ces pâturages sont souvent trop marécageux, trop humides, pour qu'on se livre à la multiplication de l'espèce chevaline. Il faut le concours d'un grand nombre de circonstances pour qu'elle puisse y vivre avec avantage et qu'elle n'y contracte pas de défauts dans les années et les saisons humides et pluvieuses. Lorsque sur de tels pâturages on engraisse des moutons, spéculation qui marche parfois avec promptitude et qui permet de réaliser souvent de grands bénéfices, il est indispensable de les livrer à la consommation dès qu'ils sont gras dans la crainte de les perdre par l'effet de la cachexie aqueuse ou pourriture.

Les pâturages marécageux qui sont situés sur les bords de la mer ont reçu une dénomination spéciale. On les désigne ordinairement sous les noms de *prés salés*, *marais salés*, *pâturages salés*, parce que les plantes qu'ils produisent sont riches en sel marin.

Ces marais n'ont aucun des défauts des pâturages marécageux proprement dits. Les plantes qui les habitent sont toutes des plantes maritimes, et ces végétaux fournissent à tous les animaux une nourriture substantielle et très-agréable. Le bétail qui vit sur ces marais salés est toujours en bonne santé ; il est vif, ardent et s'y engraisse facilement. Les moutons, dits de *prés salés*, qui vivent sur les rives de l'Océan, de la Manche et de la Méditerranée, ont une chair à grains fins, à teinte rosée très-vive, très-parfumée et savoureuse. Les poulains qui habitent les bords de la mer existent aussi dans des conditions favorables ; ils ont beaucoup d'ardeur et d'énergie quoiqu'ils consomment très-peu d'avoine.

CHAPITRE IV.

DES PATURAGES ARTIFICIELS.

On doit comprendre sous la dénomination de *pâturages artificiels* les pâturages que l'homme crée, et qui ne peuvent exister sans son concours ou son travail.

Je diviserai ces pâturages en deux grandes classes :

1° Pâturages artificiels permanent ;

2° Pâturages artificiels temporaires.

PREMIÈRE SECTION.

Des pâturages artificiels permanents.

Ces pâturages ont une durée illimitée ; cette existence dépend toujours de la volonté du cultivateur. Par des soins incessants, ces pâturages peuvent exister un siècle, comme ils peuvent aussi s'anéantir, disparaître, se métamorphoser en pâturages naturels si l'homme les abandonne à eux-mêmes pendant de longues années.

§ 1. DES HERBAGES OU EMBOUCHES.

On donne le nom d'*herbage* ou *pâturage d'engrais* aux prairies qu'on ne fauche que très-rarement et que l'on réserve à l'alimentation du gros bétail destiné à fournir du lait ou à être livré à la consommation après avoir été engraissé.

Ces herbages, ou *prairies-pâturages*, sont situés le long des fleuves, des rivières ou des cours d'eau, ou dans le fond de vallées très-fertiles. On les trouve dans les vallées de la Normandie, de l'Alsace, du Charolais, du Nivernais, etc., et dans la plupart des cas, ils sont divisés et enclos par des haies vives. Ce n'est que çà et là qu'on les rencontre au sein des montagnes volcaniques de l'Auvergne ou granitiques des Vosges ou du Limousin.

La production de ces prairies, sans cesse regainables, est abondante, humide, mais très-nutritive. Les plantes qui la composent sont les meilleures espèces graminées et légumineuses, et presque toujours le sol est tapissé par le *trèfle blanc*, le *poa commun*, le *trèfle jaune* et le *ray-grass*. Aussi en résulte-t-il que les animaux appartenant à l'espèce bovine et ovine s'y engraissent avec succès et promptitude, et constituent une branche spéciale et lucrative.

Le sol des herbages est toujours fertile et il conserve toute l'année, même au sein des jours longs et chauds de l'été, une fraîcheur suffisante à l'existence des plantes. Cette humidité explique pourquoi le cultivateur peut les exploiter comme prairie à faucher et obtenir chaque année plusieurs coupes.

Le pâturage de ces embouches, si simple en apparence, ne peut avoir lieu sans le concours de l'homme. Placés au sein de riches et abondants herbages, les animaux doivent être surveillés du matin au soir, quoique le sol soit parfaitement clos par des fossés, des barrières ou des haies. Trois conditions sont nécessaires pour que l'engraissement marche avec promptitude, pour que la graisse puisse se former, pour que la secrétion du lait soit très-abondante. Ainsi : 1° la tranquillité de l'animal ne doit pas être troublée ; 2° la dépaissance doit avoir lieu en liberté ; 3° l'herbe doit être assez longue pour que l'animal soit promptement rassasié.

Lorsqu'on examine avec attention un bœuf à l'herbage, lorsque l'herbe est en pleine végétation, on reconnaît que lorsqu'il a séparé du sol une ration suffisante de production herbacée, lorsqu'enfin il est rassasié, il cherche à se placer à l'ombre des haies ou des arbres et se couche pour ruminer avec tranquillité. Lorsque l'herbage est dépourvu d'arbres et qu'il est enclos seulement par des monticules de terre ou des barrières, l'animal est mal à l'aise au milieu du jour, sous l'influence d'une chaleur élevée, et l'assimilation des substances nutritives se fait avec difficulté. D'un autre côté, si l'herbe est courte, peu abondante, si la production herbacée n'est pas, quant à son abondance, en rapport avec le nombre de têtes de bétail confinées dans l'herbage, celles-ci ne pouvant être rassasiées promptement errent sur l'embouche, leur tranquillité est troublée, et la formation de la viande et de la graisse marche avec beaucoup de lenteur, avec même trop peu d'activité pour que l'engraissement offre des bénéfices satisfaisants.

Tous les herbages n'ont pas les mêmes propriétés. Les uns sont secs et recouverts d'une herbe fine, nutritive, mais peu abondante ; les autres sont humides et donnent naissance à un pâturage abondant, mais aqueux. On comprend que ces deux productions ne peuvent et ne doivent même pas agir d'une manière semblable sur les animaux.

L'herbe sèche, la plante peu aqueuse, est plus favorable en ce qu'elle est toujours consommée avec plus d'ordre, qu'elle nourrit mieux les animaux et permet à ces derniers de se maintenir dans de meilleures conditions. Un animal qui a vécu dans un embouche sec a toujours plus de prédisposition à résister à l'influence d'une température élevée et prolongée que celui qui a pâturé dans une production herbacée humide. L'herbe aqueuse, abondante, est débilitante, elle peut occasionner des indigestions, des diarrhées, qui retardent toujours l'état d'embonpoint parfait. Ces perturbations intestinales indiquent à l'herbager qu'il est indispensable, au printemps, de faire consommer tout d'abord les herbages secs, pour continuer par ceux qui existent sur des fonds humides ; lorsque le sol ou le gazon résistera aux pieds des animaux.

On se tromperait étrangement si on voulait donner le nom d'embouche ou herbage à toutes les bonnes prairies. Un herbage remplit des conditions que ne peuvent satisfaire en général les prairies, même celles de première classe.

D'abord, une des conditions les plus impérieuses, c'est que l'herbage soit situé dans le fond de vallées fertiles et fraîches, ou qu'il réside sous un climat humide, brumeux, où les hivers ne sont pas très-rigoureux. En second lieu, le sol de l'embouche doit être dans les conditions les plus favorables à la croissance des meilleures plantes fourragères graminées et légumineuses, c'est-à-dire qu'il importe que les eaux ne soient pas stagnantes à la superficie du pâturage, et que même les eaux courantes ne soient point abondantes. Si le sol qui est ordinairement argileux, n'était pas parfaitement égoutté, une humidité surabondante arrêterait la décomposition des matières excrémentitielles et des débris de végétaux, et ces derniers, passant à l'état acide, pourraient altérer les propriétés nutritives de l'herbe. En troisième lieu, l'herbage qui a été enrichi d'une couche très-sensible de matières animales et végétales par une longue suite de parcages, souffre moins des sécheresses de l'été que les prairies existantes sur des fonds fertiles. Enfin les herbages ont toujours une étendue plus petite que les prairies ; ils sont généralement partagés en petits enclos, afin de pouvoir facilement faire consommer aux animaux la plus grande masse de nourriture dans le moindre espace de temps, et qu'il y ait possibilité de les faire successivement passer dans les clos où l'herbe augmente graduellement en quantité et en qualité.

Les herbages ne peuvent être pâturés par tous les animaux. L'animal qui consomme avec le plus de succès la production d'un herbage est le bœuf ou la vache. L'un et l'autre sont peu turbulents, et ils rassemblent avec leur langue les herbes et les séparent convenablement. On sait que ces animaux n'ont point d'incisives à la partie supérieure de la mâchoire. Il n'en est pas ainsi du cheval et du mouton ; ces animaux coupent ou broutent l'herbe rez terre. Mais le cheval est évidemment de tous les animaux domestiques celui qui gaspille le plus d'herbe. Chaque jour on peut constater qu'il en consomme et en perd autant que deux bœufs.

Nonobstant, il est bien rare que le cheval soit destiné à paître les herbages où la production herbue est sans cesse abondante et très-humide. Dans de telles conditions, cet animal prend trop de développement, et il acquiert des défauts qui ont pour cause directe la nature humide de l'herbe et du sol. Lorsqu'un cheval doit vivre dans un herbage abondamment couvert de plantes, il ne peut y entrer que lorsque l'herbe a été déprimée.

Il est des cas, toutefois, où le cheval ne doit pas être regardé comme un animal nuisible. Ainsi, il arrive souvent que les bêtes à cornes refusent ou délaissent au sein de l'herbage certaines productions végétales, parce que les plantes ont végété sur des endroits où des fientes avaient été déposées par des bœufs ou des vaches. Comme le cheval n'éprouve aucun dégoût pour ces plantes, il est aisé de comprendre qu'il peut y avoir avantage, dans cette circonstance, à joindre aux bœufs ou aux vaches une ou deux têtes chevalines. A défaut de chevaux ou de juments, on peut confiner quelques moutons. Ces animaux mangent aussi les herbes délaissées par les bœufs ou les vaches, auxquels on donne le nom de *rebut*, *refus*, *relais*.

§ 2. DES PRAIRIES.

Le pâturage des prairies est considéré par plusieurs cultivateurs comme mauvais. Cette opinion est le résultat de l'abus qu'on en fait parfois. En effet, certains agriculteurs n'ont point égard aux saisons, et dès lors le pâturage a lieu et par un temps sec et par des pluies abondantes. Les inconvénients qui résultent de cet abus sont surtout saisissants dans les prairies où le pâturage est abandonné à d'autres qu'au fermier ou au propriétaire du sol.

Le pâturage des prairies sèches et moyennes peut avoir lieu depuis la récolte jusqu'à la fin de l'hiver. Le sol n'est pas assez humide pour que le pâturage, durant l'automne et l'hiver, puisse présenter des inconvénients. Il n'en est pas de même des prairies irrigables, leur pâturage exige que le cultivateur agisse avec une grande circonspection. Si le pâturage a lieu en automne ou en hiver, les maîtresses rigoles peuvent être détruites, le pied des animaux peut former des cavités nombreuses où l'eau séjournera l'hiver. Cette humidité a deux graves inconvénients. D'abord elle nuit à l'existence de plusieurs bonnes plantes fourragères et les fait disparaître ; ensuite, elle prédispose le sol à produire des joncs, des laiches et certaines autres plantes des terrains humides et aquatiques.

Le pâturage des prairies irriguées n'est avantageux que durant l'été, les premiers jours d'automne, lorsque le sol est sec et que les pieds des animaux de haute stature ne laissent point de trace sur le gazon. On a dit, et plusieurs agriculteurs l'exécutent, que le pâturage des moutons n'avait point d'inconvénient, que les pieds de ces animaux ne formaient pas d'excavations au sein de la couche arable, et que ce piétinement ne déformait pas les rigoles et les canaux d'arrosement et de dessèchement. Je suis loin de partager cette opinion. Selon moi, les moutons ne peuvent pâturer une prairie que lorsque la production est abondante. Si cette dernière est faible, si les plantes ont très-peu d'élévation, les moutons, surtout si ces animaux sont nombreux et s'ils y séjournent longtemps, nuisent beaucoup à l'avenir de l'herbe : j'ai dit précédemment que le mouton broutait l'herbe très-près de terre. Lorsque l'herbe est élevée, le pâturage de ces animaux n'est plus nuisible. C'est que la bête à laine consomme alors l'extrémité des feuilles et des tiges, et ne pâture pas celles-ci jusqu'à la racine.

Le pâturage des prairies a cela d'avantageux qu'il permet au cultivateur, après la faux, durant l'été, l'automne et une partie de l'hiver sur des fonds qui ne sont pas marécageux ou très-humide, d'utiliser la production herbacée trop faible pour être fauchée, et d'éviter parfois la dessiccation toujours difficile des regains, surtout dans les saisons humides.

En général, le pâturage cesse d'avoir lieu après la Chandeleur, le 2 février. Cette époque concorde très-bien avec l'état général de l'atmosphère et la force calorifique des rayons solaires des dernières semaines de l'hiver. C'est à partir de ce moment, en effet, que les plantes naturelles, celles qui peuplent les prairies, commencent à végéter de nouveau. Prolongé au delà de ce terme, le pâturage pourrait beaucoup nuire à la végétation des plantes.

Il est des circonstances, toutefois, où le cultivateur a intérêt à faire pâturer ses prairies dès les premiers jours du printemps. Cette dépaissance est connue sous le nom de *primage, dépri-*

mage ; elle a lieu lorsque le sol est riche et humide, et que l'on craint que les plantes aient une végétation trop prompte, trop forte, qu'elles se renversent sur le sol et qu'elles perdent une partie de leur valeur nutritive. On fait aussi primer une prairie lorsque l'exploitation manque de fourrage vert au printemps, et que l'on spécule sur le lait ou ses produits. Enfin, une prairie peut être déprimée avec avantage quand les plantes dominantes fournissent un foin grossier ou de mauvaise qualité. Ainsi, lorsque la couche végétale est envahie par des plantes très-hâtives qui accomplissent leurs phases de végétation et mûrissent leurs semences avant l'époque de la fauchaison, que la *crête de coq*, l'*oseille vinette*, la *pédiculaire des bois*, etc., nuisent à la végétation des bonnes plantes, parce que ces végétaux sont en très-grand nombre, le déprimage est un moyen très-certain de prévenir leur multiplication, si le cultivateur sait en tirer parti.

Le déprimage n'a pas lieu et ne peut être pratiqué sur des prairies sèches, sur des sols peu fertiles. Si les animaux pâturaient ces prairies dans le mois d'avril, les premiers jours de mai, la production en foin en souffrirait inévitablement. Le sol ici est naturellement trop sec, trop peu humide, sa richesse est trop faible pour qu'il ne souffre pas de la chaleur, et que les plantes arrivent à une élévation satisfaisante pendant le mois de juin. Toutes ces raisons doivent engager le cultivateur à ne déprimer les prairies élevées et peu fertiles que lorsque le printemps sera très-pluvieux et le sol humide. Alors, mais alors seulement, il pourra espérer encore une production herbacée fauchable passable.

SECTION II.

Des pâturages artificiels temporaires.

§ 1. DES LUZERNIÈRES.

La luzerne qui projette ses longues racines au sein du sol et parfois du sous-sol actif, peut être pâturée par tous les animaux. On sait que le collet de cette plante est toujours au-dessous de la superficie de la terre. Cette situation permet donc au mouton et même au cheval de brouter complétement ses tiges sans qu'il en résulte quelque chose de fâcheux pour les récoltes futures.

Considéré sous un autre point de vue, le pâturage des luzernières est excessivement favorable à leur durée, lorsqu'il a lieu pendant l'automne et l'hiver. Durant ces époques, la seule production herbacée qui existe sur la terre est celle des plantes naturelles qui ont végété concurremment avec la luzerne, et qui nuisent à son existence puisqu'elles salissent le sol et l'envahissent. Il suit de là que les animaux qui pâturent sur les prairies artificielles, soit qu'ils appartiennent à l'espèce bovine, soit qu'ils se rattachent à l'espèce ovine, dégarnissent le sol d'une foule de tiges, de feuilles de plantes nuisibles vivaces. Cet enlèvement, par le fait du piétinement des animaux, pourra durcir la superficie de la terre. Le cultivateur ne peut se préoccuper un seul instant de ce plombage : les instruments aratoires dont il dispose lui permettront de détruire cette compacité temporaire, d'ameublir la terre en donnant au printemps suivant un fort hersage. Ces hersages, comme on le sait, contribuent puissamment à activer la végétation de la luzerne lorsqu'ils ont lieu, quand les gelées ne sont plus à craindre. Ainsi donc, le pâturage des luzernières, pendant les derniers jours d'automne, c'est-à-dire après la dernière coupe jusqu'au moment où il importe d'exécuter les cultures d'entretien, n'est point nuisible à cette plante, et procure aux animaux, surtout aux moutons, une bonne nourriture.

Lorsque le moment de faire pâturer une luzernière est arrivé, il est indispensable de surveiller les animaux et de ne point les y conduire de très-bon matin. La luzerne à l'état vert doit être regardée comme une très-bonne nourriture, mais on ne doit pas oublier aussi qu'elle météorise facilement les ruminants lorsque ceux-ci en consomment une quantité très-sensible. Cette plante contient beaucoup d'humidité.

§ 2. DES TRÉFLIÈRES.

Cette plante, dont le collet existe sur la terre, résiste mal à la dent du bétail. Les seuls animaux qui peuvent la pâturer sans trop lui nuire sont les bêtes à cornes. On doit proscrire les moutons, à moins qu'il soit question de défricher la prairie artificielle. Il en est de même de l'espèce chevaline ; on ne doit la laisser pâturer les tréflières que lorsqu'elle est fixée à un piquet ou que la production herbacée est un peu élevée.

Le pâturage que fournit le trèfle est excellent ; il plaît beaucoup à tous les animaux. Toutefois, comme cette plante contient beaucoup d'eau, il faut ne pas y laisser entièrement séjourner le bétail, à moins que le trèfle soit âgé ou que la production herbue soit très-faible. Lorsque les tiges sont élevées, les animaux en gaspillent considérablement par leurs pieds, et, comme ce fourrage leur plaît, ils peuvent en consommer beaucoup et être météorisés. De tous les pâturages, il n'en est aucun qui demande plus d'attention, plus de surveillance que celui du trèfle. On évitera souvent des tympanites en donnant le matin, avant le départ pour le pâturage, des substances sèches absorbantes, telles que paille, foin, son, feuillée, etc. Ces matières qui s'accumulent dans le rumen pompent une partie notable de l'eau du trèfle.

Les chevaux ne sont pas, comme les bêtes à laine et les bêtes à cornes, sujets à la météorisation, et sous ce rapport, ils demandent moins de surveillance. Cependant, on ne saurait les abandonner complètement à eux-mêmes sur une tréflière. Le cheval, sous l'influence de l'humidité du trèfle comme sous celle de la luzerne, peut éprouver des indigestions gazeuses. Ces indispositions, il est vrai, sont moins fréquentes que la météorisation chez les ruminants, mais elles sont plus dangereuses.

§ 3. DES PLANTES GRAMINÉES.

L'agriculture pastorale mixte qui existe en France, dans un grand nombre de localités, substitue parfois à la jachère-pâturage des pâturages créés en associant des plantes graminées selon la nature et la fertilité du sol et l'ensemble des circonstances atmosphériques. Ainsi, on forme des pâturages avec le *ray-grass*, la *fétuque des prés*, le *vulpin des prés*, la *crételle*, la *houlque laineuse*, etc. Ces herbes, lorsqu'elles sont bien associées, et que la nature du sol répond à leur exigence, forment généralement de bons pâturages. C'est qu'elles résistent très-bien à la chaleur et à la dent du bétail ; qu'elles tapissent le sol d'une herbe qui plaît, par sa finesse et sa qualité nutritive, à tous les animaux. Toutefois, pour que le sol soit bien gazonné, pour que le pâturage ait une durée de plusieurs années, il est indispensable que le sol soit un peu morcelé et ombragé par des essences forestières, s'il réside dans la période pacagère et celle fourragère. Les pâturages des terrains nus , à moins que le sol ne soit naturellement humide, ne fournissent pas une nourriture abondante et très-favorable à l'existence des animaux au sein de l'été. C'est que les plantes graminées demandent un sol frais, un climat brumeux, pour végéter sans cesse. On pallie souvent les effets défavorables du manque d'humidité de la couche arable pendant les mois de juin, juillet et août, en associant aux graminées que l'on a choisies le *trèfle blanc* et la *lupuline*. Ces deux plantes, qui tapissent assez bien le sol, augmentent l'épaisseur du gazon. On sait que quand ce dernier est abondant, l'humidité est mieux fixée au sein de la terre.

Les animaux qui doivent en premier lieu brouter ces pâturages sont les bêtes à cornes : les vaches et les bœufs. Le pâturage de ces animaux est plutôt avantageux que nuisible, et leur excrément est un moyen d'amélioration. Les moutons ne doivent pâturer ces terrains herbeux que quand les plantes artificielles ont, pour ainsi dire, disparu, lorsque le sol est abondamment garni de plantes naturelles. Pour agir autrement il faut que les pâturages créés soient exclusivement réservés aux bêtes à laine. C'est ordinairement à partir de la troisième année ou de la seconde , si les circonstances l'exigent, que les moutons succèdent aux bêtes à cornes.

CHAPITRE V.

DES PATURAGES TEMPORAIRES.

§ 1. *Des chaumes.*

Le pâturage des chaumes n'a lieu qu'après le glanage, dans les contrées où cet usage existe encore Le glanage ne peut pas être regardé comme une atteinte au droit de propriété. Cet acte est respectable dans son but originaire ; il fait participer le pauvre aux biens naturels de la terre. Malheureusement on abuse souvent du bénéfice accordé à tous individus par le décret du 28 septembre 1791 et l'article 471, numéro 10 du Code pénal , et le glanage sert aux gens sans aveux pour pénétrer dans les champs avant que les moissons soient enlevées.

Les moutons en parcourant les chaumes , après l'enlèvement des récoltes , consomment les épis abandonnés et les plantes qui ont végété parmi les céréales. Ce pâturage a une valeur plus ou moins grande , selon la nature et la fertilité du sol et l'état de l'atmosphère. Les terres calcaires , qui ont une grande aptitude à la production des plantes légumineuses, offrent toujours un bon parcours. Le pâturage des sols argileux est parfois abondant : dans les sols frais et les années humides, les plantes graminées prennent un grand accroissement et couvrent souvent la terre. Toutefois, cette production herbifère , quoique plus abondante que celles des sols calcaires, nourrit moins bien les bêtes à laine. C'est que les plantes qui croissent naturellement sur ces derniers terrains sont très-alimentaires et sapides. Ainsi les terres calcaires produisent de la *lupuline*, des *vesces*, des *gesces*, la *chicorée sauvage*, etc. ; tandis que celles argileuses sont recouvertes par l'*agrostis traçante*, le *chiendent*, des *seneçons*, etc. Ce qui prouve que le pâturage des sols calcaires est supérieur en qualité nutritive, c'est que le mouton vit et s'entretient mieux sur des sols de cette nature que sur des fonds compacts et humides. Le pâturage des terres siliceuses n'est pas toujours remarquable. Il faut que la terre soit fertile pour qu'elle fournisse un pâturage très-abondant. Nonobstant, si les plantes qui croissent sur les sols légers n'ont pas une très-grande élévation , il est juste de dire que celles alimentaires sont fines et nutritives, surtout au printemps et en automne. Quant aux pâturages d'été, il ne faut guère y compter : le manque d'humidité et l'aridité de la terre s'opposent fortement à la vie des plantes, quand le sol appartient à la période pacagère et à celle fourragère.

Les chaumes , en général, doivent être réservés pour le parcours des bêtes à laine et des oies. On ne doit les faire pâturer par le gros bétail que dans des circonstances de première nécessité. C'est que le parcours des chaumes n'offre presque toujours qu'une triste alimentation pour les vaches et les bœufs auxquels on demande du lait et du travail. Si ces animaux doivent être conduits sur les chaumes , ils ne peuvent l'être que lorsque la ferme manque de fourrage , ou que le sol offre une abondante production herbacée , ou qu'il est utile de faire prendre l'air aux animaux, parce qu'ils vivent en stabulation, pour ainsi dire, permanente.

Les épis de froment que les moutons trouvent sur les chaumes peuvent avoir des conséquences bien graves. Ces épis, qui sont recherchés des animaux parce qu'ils renferment une substance éminemment nutritive , augmentent , sous l'action de la chaleur de l'atmosphère , pendant les mois de juillet et d'août, l'action des vaisseaux , et ils donnent au sang une vie nouvelle , énergie qui donne lieu à des épanchements intérieurs. Cette affection , qui sévit avec une promptitude d'autant plus grande que le sol est plus sec et la température plus élevée , doit forcer le cultivateur à ne conduire ses troupeaux sur les chaumes que le matin et le soir, alors que les plantes sont plus fraîches, plus humides , à ne laisser ses animaux que quelques heures seulement sur les chaumes , pendant les premiers jours qui suivront l'enlèvement des céréales, à moins que les glaneuses n'aient ramassé tous les épis échappés aux moissonneurs et que la température soit humide.

§ 2. *Des pâturages-jachères.*

La culture pastorale mixte n'oblige pas l'agriculteur à labourer chaque année toutes les terres que comporte son exploitation. Une portion de celle-ci reste à l'état de repos complet durant plusieurs années, et les champs qui sont réduits à cette condition reçoivent les noms de *jachère-pâturage*, *pâtis*, *friche*, *pâture*.

Ces terrains, qui sont communs dans le Berry, en Bretagne, dans l'Anjou, etc., offrent un gazon de plantes vivaces plus ou moins abondantes, selon les circonstances atmosphériques et terriennes. Le morcellement du sol et les haies vives et élevées favorisent l'existence de ces friches. L'ombrage que projettent sur la terre les essences forestières, lorsqu'elles sont élevées et multipliées, fixent au sein du sol , durant l'été, une humidité constamment suffisante à la végétation des plantes qui couvent le sol. Il ne faut pas croire , néanmoins, que ces végétaux, qui sont doués d'une grande rusticité et qui résistent aux influences fâcheuses des sécheresses prolongées, fournissent au bétail une nourriture abondante. Le pâturage de ces jachères n'est réellement favorable que pendant le printemps et l'automne. Durant ces saisons, le sol est humide, et alors les plantes graminifères et légumineuses suffisent aux exigences des animaux. Il faut que le sol soit bien aride et bien nu pour que le bétail, pendant les mois d'avril, de mai, de septembre et d'octobre , ne puisse pas s'entretenir sur les pâtis. A l'été, époque de l'année où les conditions si favorables à la croissance des plantes n'existent pour ainsi dire plus, ces pâturages n'offrent que de bien faibles ressources pour l'existence des animaux , et le cultivateur est obligé de donner un peu de nourriture à l'étable avant et après le séjour des animaux sur ces pâturages. Si les ressources fourragères de l'exploitation ne lui permettent pas de satisfaire à cette condition, qui est indispensable pour que les animaux persévèrent en bon état, il faut alors qu'il ait recours, soit le matin, soit le soir, au pâturage des prairies naturelles. On comprend qu'il n'est question ici que des animaux appartenant à l'espèce bovine. Le bêtes à laine , toujours bien moins exigeantes que les vaches, résistent mieux au régime du pâturage-jachère, à moins que le sol ne soit d'une ingratitude désolante.

Les pâturages-jachères ne *sont pas* toujours favorables à l'espèce ovine. En automne et en hiver, le sol et les plantes , lorsque les champs sont morcelés et entourés de grands arbres, sont parfois bien humides. Cette humidité, jointe à celle de l'atmosphère , modifie le tempéramment des animaux et les prédispose aux infiltrations. Le mouton ne doit pas vivre de plantes chez lesquelles on remarque une abondance de fluide aqueux. Si sa nourriture consiste seulement en plantes aqueuses et si le parcours des troupeaux a lieu sur des fonds humides ou bien avant que les rosées , les brouillards soient dissipés, il est presque certain qu'ils seront affectés de la pourriture. Il résulte de là que le parcours des moutons sur les pâtis ne doit avoir lieu que dans certaines limites et qu'il faut éviter le plus possible, dans l'alimentation au dehors, l'influence malfaisante de l'eau que contiennent le sol, les plantes et l'atmosphère. Les animaux soumis aux effets de l'engraissement et qui doivent séjourner peu de temps sur l'exploitation sont les seuls animaux de l'espèce ovine qui peuvent utiliser les productions herbacées d'automne sur les sols humides, les pâtis imbibés d'eau.

§ 3. *Des genêtières.*

Il existe en France des localités où les pâturages-jachères sont couverts de genêt à balais (*genista scoparium*, L.). Cet arbuste, qui végète très-bien sur les terres schisteuses profondes, les sols sablonneux, les terrains argileux, ombrage promptement la couche arable et la protége, par conséquent, de la chaleur solaire.

Ces genêtières produisent toujours une herbe plus fine, plus sapide, plus abondante que les jachères proprement dites. Cependant, lorsque le genêt a plusieurs mètres d'élévation et que le couvert de cette plante est très-épais, la production herbue, quoique plus abondante, plus élevée, est moins nutritive, et ordinairement elle est fade. Ce fait est bien connu des cultivateurs de l'Anjou. Aussi, pendant la seconde et parfois la troisième année de végétation, on est obligé d'exécuter l'enlèvement d'un certain nombre de pieds, si ceux-ci sont très-nombreux, si on prévoit qu'ils nuiront au parcours du bétail et à la production et à la qualité de l'herbe.

Le genêt est un arbrisseau qui présente plus d'avantage qu'on ne le suppose généralement. C'est par son concours que la Vendée est arrivée à produire chaque année autant de jeunes animaux appartenant à l'espèce bovine et qu'elle peut se livrer sur une vaste échelle à l'engraissement des bœufs. Loin de moi la pensée que le genêt sera toujours nécessaire à cette contrée de la France. Ce végétal n'est avantageux que dans les terres peu fertiles ; c'est un moyen transitoire entre l'ingratitude et la richesse. Déjà il a disparu de quelques exploitations de la Vendée ; c'est que le sol est assez riche pour produire du trèfle ou des fourrages annuels légumineux, pleinement fauchables. D'un autre côté, il envahit les landes de la Bretagne, que nul sol ne surpasse en ingratitude ; et là où on le multiplie il rend d'importants services dans la multiplication du bétail.

Le genêt, outre les avantages incontestables qu'il possède de favoriser la croissance des plantes utiles à la vie des animaux, protége le bétail contre les vents froids et violents, les grandes chaleurs de l'été et l'action nuisible et incessante des mouches.

Le genêt à balai n'est pas nuisible au bétail, lorsque celui-ci en mange peu. Et même je dirai qu'il est constant que les moutons qui vivent dans les genêtières et mangent avec assez de plaisir les jeunes pousses et les fleurs, sont moins sujets à être affectés de la pourriture que ceux qui vivent dans les jachères-pâturages. C'est que les jeunes pousses de cette plante sont amères et que toute amertume est un bon palliatif pour cette affection.

Lorsque les animaux mangent beaucoup de pousses de genêt et que cette alimentation se prolonge pendant un certain temps durant les mois de janvier et de février, le bétail, mais plus particulièrement les bêtes à cornes et les bêtes à laine, peut être attaqué par une maladie à laquelle on a donné le nom de *genestade*, et qui a son siège sur les voies urinaires. Le *genêt d'Espagne* (JENISTA JUNCEA, Lamk), qui est commun dans la partie méridionale des Cévennes, les parties des garrigues inférieures de la montagne Noire (Languedoc), etc., développe plus promptement et plus communément cette maladie que le genêt à balai.

§ 4. *Des céréales en végétation.*

Les céréales peuvent être, pendant leur végétation, pâturées par le bétail. Ce pâturage a lieu, soit en automne, soit au printemps, lorsque les plantes offrent une exubérance de végétation, lorsqu'on craint que les feuilles pourrissent, durant l'hiver, et que cette altération, qui résolte d'un trop grand développement herbacé et d'une humidité trop forte et trop prolongée, nuise à l'existence des plantes, ou quand les feuilles, dans le courant d'avril, le commencement du mois de mai, ont une végétation trop précipée. Cette production a toujours pour cause la fertilité de la terre et l'humidité de l'atmosphère. Lorsque les printemps sont secs, cette végétation extraordinaire est beaucoup plus rare, et dès lors la verse des froments est toujours moins à craindre.

Les animaux auxquels on a recours pour exécuter l'effanage des céréales, sont les moutons Si cette opération a lieu par un temps sec, la dent de ces animaux ne produira aucun mal. Si on l'exécutait par un temps humide, un grand nombre de pieds pourraient être arrachés. Toutefois, on comprend que pour que le pâturage par les moutons ne puisse comporter que des avantages, il faut que le troupeau soit bien conduit et qu'il soit de plus confié aux soins d'un berger intelligent. Un homme inhabile et qui agit sans bien saisir le but du pâturage, peut compromettre en quelques heures seulement l'avenir d'une récolte entière.

Le froment et l'avoine sont les seules céréales que l'on puisse faire pâturer au printemps, soit que l'on veuille modérer leur essor végétatif, soit qu'on ait pour but de faire naître d'autres tiges coronales. Le seigle ne doit être pâturé qu'en automne. Sa végétation est trop hâtive au printemps, ses épis ap-

paraissent de trop bonne heure pour que les moutons puissent le pâturer sans inconvénients. C'est toujours en automne ou durant l'hiver que le pâturage des seigles destinés à produire des semences doit avoir lieu.

Le pâturage des céréales nourrit parfaitement les troupeaux. Le fourrage vert qui en résulte est très-nutritif. Je ne parle pas des vaches et des chevaux. On doit toujours éviter d'y avoir recours pour prévenir la verse des froments ou des avoines, parce que ces animaux sont trop lourds et qu'ils peuvent détruire ou déraciner beaucoup de plantes.

CHAPITRE VI.

DE LA CONSOMMATION DES PATURAGES.

La consommation de l'herbe sur place exige de la part du cultivateur ou des gardiens des animaux une surveillance active, une attention particulière de tous les instants. Il existe à cet égard des règles que la pratique, l'expérience ont posées et qu'il est indispensable de suivre. Si les animaux sont abandonnés à eux-mêmes dans un herbage ou sur une trèflière, il peut arriver ou que l'herbe soit gaspillée, ou que les bestiaux soient exposés à des maladies ou des indigestions.

Les conditions les plus impérieuses, les plus importantes à remplir, sont :

1° Le pâturage ne doit avoir lieu que lorsque l'herbe n'est plus aqueuse, très-humide, que quand elle est sapide, nutritive et avant que les tiges et les feuilles soient dures ou desséchées ;

2° Il faut, avant d'abandonner un pâturage, un enclos, ou changer de place en animal, que l'herbe ait été broutée bien bas, rez terre ;

3° Il est nécessaire, si l'herbe est très-aqueuse, le sol très-humide, de donner préalablement au ratelier une ration de substances alimentaires sèches ;

4° Les animaux ne doivent pas arriver dans un pâturage où l'herbe est très-abondante, pressés par la faim ;

5° Il faut s'empresser de retirer les animaux d'un pâturage bien pourvu d'herbe lorsqu'ils cessent de manger, qu'ils sont complètement rassasiés, afin qu'ils ne gaspillent pas les plantes, à moins qu'ils ne doivent y séjourner.

Tous les pâturages ne conviennent pas à tous les animaux. Le cheval et le mouton doivent pâturer sur des sols secs ; la vache et le bœuf réclament un terrain frais ; le porc peut vivre depuis la fin du printemps jusqu'en automne sur les sols marécageux.

Lorsqu'un pâturage doit nourrir plusieurs espèces d'animaux, il est important d'y confiner d'abord les vaches et les bœufs, puis les chevaux ou juments. Les moutons ne doivent venir qu'en dernier lieu. Cependant si les juments étaient suivies de leurs poulains ou pouliches on devrait leur accorder la préférence sur les bœufs ou vaches à l'embouche.

§ 1. *Du pâturage libre.*

Ce genre de pâturage consiste à laisser pâturer les animaux en liberté. Il est en usage sur les landes, les communaux, dans les bois, les prairies, les genêtières et sur les jachères. On peut y renoncer quelquefois et avoir recours à d'autres moyens lorsqu'il est question de l'alimentation de l'espèce bovine et chevaline ; mais on est dans la nécessité de l'adopter lorsqu'il est question de l'alimentation des bêtes à laine.

Ce genre d'alimentation a plusieurs inconvénients, mais ces défauts sont largement contre-balancés, sous un rapport, par divers avantages. Ainsi, les animaux, dans un grand pâturage, ont parfois une liberté trop grande en ce que cette vie errante occasionne la perte d'une certaine quantité d'herbe ;

si le gaspillage, par cette méthode, est d'autant plus grand que l'herbe est plus élevée, si le parcours consacré à une seule espèce a aussi des désavantages, parce que les plantes abandonnées sont complètement perdues, je dois dire que les animaux qui vivent libres au sein d'un pâturage quel qu'il soit, jouissent toujours d'une bonne santé. La liberté, pour les animaux, surtout pour ceux que l'on élève, est une condition première d'existence. Sans elle la vie reste moins active, moins puissante. C'est cette liberté qui donne aux poulains ou pouliches la force, l'énergie, l'agilité qu'ils doivent posséder ; c'est elle qui prédispose les vaches à donner, sous l'influence d'une nourriture abondante, fraîche et nutritive, un lait riche et abondant ; c'est elle qui précipite l'engraissement du bœuf confiné au sein d'un riche herbage.

Pour que le pâturage en liberté ait des conséquences heureuses dans la consommation de l'herbe d'un certain enclos fertile d'une grande étendue, il faut subdiviser ce dernier ou se rendre maître des animaux en les confinant sur un point de l'étendue du pâturage, au moyen de claies que l'on place plus loin lorsque l'herbe de l'espace destiné au parcours a été consommée, ou proportionner le nombre d'animaux à l'étendue fourragère, de manière à ce que le bétail, si les plantes sont élevées et la production herbue abondante, pâture l'herbe promptement. Cette dernière condition n'est pas nécessaire quand le pâturage est à herbe courte ou que les végétaux, quoique très-grands, sont très-peu nutritifs, comme, par exemple, dans les landes et les marais.

La dépaissance en liberté est le mode d'exploitation des herbages du Charolais, des Vosges et de quelques parties de la Normandie. Cette manière d'utiliser la production herbacée d'un sol riche, de terrains qui ont une très-haute valeur foncière et locative, doit évidemment subir des modifications. L'animal confiné dans une prairie dont l'herbe a une aussi haute valeur vénale que celle des contrées que je viens de citer, occasionne une dépense journalière assez forte à celui qui jouit du sol sur lequel il vit, par le fait du gaspillage qu'il commet avec ses pieds. Cette perte ne profite à personne, pas même au sol. Voici comment a lieu ce gaspillage que j'évalue, d'après des observations positives, à plus d'un mètre carré par vingt-quatre heures dans les herbages fertiles et abondamment pourvus d'herbe. Le bœuf en errant dans l'embouche, foule avec ses pieds et affaisse en se couchant soit pour ruminer, soit pour se reposer, un certain nombre de plantes. Ces végétaux, qui sont renversés et foulés sur un sol frais, humide, restent adhérents à sa couche arable, perdent une partie de leurs qualités comme plantes fourragères, et beaucoup d'entre elles sont refusées par les animaux. Mais ce n'est pas tout. Les déjections solides, les bouses et les crottins, et celles fluides, les urines, que le bétail produit, souillent certaines plantes et forcent les animaux à délaisser l'herbe imprégnée de ces déjections.

Voilà quant aux végétaux gaspillés, piétinés et salis. Voyons maintenant si le pâturage libre permet au bétail de consommer sans cesse une herbe tendre, des tiges et des feuilles toujours nouvelles.

Le bœuf, dont la mâchoire supérieure est dépourvue d'incisives, pâture plus aisément les plantes élevées que celles courtes. Au sein d'une prairie, d'un herbage alors qu'il vit en liberté, il choisit les jeunes tiges, les jeunes feuilles et coupe leurs extrémités. Dès lors, les extrémités inférieures de ces parties restent adhérentes au sol. Celles-ci continuant de végéter acquièrent bientôt une dureté, une consistance qu'elles n'avaient pas avant d'avoir été pâturées, et elles deviennent de moins en moins délicates. Or, comme la proportion d'azote, ainsi que l'a démontré M. Payen, est d'autant plus grande que les parties sont jeunes et tendres, il s'ensuit que cette vieille herbe, cette production âgée, ne peut nourrir aussi bien les animaux et les engraisser que celle qui est nouvelle, qui vient de se développer. C'est ce que l'on remarque, en effet, dans tous les herbages et pâturages. Ainsi, lorsque par des causes spéciales, l'herbe d'un terrain gazonné est broutée rez terre, il se développe toujours, lors de la nouvelle végétation, une herbe qui est plus tendre, qui plaît mieux aux animaux et qui les engraisse plus promptement. Cette herbe plus alimentaire, plus nutritive, résulte de ce que les plantes ont été forcées à donner naissance à de nouvelles tiges, à de nouvelles feuilles très-azotées. Donc, dans le pâturage libre où l'herbe n'est jamais broutée à raz de terre, où un grand nombre de plantes montent et durcissent, on perd une grande quantité de principes azotés. Pour que cette perte n'existât pas, il faudrait que les plantes anciennes, celles coupées par le bétail, fussent aussi azotées que les jeunes pousses. Comme cela n'a pas lieu, il en advient que le parcours libre, pour les embouches où on se livre à l'engraissement des bêtes à cornes ou a l'entretien des vaches laitières, est défectueux si l'herbage est d'une grande étendue, si le nombre des animaux confinés n'est pas proportionné à la superficie, à la fertilité, aux propriétés physiques du sol et à la qualité et à l'abondance de l'herbe, et que tout herbager doit chercher, si les circonstances générales ou spéciales ne lui permettent pas de satisfaire à ces impérieuses conditions, à éviter le gaspillage de l'herbe que j'ai signalé, perte qui n'est que trop réelle malheureusement, quoi qu'on en ait dit, en ayant recours à d'autres moyens de consommation ou à la subdivision de ces enclos, ou prairies, ou pâturages.

Il résulte de ces faits que la perte d'herbe qui a lieu chaque jour et que j'ai évaluée à plus d'un mètre carré par tête de bétail dans les riches prés d'embouche, représente, par chaque bœuf engraissé ou par chaque vache entretenue, une superficie de plus de 150 mètres carrés si j'admets la durée de l'engraissement de cinq mois en moyenne ; si je double cette étendue parce que le terrain cesse d'être utile au bétail et que la production herbacée nouvelle est abandonnée des bestiaux ou qu'elle est de fort mauvaise qualité, il me faudra, pour connaître la perte totale que supporte l'herbager dans ce genre d'alimentation, chiffrer sur 300 mètres carrés. Or, comme la valeur locative des herbages fertiles est en moyenne de 200 fr. l'hectare et par an, il s'ensuit qu'une somme de 6 fr. environ incombe sur chaque animal sans préjudice des autres frais généraux. Cette somme paraîtra minime pour quelques personnes, mais pour celui qui engraisse chaque année quarante à cinquante têtes, elle sera considérable puisqu'elle viendra amoindrir les bénéfices de 250 à 300 fr.

§ 2. *Du pâturage au piquet.*

Les inconvénients que comporte le parcours libre au sein d'un grand herbage ou de terrains non clos mais morcelés, ont engagé les cultivateurs à recourir au pâturage au piquet. Cette manière de faire pâturer le bétail est usitée en Angleterre, en Allemagne, dans quelques contrées en France, avec beaucoup de succès, où on la considère comme bien supérieure au pâturage libre et à la stabulation permanente. Par ce procédé, l'animal est obligé de pâturer sur le lieu où il est attaché, à l'endroit qui lui est assigné : il n'y a rien de perdu, rien de gaspillé ; l'herbe n'est plus souillée par les déjections, les plantes ne sont plus souillées par les pieds des animaux, l'étendue totale du pâturage est préservée de la dent et des pieds du bétail. Ce genre de consommation offre encore d'autres avantages : il permet d'aménager le pâturage, il prévient les indigestions, les météorisations ; il convient très-bien à l'espèce bovine et à celle chevaline ; il force les animaux à être plus dociles, plus tranquilles, plus patients.

C'est principalement dans les pâturages où l'herbe est longue et épaisse qu'on pratique le pâturage au piquet. Ainsi on y a recours, pour faire consommer les embouches, les trèflières, les luzernières, etc. A chaque repas, c'est-à-dire lorsque l'herbe comprise dans le demi-cercle décrit par le rayon que représente la corde fixée par l'une de ses extrémités à un piquet, est consommée, on avance ce dernier vers la partie qui reste à consommer. Le piquet est changé de place quand il y a nécessité. Lorsque ce changement a lieu, l'appétit de l'animal est excité par l'herbe fraîche qu'il a devant lui ; et, comme il pâture tranquillement, il s'ensuit qu'il prospère mieux, que son engraissement est toujours plus prompt.

Examinons, avant de décrire les opérations pratiques, les diverses manières de fixer les animaux au sol.

1° Ordinairement on fixe en terre un pieu de 50 à 60 centimètres de longueur percé d'un trou à sa partie supérieure. Dans ce dernier on engage une corde de 3 mètres de longueur ; le bout de cette longe est retenu par un nœud. L'autre extrémité de la corde est attachée à la tête de l'animal ou a l'un des pieds de derrière. On change le piquet de place deux, trois, quatre, cinq fois par jour, selon l'abondance de l'herbe et l'appétit de l'animal.

2° D'autres fois on plante dans le sol un piquet semblable au précédent dans le trou duquel passe une longue corde dont l'extrémité est aussi fixée à l'animal. La corde est d'abord très-petite ; puis on la lâche de 1 mètre quand l'herbe à la portée de l'animal est consommée ; on continue ainsi plusieurs fois dans la même journée. Par ce moyen le piquet reste fixé pour plusieurs jours.

3° Ailleurs on enfonce deux piquets éloignés l'un de l'autre de 6, 8, 10 mèt., selon l'abondance de l'herbe et les exigences de l'animal. Ces pieux servent à tendre une corde, distante du gazon de 20 à 30 centimètres, sur laquelle glisse un anneau fixé au bout d'une autre corde, mais plus petite. L'autre extrémité de celle-ci est attachée à l'animal. Il suit de là que l'animal peut pâturer des deux côtés de la corde tendue sur une largeur de 1 à 2 mètres, selon la largeur de la longe mobile.

4° En Normandie, dans le pays de Caux, on coupe en deux une corde de 4 à 7 mètres de longueur, et deux des extrémités de ces longes, qui ont une égale longueur, sont engagées dans deux trous pratiqués aux deux bouts d'un petit bois plat long de 25 à 30 cent. et retenues par un nœud. L'une de ces deux cordes est attachée par son autre bout à un piquet (*poisson*) soit en fer, soit en bois de frêne ou de pommier, enfoncé en terre jusqu'à la tête; l'autre bout de la seconde corde est attaché soit aux cornes, soit au cou de l'animal. Cette disposition permet à la corde de tourner sans se tortiller. Le piquet est changé de place lorsque l'animal a pâturé l'herbe qui était à sa portée. Souvent pour habituer les animaux qui sont soumis pour la première fois à ce régime, on a recours pendant quatre à cinq jours, au moyen suivant: on prend un morceau de bois de la grosseur du bras et long de 2 mètres; cette pièce est fixée à un piquet au moyen d'une corde de 2 à 3 mètres que l'on attache à l'une de ses extrémités; l'autre bout tient à la tête de l'animal par une longe de 0,30 à 0,40 seulement.

Ce moyen est aussi en usage pour les chevaux turbulents, peu dociles au pâturage. C'est le seul, il est vrai de le dire, qui permet, à cause de la pesanteur de la pièce de bois que l'on nomme *bados*, de se rendre maître des animaux qui sont toujours inquiets et au moyen duquel il est possible, pour les animaux très-vifs, turbulents, de substituer le pâturage au piquet au pâturage libre.

5° En Irlande, on fixe dans le sol à l'une des deux extrémités de l'enclos du champ qui doit être pâturé, deux piquets à 1 mètre et demi l'un de l'autre; puis à une certaine distance, soit 8, 10 ou 15 mètres, on en plante deux autres en conservant le même espacement. Ces quatre piquets sont réunis deux à deux dans le sens de la plus grande distance par deux cordes bien tendues; ces deux longes parallèles limitent par conséquent une figure rectangulaire. On engage ensuite chacune de ces deux cordes dans des anneaux attachés à l'une des extrémités de deux longes plus courtes; les autres bouts de celles-ci sont fixés à l'animal. De cette manière, les deux petites cordes glissent, par le concours des anneaux, sur les grandes et l'animal est forcé de pâturer dans l'espace qui est compris entre les deux longes parallèles et les deux piquets.

De tous ces procédés, celui du pays de Caux est le meilleur. La palette en bois qui existe entre les cordes empêchent celles-ci de se tortiller et de s'entortiller autour des jambes de l'animal. On obtient le même résultat avec le simple piquet en fixant à l'extrémité, à sa partie supérieure, un tourniquet en bois ou un anneau qui tourne librement et auquel est attaché le bout de la corde qui est fixée à l'animal. Il est essentiel de prendre toutes les précautions possibles pour empêcher que la longe se corde. Lorsque celle-ci se tord, elle diminue de longueur et restreint par conséquent le rayon qui détermine la circonférence dans laquelle l'animal doit pâturer; elle peut aussi s'entortiller autour du pieu, des jambes ou du cou de l'animal et l'entraver. Les accidents qui peuvent résulter de cet entortillement sont parfois très-graves. L'animal, en tournant, peut s'embarrasser dans la corde et tomber, se luxer les vertèbres et même s'asphyxier. J'ai eu une vache qui ne pouvait pas rester une heure au piquet sans être sur le point de périr par strangulation. On évite souvent de tels accidents en renonçant à attacher la corde aux cornes ou aux membres de derrière. Le moyen le plus sûr, celui qui offre le plus de sécurité, consiste à fixer l'extrémité de la longe à un collier de cuir passé au cou de l'animal ou bien à un licol ou à une têtière.

Il n'est pas de localités en France où le pâturage au piquet soit mieux compris, mieux pratiqué que dans la plaine de Caen, où on lui donne le nom de *pâturage au tiers*. Voici comment il a lieu : lorsque les animaux arrivent dans le pâturage, soit naturel, soit artificiel, le gardien, qui ne les quitte jamais, les attache symétriquement à des piquets placés sur la limite de l'étendue qui doit être pâturée; en général, ces piquets sont disposés sur une ligne parallèle à l'une des bords du pâturage et quelquefois, alors qu'on peut le faire, on fauche l'herbe du chaintre; on évite par là que les animaux piétinent sur la production herbacée qu'ils doivent consommer. Quand l'herbe comprise dans l'arc de cercle décrit par la corde est pâturée, on change l'animal de place en avançant le piquet de 0,33 à 0,50 au plus. Dans les circonstances ordinaires ce changement a lieu toutes les deux heures.

Les animaux qui sont soumis à ce mode d'alimentation ne séjournent pas toujours nuit et jour au pâturage. Lors qu'ils doivent rentrer chaque soir à la ferme, le gardien détache un individu et noue sa corde aux cornes d'un autre, et ainsi de suite, de manière à ce que tous les animaux soient liés les uns aux autres, et que le gardien, pour les emmener, ne soit obligé de tenir que la corde du premier bœuf ou de la première vache. Un jeune pâtre surveille et assiste vingt bêtes et plus.

Dans les exploitations de moyenne grandeur, fait observer M. de Colménil, les vaches laitières ou à l'engraissement rentrent à la ferme tous les soirs; chaque personne en mène quatre, toujours avec leurs tiers, car elles divagueraient et détérioreraient les récoltes ; elles sont attachées dans les étables si la saison est humide et froide, au dehors, à des anneaux placés le long des murs, dans le voisinage des fumiers, où on leur fait une bonne litière, si les nuits sont belles et douces. Les veaux d'élève depuis l'âge d'un an, les chevaux, les poulains et même les ânes sont assujettis au même régime, et tous s'en trouvent bien ; si la journée a été très-chaude, on leur offre de boire à la mare de la cour ; mais ils ne boivent que rarement. Dans les grandes fermes, on ne les ramène pas ; ils se contentent de l'eau de végétation contenue dans la nourriture verte. Si ce sont des vaches à lait ou des élèves, la servante de la ferme, ou des enfants au-dessus de douze ans, sont chargés du soin de les aller changer de place toutes les deux heures ; à trois moments de la journée, cette opération se fait en cessant de traire. Si ce sont des animaux à l'engrais, le gardien est en outre chargé de leur donner de la mouture dans le milieu de la matinée et de l'après-midi ; ce supplément au régime vert, administré seulement dans les derniers mois de l'engraissement, rend la viande plus ferme, de meilleure qualité et lui donne l'apparence qu'exigent les bouchers (1)

Il y a des localités en Normandie où l'on choisit pour surveillant un homme âgé, de préférence à un homme plus jeune. Cette préférence a pour cause le prix peu élevé qu'on lui accorde. Ce gardien passe les nuits dans une cabane roulante ; celle-ci est rapprochée tous les soirs près des animaux. La mission du gardien n'est pas seulement de surveiller jour et nuit le bétail ; il doit aussi étendre les fientes produites par les animaux qui lui ont été confiés ; il se sert pour ce travail d'une pelle en bois Lorsque le surveillant administre des farineux, il se sert de petites auges en planches de sapin de 0,33 de large sur 0,66 de long. Ces auges restent toujours derrière les animaux, c'est-à-dire sur la partie qui a été pâturée.

Ce genre particulier d'alimentation a préoccupé vivement, dans ces derniers temps, l'attention des herbagers ; et il s'est engagé une polémique entre les partisans et les adversaires de ce système. Je vais examiner les principales objections faites à ce mode d'alimentation et ferai connaître en même temps l'opinion de ceux qui l'on défendu.

M. Huvellier affirme que pour qu'une bête bovine, lâchée dans la belle saison (d'avril à décembre), dans les prairies d'embouche, puisse toujours s'y engraisser convenablement, elle doit : 1° paître l'herbe à mesure qu'elle pousse fraîche ; 2° boire souvent, et quand il lui plaît ; 3° trouver de l'ombre et avoir les mouvements de la tête surtout très-libres, pour chasser les insectes ; et il soutient que dans le mode d'attache aucune de ces conditions avantageuses ne se rencontre d'une manière convenable (1).

La première observation de M. Huvellier est détruite par les principes que nous avons posés précédemment et par la facilité avec laquelle on fait consommer à un animal fixé à un piquet une herbe fraîche, qui n'a jamais été souillée par les déjections et les pieds d'aucun animal. C'est que le pâturage au piquet a cet immense et incontestable avantage, que le bétail est changé de place aussitôt que le sol compris dans le demi cercle décrit par la corde à l'extrémité de laquelle est fixé l'animal, a été dépouillé de l'herbe qu'il avait produite. Ce changement, qui se répète chaque jour autant de fois que les circonstances l'exigent, permet évidemment aux animaux de consommer une herbe toujours fraîche, toujours délicate et sans cesse favorable à leur entretien ou à leur engraissement. C'est une grossière erreur de croire, comme le fait remarquer M. Durand, que l'herbe

---

(1) *Moniteur de la propriété*, t. XII, p. 216.

(1) *Annales des haras et de l'agriculture*, t. III, p. 141.

doive être mangée à mesure qu'elle pousse ; elle ne possède pas alors tous les principes que l'animal doit y rencontrer pour les transmettre sous les formes de lait, de graisse, de viande, etc.; pour que l'herbe soit le plus utilement dépensée par la race bovine, il faut qu'elle soit mangée au moment où elle est dans toute sa force, quelque temps avant d'entrer en fleurs, ni plus tôt, ni plus tard, car, dans l'un de ces cas, elle aurait dépassé le but; dans l'autre, elle ne l'aurait pas encore atteint (1). En Irlande, rapporte John Sinclair, on a observé que le bétail à cornes et les moutons prospèrent mieux et s'engraissent plus vite, lorsqu'on leur assigne successivement un pâturage plus frais que lorsqu'on les laisse errer à volonté dans tout le champ. Lorsqu'on change le piquet de place, dit-il, le bétail est excité à manger par la nourriture fraîche qu'on renouvelle sans cesse. Il ne contracte pas des habitudes vagabondes qui épuisent ses forces et l'empêchent de s'engraisser. Dorénavant plus docile, il profite nécessairement davantage. Le pâturage est aussi amélioré, parce que les jeunes plantes ne sont pas broutées prématurément, ce qui arrête leurs progrès, mais restent intactes jusqu'à ce qu'elles soient consommées (2).

La deuxième objection n'est pas plus fondée que la première. J'ai fait connaître plus haut l'opinion de M. de Colménil. Cette remarque est tout à fait identique à celle de M. Durand. La boisson, dit cet observateur, n'est pas absolument utile à la bête qui vit d'herbe verte ; l'herbe contient au moins les trois quarts de son poids d'eau, et, du mois de mai au mois de juin, ainsi que dans l'automne, les animaux boivent très-peu, il y en a même qui ne boivent pas du tout. M. Durand cite le fait suivant à l'appui de son opinion : un des voisins de M. Dajon, de Louvigny, s'apercevant cette année (1847), que, dans un de ses herbages, l'herbe s'élevait plus dans certains endroits que dans d'autres, prévit une perte assurée dans le rebut que feraient ses bestiaux de cette herbe poussée plus vite ; et quoique n'ayant jamais pratiqué le piquet, il jugea qu'il fallait, pour que son herbage fût dépouillé uniformément, y avoir recours en cette occasion. Aussi fit-il sortir de l'étable, plus tôt que de coutume, six de ses vaches laitières, et

les fit-il mettre à l'attache aux endroits qu'il désigna. Ces animaux, qui, auparavant, donnaient peu de produits, produisirent, dès le lendemain, plus de cent litres de lait, et un fait qui fut remarqué, c'est que ces vaches, qui avaient coutume de boire plusieurs fois par jour, à des heures réglées, conduites aux mêmes heures à l'abreuvoir, ne burent qu'une seule fois.

Il n'est pas encore démontré que sans ombre l'animal ne puisse vivre et s'engraisser. Sans doute, un herbage enclos par une haie vive, élevée et bien garnie, présente de grands avantages en ce que les animaux qui y vivent en liberté sont moins exposés aux vicissitudes atmosphériques, et peuvent ruminer et se reposer à l'ombre des arbres ou arbustes, mais peut-on en conclure de là que l'engraissement des animaux aura lieu plus difficilement si le même fond est dépourvu d'essences forestières? Cela est impossible ! Chacun sait que les vallées de Corbon et de Livarot, localités où l'on engraisse des animaux très remarquables, offrent très-peu d'ombre au bétail, et que celui-ci est continuellement exposé au soleil, au vent, à la pluie. Quant à l'objection faite par M. Huvellier que les animaux au piquet ont peu de liberté et que leurs mouvements sont gênés, il est évident qu'elle est entièrement fausse, et que le bétail, dans ce mode d'alimentation, est aussi libre qu'il peut l'être dans tous ses mouvements. Au contraire, par le concours du piquet, tous les animaux, excepté ceux qui sont toujours inquiets, sans cesse turbulents, sont assujettis avec succès à une existence de tranquillité et de liberté éminemment favorable à leur existence, leur entretien, ou leur engraissement, et supérieure, sous tous les rapports, à la vie errante qui a lieu dans l'embouche ou le pâturage, lorsque les animaux sont entièrement abandonnés à eux-mêmes.

Il est une autre observation qui a été faite par M. Huvellier, et qui doit prendre place ici à cause de son importance. Le bœuf qui paît, dit-il, le fait toujours en marchant au pas ; quelque bonne que soit l'herbe, il veut toujours choisir celle qui l'appète le mieux ; tout en broutant, il flaire toujours, et telle touffe qui nous paraît à nous du plus beau vert est laissée de côté par son instinct ; il est rare que dans sa pérégrination journalière, il mange deux fois au même endroit: il va çà et là, écourtant ce qui se rencontre sous sa dent, et y revenant un ou deux jours après pour recommencer. C'est ainsi

(1) La Normandie agricole, t. IV, p. 531.
(2) John Sinclair, Agriculture pratique et raisonnée.

qu'il fait pendant tout le temps de son engraissement. Il tond l'extrémité des tiges, qui repoussent constamment. Il en résulte que l'herbe des herbages d'embouche est de même hauteur excepté autour de ses excréments ou aux points où les plantes sont grossières et dures. Un bœuf mange rarement deux fois au même lieu ; il se promène toujours, ce qui fait que la fraîcheur et la rosée permettent aux plantes foulées de se relever et d'être à leur tour écourtées par ses dents. M. Durand n'accepte pas cette objection ; il répond comme suit : Tout le monde sait que le bœuf paît en allant au pas, c'est-à-dire de tous côtés ; sans doute on n'a pas la prétention de vouloir lui faire suivre une ligne droite ; on accordera bien que l'animal prend tantôt une bouchée à droite, tantôt une autre à gauche. Hé bien donc ! qui l'empêchera, étant au piquet, d'agir de même ? N'aura-t-il pas devant lui, à sa portée, une table suffisamment fournie, s'il est possible de s'exprimer de la sorte ? Quant à choisir l'herbe qui l'appète le mieux, c'est précisément ce qu'il faut empêcher, car c'est là un des gaspillages du pâturage libre ; il faut qu'il mange toute l'herbe qui est à sa portée, parce que cette herbe renferme tous les principes constituant une nourriture saine, très-nutritive, qui en font une nourriture complète. Et dès lors, il ne faut pas que les bestiaux épointent les pâturages, dédaignant des végétaux qui n'en sont pas moins et souvent n'en sont que plus nutritifs. Le piquet a été inventé pour empêcher les animaux, dans leurs pérégrinations incessantes, de fouler et surtout d'écourter les herbes des pâturages. Dans le système du pâturage libre, l'animal foule et écourte les graminées, qui, souvent, malgré la fraîcheur et la rosée, ne se relèvent plus ; il y revient, il est vrai, mais l'herbe a perdu pour lui la plus grande partie de son attrait ; alors, il ne la mange plus avec plaisir, et par conséquent il en mange moins et s'engraisse moins vite. Par le système du piquet, au contraire, ou pourra toujours lui procurer de l'herbe jeune, fraîche et tendre, et surtout arrivée à un âge où elle possède toutes les qualités nécessaires à l'engraissement. Quand l'herbe est coupée près du sol, elle repousse ; c'est pourquoi les herbagers, après que les animaux ont pâturé un herbage, y font passer la faux, parce que, si l'on n'agissait pas ainsi, si l'on ne coupait pas tout près de terre, c'est-à-dire de la tige, l'herbe écourtée, puis dédaignée, ne pourrait

plus repousser, jaunirait et mourrait.

Quoi qu'il en soit, il reste acquis à la pratique, jusqu'à ce jour, que le pâturage au piquet, que l'on pratique soit dans les prairies naturelles, soit sur celles artificielles, toutes les cinq ou six semaines, selon les circonstances locales et atmosphériques, a une supériorité marquée sur le pâturage libre, en ce qu'il permet à l'herbager de ménager et d'utiliser toute la production herbue des prairies et des embouches, de prévenir les graves et nombreux accidents qui sont fréquents chaque année dans les herbages où le bétail vit en liberté. L'avenir évidemment confirmera ce grand avantage.

§ 3. *Du pâturage avec entraves.*

Le cultivateur se trouve souvent dans l'obligation d'empêcher les animaux de courir, de vagabonder dans les prairies ou les pâturages où le pacage a lieu en liberté. On ralentit les mouvements des animaux au moyen d'entraves qui sont plus ou moins compliquées, selon les localités et les animaux que l'on veut assujettir, et ceux-ci peuvent pâturer sans être sous la surveillance continuelle d'un gardien.

Les entraves en général, ne doivent être utilisées que quand les circonstances les nécessitent, lorsque les animaux ne sont pas dociles, lorsqu'ils franchissent les barrières, les fossés, les limites du pâturage sur lequel ils doivent vivre, lorsqu'on craint qu'ils ne commettent des dégâts sur les héritages voisins. Les entraves occasionnent souvent des accidents, ils gênent les mouvements, blessent les pâturons, faussent les aplombs, occasionnent des chutes, des fractures, des avortements et quelquefois la mort. Il est des pays, dit Bosc, où l'on ne met jamais les bestiaux au pâturage sans entraves pour les empêcher de s'écarter et surtout d'aller dans les champs ensemencés, les bois et autres lieux défendus. Ces bestiaux ne peuvent jamais être pourvus d'embonpoint car la gêne et la douleur que leur causent ces entraves les empêchent de manger et de digérer aussi bien que ceux qui sont libres dans leurs mouvements. Comment faire ? diront tous les cultivateurs de ces contrées ; devons-nous passer toute la journée à garder notre vache, notre cheval, notre âne ? Formez des clôtures, leur répondrai-je (1). J'ajoute-

---

(1) *Cours complet d'Agriculture*, t. VI, p. 93, édition Déterville. Chez Roret.

rai : Dans les localités où le sol est pauvre, dans les contrées où elles sont utiles, nécessaires à la végétation, car il est beaucoup de provinces, en France, où elles ne peuvent être pratiquées à cause du morcellement du sol et de la haute valeur foncière ou locative des terrains. Dans ces dernières contrées, on devra recourir au pâturage au piquet. Je ne parle pas du *pâturage à la corde*, usité dans les pays de petite culture : ce moyen doit être proscrit de la pratique de l'agriculture ; il favorise les larcins, encourage la paresse et est très-onéreux pour celui qui le pratique.

Voici les principales entraves en usage :

1° On attache les deux membres antérieurs l'un à l'autre au moyen d'une corde ou d'une longe, ou d'une chaîne en fer : ce moyen est assez bon.

2° D'autres fois on fixe encore, au moyen d'une sangle, d'une corde ou d'une lanière de cuir, un membre de devant avec celui de derrière correspondant : cette espèce d'entrave ne présente pas plus d'avantages que le premier.

3° Souvent on fixe une corde au pâturon d'un des pieds de devant et on attache son autre extrémité à la tête. Ce moyen oblige l'animal à avoir constamment la tête dirigée sur le pâturage.

4° Dans les départements du Puy-de-Dôme et de Cantal, on passe au cou du cheval un collier fait avec une pièce de bois que l'on réunit au moyen d'une chaîne ou d'une corde à un bracelet aussi en bois, dans lequel on fait entrer un des membres de devant. Le collier est fixé ainsi que le bracelet par le moyen d'une baguette qui porte un bouton à l'une de ses extrémités et un trou à l'autre : cela a lieu au moyen d'un cuir que l'on passe le trou. On regarde cette entrave comme favorable. De Lasteyrie dit que les animaux se promènent et pâturent librement, sans pouvoir courir ni franchir les haies et les barrières.

5° En Normandie, on se sert d'une bricole qui tient le nez des vaches ou des bœufs contre terre. Cette bricole est une sorte de martingale qui s'attache à la tête, passe entre les deux membres de devant, se croise sur le sternum et se fixe en arrière du garrot. Cette entrave, que l'on nomme *bricole de Normandie*, présente de grands avantages : elle empêche les animaux de franchir les clôtures, de nuire aux arbres, aux haies, aux pommiers ;

elle leur laisse toute la liberté qui leur est nécessaire.

6° Bosc a conseillé, avec juste raison, d'employer l'entrave suivante : elle consiste dans des lanières de cuir doublées ou triplées, de la hauteur et de la longueur du pourtour des pâturons, qui se ferment au moyen de trois courroies et de trois boules, et au milieu desquelles est fixé un anneau de fer. Ces lanières se mettent aux pâturons, et au moyen de leur anneau et d'une corde on les lie les uns avec les autres, ou à la tête, ou à des pieux, ou à des arbres. Cette entrave, observe Bosc, outre l'avantage de moins souvent blesser les chevaux, les bœufs, etc., a encore celui de pouvoir, après que la liberté des mouvements a été rendue aux animaux, être laissée à leurs pieds pendant plusieurs jours sans inconvénients.

On emploie aussi une barre de bois de la grosseur du bras ou de la jambe, suivant la force, la stature des animaux, et longue de $1^m,50$ à 2 mètres. Cette pièce de bois porte un trou à l'une de ses extrémités dans lequel on passe une corde : celle-ci sert à attacher, mais suspendue, la barre à un collier passé au cou de l'animal. Cette pièce qui traîne toujours sur la terre et qui passe entre les jambes de devant, empêche les animaux de courir et de franchir des obstacles. Ce moyen est préférable à tous autres ; il m'a parfaitement réussi.

7° Enfin, on prend quelquefois une perche légère, longue de 2 mètres environ, dont les extrémités portent un trou dans lequel passe une longe. Chaque longe sert à suspendre la perche au cou d'un animal. Par ce moyen on réunit deux animaux sans nuire à leurs mouvements, à leur liberté. Cette entrave, que l'on connaît sous le nom de *galère*, convient spécialement aux jeunes animaux de l'espèce bovine ; il est difficile à des bestiaux ainsi réunis de franchir les haies, les fossés et les barrières.

Pour les porcs et les oies, on se sert ordinairement d'entraves différentes de celles que je viens de rapporter. Lorsqu'on veut empêcher les cochons de traverser les baies et les barrières, on prend une forte baguette flexible, que l'on replie sur elle-même et que l'on passe sur le cou de l'animal ; les extrémités de cette petite pièce de bois courbe s'engagent dans des trous pratiqués sur une traverse dont la longueur varie entre $0^m,66$ et 1 mètre ; l'une des extrémités de ce collier porte un bouton et l'autre un trou. Cette entrave, qui est très-simple, est en usage dans le midi et l'ouest de la France. Ce moyen est aussi employé pour entraver les oies et les empêcher de traverser les haies et pénétrer dans les prairies ou les champs cultivés ; mais le collier et la traverse sont de dimension beaucoup plus petite. Quelquefois on abandonne ce moyen, et on passe dans les narines de l'oie, une plume des ailes ; cette plume remplit le même objet, car lorsque l'oie veut traverser une haie ou une barrière la vive douleur qu'elle éprouve l'oblige de se retirer.

§ 4. *Du pâturage au parc.*

Lorsque les animaux doivent vivre, pâturer dans une grande prairie couverte d'une herbe abondante et qu'on renonce à avoir recours au pâturage au piquet, on peut établir un parc sur l'herbage ou la prairie et y confiner les animaux. Les bêtes à cornes que l'on renferme dans ce parc restent plus tranquilles et elles sont obligées de consommer l'herbe qui existe sur la portion enclose par les claies et des crosses ou des piquets. Chaque matin les claies sont déplacées et avancées sur la partie de la prairie ou du pâturage encore intacte. On comprend que pour que le gros bétail puisse vivre librement pendant douze ou vingt-quatre heures sur la portion qui lui est assignée, il est nécessaire que cette étendue soit en rapport avec le nombre de têtes renfermées dans le parc.

La méthode du pâturage au parc est aussi employée dans l'élevage des bêtes bovines ; en Angleterre on l'utilise pour les bêtes à laine que l'on élève. Dans le pays de Brai (Seine-Inférieure), les vaches sont enfermées pendant la nuit dans des parcs construits au moyen de claies et le jour elles paissent en liberté ; les excréments déposés par les animaux sur le gazon durant leur séjour au parc et pendant le jour sur le pâturage, sont répandus chaque matin par un enfant. Sur les montagnes de l'Auvergne, on fait parquer les bêtes à cornes sur les pâturages en changeant de place chaque année les *burons* près desquels elles sont rassemblées au milieu du jour et tous les soirs. Cette pratique, que l'on nomme *fumade*, a lieu au moyen de claies épaisses et de chiens vigoureux pour défendre les animaux contre les loups. Par son concours, dit Yvart, on change avantageusement la nature de l'herbe du pâturage, on fait disparaître sou-

vent le *nard serré*, la *fétuque diuriuscule*, qui se trouvent remplacés par de meilleures plantes ; mais on fait aussi développer quelques plantes nuisibles, parmi lesquelles on peut citer le *rhapontin* ou *patience des Alpes*, ou *rhubarbe des moines* (1).

En général, le pâturage au parc n'est avantageux pour le cultivateur que lorsqu'il y a possibilité pour lui de subdiviser ses prairies ou ses pâturages en portions closes par des claies ; alors, celles-ci forment de véritables clôtures et remplacent favorablement les subdivisions fixes qu'on peut établir en morcelant le sol par des haies vives, des haies mortes ou des barrières. Pour les jeunes animaux de l'espèce bovine, le pâturage au parc est fort utile ; il les empêche de vagabonder sur toute l'étendue du pâturage ou de la prairie, de gaspiller la production du sol, tout en leur laissant toute la liberté qu'ils doivent avoir. Évidemment ce moyen d'éducation est supérieur, sous tous les rapports, à la stabulation absolue. On peut aussi y recourir dans l'éducation des jeunes individus appartenant à l'espèce chevaline.

§ 5. *Du pâturage de nuit et de jour.*

Tous les animaux qui vivent au pâturage n'y séjournent pas toujours le jour comme la nuit. Il est des contrées en France où le bétail ne reste que le jour dans les pâturages, comme il en existe d'autres où il passe la nuit et le jour.

Le pâturage durant le jour ne peut être complet que pendant les mois de septembre à avril. On sait que durant cette période de l'année la chaleur solaire n'est pas assez élevée pour incommoder les animaux. Il n'en est pas de même depuis le mois de mai jusqu'à la fin d'août, le pâturage qui dure toute la journée peut gêner le bétail, et il y a souvent nécessité à rentrer les animaux au milieu du jour dans les étables. A cette heure de la journée la chaleur est fort élevée et les insectes sont très-agités. Il suit de là que le bétail qui reste au pâturage depuis dix ou onze heures du matin jusqu'à deux ou trois heures de l'après-midi ne peut pâturer paisiblement, qu'il est violemment tourmenté et agité, et qu'il existe dans de très-mauvaises conditions. Le pâturage ne

____

(1) *Excursion agronomique en Auvergne,* 1819, p. 94.

peut avoir lieu avec succès depuis le levé jusqu'au coucher du soleil durant l'été, que lorsque pâturage est enclos par des haies vives très-élevées, qu'il est garni de grands arbres qui projettent sur le sol une ombre salutaire pour le bétail, ou que le climat est doux, comme celui de la Normandie, par exemple.

Le pâturage de nuit ou de nuit et de jour peut avoir lieu depuis le milieu du printemps jusqu'à la fin de l'été. Dans le centre de la France, les animaux de travail restent la nuit dans les pâturages; ils y arrivent le soir à la chute du jour et ne les quittent que lorsque le soleil s'est élevé au-dessus de l'horizon. Ce pâturage convient-il à la santé de ces animaux? Lorsque les nuits sont belles, que les rosées ne sont pas très-fortes et qu'il ne tombe pas de pluie, le bétail de travail comme celui de rente ne souffre pas. Lorsqu'au contraire les nuits sont fraîches, humides, que la rosée qui se condense sur le sol et les plantes est abondante, le bétail de travail qui a été exposé pendant le jour à l'action d'une chaleur élevée et prolongée, est souvent sujet à contracter des maladies graves. Pour que les animaux de travail résistent aux effets d'une transition brusque de la température du jour au froid de la nuit avec autant de succès que certains animaux de rente, il faut qu'ils soient robustes et dans un parfait état de santé. Il est bien rare que des animaux qui ont travaillé avec ardeur sous l'action d'une grande chaleur et qui sont souvent couverts d'humidité par le fait de transpirations cutanées après leurs travaux, n'éprouvent pas des réactions nuisibles à leur santé. Si le bétail de rente séjourne durant la nuit et le jour dans les pâturages de l'Auvergne et du Jura, dans les embouches de la Normandie et du Charolais, cela résulte de ce que les pâturages des deux premières localités sont situés à une très-grande altitude et que ceux des dernières sont clos par des haies vives fort élevées, qu'ils résident dans le fond de vallées toujours fraîches et qu'ils sont situés dans la grande région septentrionale ou près du rivage de la mer. Nonobstant, le pâturage de nuit et pour les animaux de travail et pour les animaux de rente ne peut avoir lieu depuis le mois d'octobre jusqu'aux mois de février ou de mars. La Normandie, il est vrai, possède souvent des bœufs dans les herbages durant l'hiver, mais ces animaux ne font qu'y vivre; cela est si vrai qu'on leur donne

toujours le nom de *trembleurs* et cette dénomination caractérise parfaitement l'état dans lequel ils existent. En Angleterre, où les animaux vivent la nuit comme le jour, pendant toutes les saisons dans les pâturages, il existe dans chaque enclos un hangar sous lequel ils peuvent se réfugier pendant les pluies ou les nuits humides et froides. En Hollande, on jette une couverture sur les vaches délicates qui vont au pâturage depuis la fin de l'automne jusqu'au commencement du printemps.

En France, les troupeaux de bêtes à laine des provinces du nord et de l'est ne vont au pâturage que le jour; durant la nuit on les rentre à la bergerie, à moins qu'ils ne soient parqués sur des terres arables. Durant l'été, on les ramène à la ferme dès que la chaleur est forte et ils ne retournent aux champs que vers trois ou quatre heures du soir. On évite autant que possible de les faire sortir le matin avant que la rosée soit presque dissipée, mais on ne les rentre que très-tard le soir. Dans les contrées du midi ils séjournent pour ainsi dire nuit et jour au pâturage.

Le cheval de service ne doit pas pâturer la nuit et pendant les fortes chaleurs du jour, mais il peut être conduit le matin et le soir dans les prairies et les pâturages. Les juments poulinières et les chevaux au vert font exception à cette règle générale; ceux-ci peuvent séjourner nuit et jour dans les prairies ou pâturages depuis le mois de mai jusqu'au 1er septembre, comme les bœufs à l'embouche, à l'engrais, les vaches laitières et à l'engrais, les veaux d'un an, les moutons à l'engrais, lorsque les circonstances atmosphériques permettent qu'ils pâturent paisiblement et avec succès.

§ 6. *De la transhumance.*

On donne le nom de *transhumance* à un droit qu'ont certains possesseurs de troupeaux de bêtes à laine d'envoyer les animaux qu'ils possèdent d'un pâturage dans un autre qui est très-éloigné et qui appartient à autrui. Cette émigration qui permet aux troupeaux de pâturer l'été dans les montagnes et l'hiver dans les plaines, est en usage depuis fort longtemps dans les provinces méridionales de l'Europe. Les Romains ont eu recours à cette méthode et ils envoyaient leurs troupeaux sur les montagnes que la république s'était réservées. Varron rapporte que les troupeaux de l'Apulie passaient la saison d'été dans le Samnium et que les mulets quittaient les plaines de Rosca durant la même saison pour les hautes montagnes du Gurgur. Le pacage des troupeaux, observe-t-il, exige des parcours tellement lointains, qu'il y a quelquefois plusieurs milles entre les stations d'été et celles d'hiver. Qui le sait mieux que moi ? dis-je ; car j'ai des troupeaux qui passent l'hiver en Apulie et l'été sur la montagne de Réate (1). Cette transhumance que l'on appelle dans le royaume de Naples *tavaliere*, qui existe encore dans sa pureté originaire sur les montagnes des Abruzzes et dans les plaines de la Pouille, a été introduite en Espagne au XIVe siècle, époque où la peste noire fit périr le tiers de la population de ce royaume, et elle prit une si grande extension, qu'au XVIe siècle, les troupeaux nomades ou *tras humantes*, dépassèrent le chiffre de 7.000.000. Aujourd'hui, la transhumance est encore en usage. Les mérinos qui forment la race que l'on appelle *race léonaise*, dont la laine est la plus belle, la plus recherchée, passent l'hiver dans l'Estramadure, et au mois de mai on les conduit dans les montagnes de la partie septentrionale de la Vieille-Castille et du royaume de Léon ; ceux de la race dite *soriane* hivernent aussi dans l'Estramadure, mais au commencement de juin ils sont dirigés dans les montagnes de la partie occidentale du bassin de l'Ebre, et quelquefois ils poursuivent leurs émigrations jusque sur les Pyrénées. Ces troupeaux qui ne se mettent en marche pour les montagnes que lorsqu'ils ont été déchargés de leur toison, quittent ordinairement les élévations pour se diriger vers les plaines chaudes de l'Andalousie que vers la fin de septembre, époque où l'air sur les sommets de ces lieux est déjà froid.

Des milliers de ces animaux, dit Cuvier, descendent en automne des montagnes de la Galice et de Léon, et vont peupler pendant l'hiver les riches plaines de l'Andalousie et de l'Estramadure, d'où ils repartent au printemps. Une bande de terrain d'une largeur énorme est réservée pour leur passage et perdue pour l'agriculture : les lois défendent d'en enclore ni d'en cultiver aucune

partie. On observe dans ces voyages la même discipline que dans ceux d'une armée ; chaque grand troupeau, ou *cavagna*, de 40 à 50.000 bêtes, se subdivise en troupeaux plus petits, conduits chacun par un berger d'un ordre inférieur ; ceux-ci obéissent à un chef commun nommé *mayoral*. Des boulangers, des valets de toute espèce marchent à la suite : on avance en colonnes à petites journées. Ce n'est qu'à l'époque de la tonte que les troupeaux se rassemblent, et que leurs propriétaires viennent en faire la revue ; ce n'est aussi qu'alors qu'on peut acheter avec avantage et choisir sur un grand nombre ; tandis que le reste de l'année il faut courir après ces troupeaux errants et prendre ce qu'on vous présente (1).

Cette pratique existe aussi en France dans les provinces du Midi. Ainsi, les troupeaux de bêtes à laine qui vivent dans les Bouches-du-Rhône quittent au printemps les pâturages de la Camargue et de la Crau, et vont passer l'été sur les montagnes du Dauphiné, des Hautes et Basses-Alpes. Ces troupeaux, dont quelques-uns ont vingt jours de marche avant d'être arrivés au lieu qui leur est destiné, quittent la montagne au mois d'octobre et arrivent sur les pacages de la Camargue au mois de novembre. Les montagnes du Jura, du Cantal, des Pyrénées, reçoivent aussi des troupeaux de la Provence, du Rouergue, du Roussillon, etc.

Lorsque les troupeaux quittent au printemps les plaines du Midi pour se rendre sur les pâturages des lieux élevés où doit avoir lieu la dépaissance durant la belle saison, ils sont précédés par un berger et un ou deux chiens, lorsque le troupeau comporte 4 à 500 têtes ; quand le nombre qui compose une troupe est plus considérable, deux bergers l'accompagnent ; un marche devant et l'autre derrière. Pendant les premiers jours qui suivent le départ, les animaux ne font pas plus de trois à quatre lieues ; lorsqu'ils sont habitués à la marche, à la fatigue qu'occasionne toujours le parcours des routes, on leur fait faire cinq lieues. Il faut que les chemins soient beaux et la température très-convenable pour qu'un troupeau puisse parcourir six lieues par jour. Quand on reconnaît, à l'inspection de la marche des animaux, que ceux-ci sont fatigués ; lorsque le berger est obligé de les presser, ce qui ne doit jamais avoir lieu, il faut s'arrêter dans

---

(1) *Longe enim et late in diversis locis pasci solent, ut multa millia absint sæpe hibernæ pastiones ab æstivis. Ego vero scio, inquam, nam mihi greges in Apulia hibernabant, qui in reatinis montibus æstivabant.* (De re Rustica, lib. II, cap. II.)

(1) *Éloge de Gilbert*, 1801. p. 26.

un lieu convenable et y séjourner entièrement. Si le temps est au sec , si le
troupeau est en marche par un soleil
ardent . le berger doit avoir la précaution de s'arrêter près des ruisseaux ou
des étangs ou abreuvoirs , pour qu'il
boive ou se désaltère.

Chaque soir , en arrivant au lieu du
coucher , le berger doit examiner les
pieds des animaux qui boitaient durant
la marche du troupeau , et panser ou
nettoyer les parties attaquées par le
piétain , maladie désorganisatrice que
les bêtes à laine contractent parfois aisément dans leur pérégrination. Il doit
aussi éviter de laisser communiquer son
troupeau avec d'autres , dans le but de
prévenir la présence de la clavelée sur
quelques-uns des individus qu'il conduit.

Si le troupeau est nombreux et si le
nombre des béliers est très-grand , il y
aura avantage à séparer ces derniers des
autres animaux et en former un petite
troupe que l'on confiera à un troisième
conducteur. On a constaté souvent que
dans de longs parcours on perd toujours
plus de béliers que de brebis : les premiers marchent vite et se fatiguent
beaucoup à vouloir couvrir les femelles.
Lorsque la troupe ne comporte que
quelques béliers , on leur attache une
toile semblable à celle que l'on met ordinairement au *boute-en-train*.

Pendant le trajet , les animaux paissent sur les chemins , dans les rigoles
ou sur les accotements des routes.
Lorsque ces lieux offrent peu de nour
riture , il faut y suppléer par un peu de
foin que l'on administre après l'arrivée
au gîte.

La transhumance est un moyen favorable pour entretenir avec succès un
grand troupeau. Toutefois, pour qu'elle
puisse avoir lieu , il faut qu'il existe
une convention tacite entre le propriétaire du troupeau et celui du sol sur lequel a lieu le pacage. Dans les pâturages de la Camargue ou de la Crau ,
l'entretien annuel par tête, c'est-à-dire
la redevance qui appartient aux possesseurs du sol est de 3 fr.; la valeur locative du pâturage sur la montagne est
de 25 c. à 1 fr. par tête pour la saison
d'été ; les frais de route , les gages du
berger, ainsi que les dégâts occasionnés
par les animaux durant leur émigration , sont à la charge du propriétaire
du troupeau.

La nourriture qui est le partage des
troupeaux transhumants est toujours
très-convenable. L'hiver, le sol des environs d'Arles fournit des graminées ,
des plantes légumineuses, des plantes
maritimes que l'on doit regarder comme
très-salutaires ; l'été, ils trouvent encore
sur le sommet des montagnes des graminées , des légumineuses qui se marient aux plantes aromatiques et qui
constituent une nourriture très-favorable à leur santé. Mais quelque favorables que puissent être les plantes que
produisent et les pacages des montagnes et ceux des plaines, il est fort rare
qu'on n'ait point à constater chaque
année des pertes dues à la pourriture ,
aux congestions sanguines , aux intempéries des saisons et aux animaux nuisibles.

Les troupeaux du territoire d'Arles,
qui vont paître sur les pâturages du
Dauphiné. sont tout le temps exposés à
l'action de l'air ; mais lorsqu'il survient
des pluies prolongées et fortes , on les
abrite souvent sous des espèces de
hangars construits en pierres sèches.
Chaque soir on les rassemble près
du chalet qui sert d'habitation au
gardien , et ils sont confiés à la garde
de forts chiens. On regarde la cam-
pagne comme favorable , lorsqu'on
n'a perdu que 5 pour 100 du trou
peau. Les pâturages sur les prairies
alpestres du Dauphiné se louent de 90 c
à 1 fr. par tête. Lorsque les troupeaux
descendent de la montagne . ils sont
ordinairement en bon état de chair.
Quelques semaines après leur arrivée
en Provence, les brebis mettent bas.

Les bêtes à laine qui vivent au printemps dans les vallées des Pyrénées
quittent ces localités vers le mois de
mai, le commencement de juin, et se
dirigent, réunies par troupes de 5 à
600 . sous la conduite d'un berger et
d'un chien, vers le sommet des montagnes . et elles y restent jusqu'au mois
de septembre. Il existe des localités où
la tonte a lieu aussitôt après le retour
de la montagne ; c'est que là on la regarde comme défavorable lorsqu'elle
est exécutée avant le départ. Dans
d'autres contrées, cette tonte a lieu en
mars et avril ; on prétend ici que la
laine est plus abondante en suint. Lorsque les agneaux naissent l'hiver , on
n'opère généralement le sevrage qu'à
la fin de la saison estivale ; il suit de là
que souvent les agneaux accompagnent
leurs mères sur les élévations. Les animaux que l'on conduit *à la plaine*
n'arrivent dans les vallées que vers le
mois de mai . époque où ils vont à la
montagne pour y rester jusqu'au mois
d'août; depuis cette époque jusqu'à la
Toussaint, ils vivent dans les vallées ;
l'hiver ils séjournent dans les plaines de
l'ancienne Bigorre, du Roussillon , du

Béarn. Sur certaines montagnes des Pyrénées, les bêtes à laine sont confinées, la nuit, dans des parcs enclos de pierres qu'elles ne quittent chaque matin que lorsque le soleil a dissipé la rosée des pâturages. Le droit de pacage par tête varie entre 25 et 40 c. pour toute la saison, qui est de trois à trois mois et demi.

DEUXIÈME DIVISION.

DE L'ALIMENTATION A L'ÉTABLE.

Sous le nom d'*alimentation à l'é-table*, je comprends l'existence du bétail au sein des bâtiments d'exploitation, soit qu'il y vive complétement, soit qu'il n'y séjourne que pendant la nuit et durant quelques heures du jour. Ce genre d'existence est fort commun en France ; il existe très-peu de fermes où ce mode d'alimentation ne soit pas en usage. Les exploitations sur lesquelles les animaux vivent entièrement au pâturage existent dans des localités privilégiées, et les principes qui régissent l'alimentation du bétail qu'elles possèdent et nourrissent ont été précédemment exposés. Avant d'étudier les divers régimes et les rations, j'examinerai les aliments que le bétail peut consommer à la vacherie, à l'écurie, à la bergerie, etc., et les préparations qu'il importe quelquefois de leur faire subir avant de les administrer ; et tout d'abord j'étudierai ce que l'on doit entendre par stabulation temporaire et stabulation permanente.

CHAPITRE PREMIER.

DE LA STABULATION.

Sous le nom de stabulation, on désigne le séjour temporaire ou permanent des animaux à l'étable, à l'écurie, à la bergerie, etc. Cette dénomination est dérivée du mot *stabulatio*, que les Romains employaient pour désigner l'entretien du bétail dans les étables (1).

§ 1. *De la stabulation temporaire.*

Lorsque les animaux ne séjournent que la nuit et quelques heures seulement durant la journée dans les bâtiments d'exploitation, il est impossible de regarder cet entretien comme défectueux. Il peut être onéreux pour l'exploitation, mais il est certain qu'il est favorable à l'existence du bétail. Toutefois, cet entretien est quelquefois plus complet ; il a lieu parfois et durant tout le jour et pendant toute la nuit. Mais, il faut le reconnaître, si le bétail vit quelques jours à l'étable, c'est que cet entretien est commandé par des circonstances indépendantes de la volonté du cultivateur. Ainsi, il arrive souvent ou qu'il faut faire consommer promptement des productions fourragères à l'étable, parce que ces fourrages peuvent être altérés par des pluies abondantes, parce qu'ils sont arrivés à un point de maturité très-avancé, ou parce qu'il faut qu'ils disparaissent de la surface d'un champ sur lequel on veut exécuter un labour, conduire des matières fertilisantes ou répandre une semence, les circonstances, la saison exigeant que ces travaux soient faits avec célérité ; ou qu'il est impossible d'envoyer les animaux au pâturage, à cause de la pluie qui tombe en abondance, ou de la neige qui couvre la terre, ou de la gelée qui a durci le sol, ou de la chaleur qui est excessivement élevée. De là peut-on conclure que les animaux soient soumis à la stabulation permanente ? Evidemment non ! et ce séjour complet momentané, loin d'être un mal, est réellement utile aux animaux, puisqu'il les place dans des conditions éminemment favorables à leur existence.

Lorsque la stabulation est alliée à une certaine liberté et que les animaux reçoivent à l'étable une bonne ration alimentaire, elle convient à tous les systèmes de culture, même à ceux très-avancés ; et, jusqu'à un certain point, elle doit être regardée comme intégrante à toute production herbacée fauchable ; ainsi elle est nécessaire, pour ainsi dire, à une exploitation dont le sol est arrivé dans la période céréale et même celle fourragère ; elle

---

(1) *Itaque hibernæ* STABULATIONI *eorum præparanda sunt stramenta.*

Columelle, *de re rustica*, l. VI, c. III.

est favorable au cultivateur qui a des bêtes bovines pour la production du lait et celle du fumier. Par son concours on obtient autant de lait que lorsque les animaux vont constamment au pâturage, et la quantité de fumier produite est bien plus considérable.

Néanmoins, pour que la stabulation temporaire soit réellement avantageuse, pour qu'il y ait possibilité pour le cultivateur de confiner des animaux dans des étables pendant longtemps durant le jour, il faut que le sol de l'exploitation produise assez de fourrages verts et de racines ou de tubercules pour qu'il puisse, pendant tout le temps que les animaux séjourneront dans les bâtiments d'exploitation, combiner l'alimentation verte avec celle sèche. Alors, la liberté que l'on accordera aux animaux sera plutôt considérée comme un exercice salutaire, utile, indispensable même à leur existence, que comme moyen de les nourrir plus économiquement et plus aisément. Si la durée du séjour au pâturage excède plusieurs heures et si la production herbue du sol est abondante, on devra prendre cette alimentation en considération et diminuer la ration qu'ils doivent consommer à l'étable ou à la ferme. Cette diminution subira nécessairement des modifications lorsque les animaux ne trouveront plus sur le sol la même quantité d'herbe, ou s'ils sont conduits dans des pâturages moins riches, sur des sols couverts de plantes moins élevées, moins nombreuses, moins nutritives.

Ce système d'alimentation, cette existence des animaux à l'étable combinée avec celle du pâturage, convient très-bien aux jeunes animaux ; c'est un moyen très-bon pour hâter leur développement, pour fortifier leur constitution, pour augmenter leur vigueur, pour accroître leur agilité, pour les conserver en parfaite santé. Chaque fois que le cultivateur peut adopter ce moyen, il ne doit pas hésiter de le mettre en pratique. L'expérience journalière démontre la supériorité de ce système sur celui qui consiste à élever les animaux en stabulation complète.

§ 2. De la stabulation permanente.

Lorsqu'il fut question, il y a bientôt un siècle, de remédier aux inconvénients du pâturage du bétail sur les prairies ou les herbages et de supprimer la jachère, on proposa de maintenir les animaux domestiques, surtout les vaches, en stabulation continuelle.

On disait alors que la production du lait serait plus grande, que l'engraissement des bêtes bovines serait plus facile et plus prompt, que le bétail serait directement sous l'œil du maître, qu'il vivrait constamment à l'abri des intempéries des saisons, qu'il recevrait toujours une nourriture régulière et plus en rapport avec les services qu'il doit rendre, que les boissons qui lui seraient administrées seraient sans cesse saines et suffisantes, qu'il ne serait plus sujet pour ainsi dire aux tympanites, qu'il n'obligerait plus à la clôture des champs, qu'il produirait une plus grande masse de fumier, qu'il précipiterait la fertilité des terres arables, etc.

Ce nouveau système a pris naissance vers le milieu du xviiie siècle. On croit généralement que c'est à Tschiffeli, de Berne, qu'on doit les premières idées de ce genre d'alimentation ; cet agriculteur publia, le 11 février 1773, une lettre dans laquelle il signalait les inconvénients de l'alimentation au pâturage, et le 15, le 18 et le 20 février, et le 26 mars de la même année, il faisait connaître les avantages qu'il attribuait à son système. Avant cette époque, Muller, de Bonne, écrivait dans le *Journal économique de Berne*, recueil dans lequel ont été publiées les lettres de Tschiffeli, que la nourriture des bestiaux à l'étable devait être regardée comme l'élément principal de l'amélioration des terres arables. En 1768, la Société d'agriculture et des arts utiles de Klagenfurth, en Illyrie, proposa pour sujet de prix la question suivante : *Est-il plus avantageux de nourrir les bêtes à cornes dans les étables que de les faire pâturer soit à cause du fumier, soit à cause de l'utilité directe que l'on tire des bestiaux ?* Frédéric Meyer, qui s'était hautement prononcé pour la stabulation absolue, eut l'honneur de recevoir le prix proposé et fondé par l'impératrice reine Marie-Thérèse, qui consistait en une médaille d'or de trente-six ducats. Depuis cette époque, plusieurs mémoires sur la nourriture des animaux à l'étable ont été publiés en Allemagne, entre autres celui du savant Medicus du Palatinat, publié en 1772, celui de Riens, couronné à Berlin en 1792, celui du docteur Bruhm, secrétaire de la Société économique de Leipsig, celui du professeur Geier de Wurtzbourg.

La question de la stabulation permanente est aussi à l'ordre du jour en France, et un grand nombre de sociétés d'agriculture et d'écrivains agricoles ont proclamé son utilité et engagé beaucoup de cultivateurs à adopter ce régime. Cette innovation peut-elle être regardée comme une grande et heureuse découverte ? la stabulation permanente doit-elle être envisagée comme le premier élément de la prospérité agricole ? On ne peut nier que dans certaines localités la stabulation permanente ne soit avantageuse, qu'elle ne concoure à assurer la réussite de certains assolements, qu'elle contribue à augmenter les bénéfices d'une entreprise agricole ; mais on tomberait dans l'erreur si l'on voulait soutenir son utilité dans toutes les contrées, sur tous les sols quelle que soit leur fertilité. On a beaucoup abusé dans ces derniers temps de ce mode d'alimentation, du mot : *stabulation permanente*, et plusieurs cultivateurs qui avaient eu foi dans le dire de certains agriculteurs et publicistes, ont éprouvé de bien cruelles déceptions, de bien tristes mécomptes. C'est qu'ils avaient réfléchi légèrement sur les circonstances qui déterminent et limitent l'alimentation continuelle à l'étable ; c'est qu'ils ignoraient que la stabulation permanente ne peut avoir lieu avec succès :

1° Que lorsque le sol est fertile, qu'il est arrivé dans la période céréale ou celle commerciale ;

2° Quand la production fourragère est très-abondante et très-variée ;

3° Lorsqu'il est possible d'allier, à toutes les saisons de l'année, le régime vert, le régime humide au régime sec ;

4° Quand les litières sont abondantes.

On peut objecter contre la stabulation permanente :

1° Qu'elle exige que le capital cheptel soit plus élevé ;

2° Que le capital d'exploitation soit plus fort ;

3° Que la culture des plantes fourragères nécessaires à l'existence des animaux en stabulation continuelle oblige le cultivateur à pouvoir disposer d'un plus grand nombre de bras ;

4° Que le transport des fourrages verts à la ferme nécessite un grand nombre d'animaux de travail ;

5° Que la préparation des aliments, la distribution des rations, exigent un plus grand nombre de domestiques ou de journaliers ;

6° Que l'enlèvement journalier des fumiers de dessous les animaux et l'empaillement des étables forcent le cultivateur à avoir sans cesse à sa disposition un plus grand nombre de bras ;

7° Que cette stabulation exige des bâtiments ayant une disposition spéciale ;

8° Que les animaux soumis à la stabulation complète sont privés d'exercice ;

9° Que les vaches sont exposées à contracter des maladies graves, qu'elles ne jouissent jamais d'une santé robuste ;

10° Que leur existence est toujours plus courte que lorsqu'elles vivent simultanément à l'étable et au pâturage ;

11° Que les émanations qui se dégagent continuellement des urines et des fumiers vicient l'air que les animaux respirent ;

12° Que les animaux échauffent l'air qu'ils respirent et qui est devenu humide en se chargeant des vapeurs qui émanent des particules animales excrémentitielles ;

13° Que le lait produit par des vaches vivant en stabulation complète, quoique abondamment nourries, est toujours de qualité inférieure ;

14° Que les jeunes animaux appartenant à l'espèce bovine sont sujets, lorsqu'on les astreint à une tranquillité complète, au sein d'une étable garnie d'un grand nombre de têtes, à contracter la pommelière ou phthisie tuberculeuse ou calcaire ;

15° Que les vaches sont souvent affectées d'inflammation ou d'ulcères aux mamelles ;

16° Que les animaux ne peuvent être soumis à la stabulation absolue que lorsqu'ils sont placés sous la surveillance d'un vacher intelligent, habile, et qu'ils appartiennent à un propriétaire qui aime le bétail.

Je ne conseillerai pas de renoncer partout et toujours à la stabulation absolue ; mais je ferai observer que si elle est possible en Toscane, en Lombardie, en Flandre, dans le Palatinat, dans le Balonais, etc., il est peu de contrées en France où elle puisse être adoptée avec succès, et qu'il faut le concours de circonstances bien puissantes pour qu'elle puisse prévaloir sur la stabulation temporaire. Grignon a adopté ce genre d'alimentation et pour les vaches qu'il entretient et pour les jeunes animaux qu'il élève. Sans doute, par ce moyen, il obtient chaque année une très-grande masse de fumiers, il entretient un nombreux bétail. mais est-ce là le système qu'il devait adopter ? Lui était-il permis de penser que toutes les races bovines pouvaient se plier à un tel régime, à une telle existence ? Je ne le pense pas. Lorsque j'étudierai l'espèce bovine, je ferai connaître les motifs qui me permettent de formuler une telle opinion.

Je puiserai les faits qui me font douter des avantages qu'il se plait à accorder à la stabulation permanente, parmi ceux mêmes qu'il a fait connaître aux agriculteurs.

Geier a fait connaître qu'en Saxe les moutons étaient toujours nourris à la bergerie, et que ce mode d'alimentation pouvait être adopté dans les localités où le sol a une grande valeur, où rien ne s'oppose à la création des prairies artificielles, et où le bénéfice sur les troupeaux, particulièrement sur les laines, est considérable. De Morel-Vindé a cherché à introduire ce système en France ; les expériences auxquelles il s'est livré n'ont pas eu de résultats très-heureux.

En général, tous les animaux que l'on engraisse à l'étable sont maintenus en stabulation complète pendant toute la durée de leur engraissement.

CHAPITRE II.

DES ALIMENTS.

On donne le nom d'*aliment* à toute substance qui concourt à l'existence d'un corps organisé, dès qu'elle est soumise à l'action de la digestion, et qui apaise la faim. Les aliments sont destinés à entretenir la vie, c'est-à-dire à accroître le développement des parties qui forment un être vivant et à réparer les pertes qu'entraînent les fonctions vitales. Ces aliments sont nombreux, et ils diffèrent entre eux par leurs propriétés physiques, leurs propriétés chimiques et leur action sur l'organisme.

Les uns augmentent plus spécialement la force, l'énergie des animaux ; les autres favorisent plus directement l'accroissement de la chair et de la graisse ; enfin, il en est qui secondent d'une manière particulière la sécrétion du lait.

Nous étudierons chaque aliment en particulier ; mais ici nous ne nous occuperons que de ses propriétés, de ses effets sur les animaux et de sa valeur nutritive. Voici la classification que nous avons adoptée et l'ordre que nous suivrons.

1° **Foins**.	Prairies naturelles.	Prairies sèches.
		— moyennes.
		— humides.
		— marécageuses.
		— acides.
	Prairies artificielles.	Sainfoin.
		Luzerne.
		Trèfle.
		Vesce.
		Ray-grass.
2° **Pailles**.	Céréales.	Froment.
		Seigle.
		Orge.
		Avoine.
		Millet.
		Maïs.
	Polygonées.	Sarrasin.
3° **Fannes**.	Légumineuses.	Vesce.
		Pois.
		Féverolle.
		Lentille.
		Gesse.
	Solanées.	Pomme de terre.
	Composées.	Topinambour.
4° **Feuilles d'arbres**.	Légumineuses.	Acacia.
	Ampélidacées.	Vigne.
	Amentacées.	Peuplier.
		Orme.
		Aulne.
		Charme.
		Hêtre.
		Érable.
		Bouleau.
	Jasminées.	Frêne.
	Conifères.	Pin maritime.
		— d'Écosse.

		Sainfoin.
		Luzerne.
		Trèfle.
		Vesce.
	Légumineuses. . . .	Pois.
		Gesse.
		Ajonc.
		Mélilot
		Fève.
		Seigle.
		Orge.
	Graminées.	Avoine.
		Ray-grass.
		Maïs.
		Moha.
5° *Tiges et feuilles vertes.* . . .		Choux.
		Colza.
	Crucifères.	Navette.
		Moutarde.
		Navel.
		Pastel.
	Ombellifères.	Carotte.
		Panais.
	Chénopodées.	Betterave.
	Polygonées.	Sarrasin.
	Rosacées.	Pimprenelle.
	Cariophyllées. . . .	Spergule.
	Urticées.	Ortie.
	Composées.	Chicorée sauvage.
		Avoine.
		Orge.
		Seigle.
	Céréales.	Maïs.
		Millet.
		Moha.
		Sorgho.
6° *Semences ou grains.*	Polygonées.	Sarrasin.
		Fève.
		Vesce.
	Légumineuses. . . .	Pois.
		Gesse.
		Lentillon.
		Chêne.
	Amentacées.	Hêtre.
		Châtaignier.
7° *Fruits.*	Hippocastanées. . .	Marronnier d'Inde.
	Rosacées.	Poirier.
		Pommier.
	Cucurbitacées. . . .	Citrouille.
8° *Écorces.*	Graminées.	Son.
9° *Enveloppes.*	Graminées.	Balles.
	Chénopodées.	Betterave.
10° *Racines.*	Ombellifères.	Carotte. Panais.
	Crucifères.	Navet. Rutabaga.
11° *Tubercules.*	Solanées.	Pomme de terre.
	Composées.	Topinambour.
		Féculeries.
		Brasseries.
12° *Résidus.*		Amidonneries.
		Sucreries.
		Distilleries.
13° *Marcs.*		Raisin. Pomme.

14" *Tourteaux*. {
Lin.
Colza.
Chanvre.
Noix.
Madia.
Sésame.
Pavot.
}

PREMIÈRE SECTION.

DES FOINS.

Sous le nom de *foin* on désigne généralement l'herbe des prairies naturelles ou la production herbacée des prairies artificielles qui ont été fauchées avant leur complète maturité et desséchées. Le *regain* est l'herbe que fournissent la seconde et quelquefois la troisième coupe. On donne souvent à ce fourrage le nom de *second foin*. Le foin provient toujours de la première coupe.

§ 1. *Foins de prairies naturelles.*

Le foin des prairies naturelles renferme toujours des espèces différentes et nombreuses; il comporte beaucoup de graminées, quelques légumineuses et d'autres plantes appartenant à diverses familles. Parfois les légumineuses manquent, et les plantes de la famille des cypéracées et de celle des juncées dominent sur les graminées.

I. PRAIRIES SÈCHES.

Le foin que produisent les prairies naturelles élevées, sèches, est fin, odorant, court, d'une saveur douce, légèrement sucré, et sa couleur est légèrement verte. Il comporte beaucoup de *flouve odorante*, de *fétuque ovine et rouge*, de *houlque laineuse*, de *crételle*, de *brome mou*, de *ray-grass*, d'*agrostis commune*, d'*avoine jaunâtre*, de *trèfle rouge*, de *trèfle blanc*, de *trèfle jaune*, de *lotier corniculé*, de *carotte*, de *jacée des prés*, de *thym*. Ce foin est remarquable par la flexibilité des tiges graminées qu'il renferme : on doit le regarder comme supérieur, sous tous les rapports, au foin des autres prairies.

II. PRAIRIES MOYENNES.

Ces prairies fournissent toujours un foin plus gros, plus long, quoique aromatique : il est composé principalement de *brome des prés*, de *fétuque des prés et élevée*, de *houlque laineuse*, d'*avoine élevée*, de *ray-grass*, de *dactyle*, de *vulpin des prés*, de *poa commun et des prés*, d'*agrostis des chiens*, de *vulpin des prés*, de *fléole des prés*, de *trèfle rouge*, de *trèfle blanc*, de *trèfle jaune*, de *jacée des prés*, de *lupuline*, de *plantain lancéolé*, de *luzules*, de *renoncules*. Ce foin est très-bien consommé par tous les animaux ; il est très-propre aux chevaux et à l'engraissement des bêtes bovines et ovines.

III. PRAIRIES HUMIDES.

Le foin que produisent les prairies fraîches est fort long, mou, et sa couleur est moins foncée que celle du foin des prairies précédentes ; ordinairement elle est verte blanchâtre. Il renferme en grande abondance la *houlque molle*, la *crételle*, l'*agrostis traçante*, la *fétuque flottante*, le *poa aquatique*, le *vulpin genouillé*, la *flèche noueuse*, le *trèfle rouge*, le *trèfle blanc*, le *lotier velu*, la *cardamine des prés*; (il contient en outre quelques *carex*, *jones*, *luzules* et *renoncules*. Ce foin ne convient pas très-bien aux chevaux, mais il est parfaitement consommé par les bêtes à cornes.

IV. PRAIRIES MARÉCAGEUSES.

Ces prairies produisent un foin très-grossier, dur, long, cassant, et sans odeur, et n'ayant pour ainsi dire aucune saveur. Il est composé presque exclusivement de *carex*, *jones*, *scirpes*, *prêles*, *phalaris*, *fétuque flottante*, *poa aquatique et des marais*, *pédiculaires*, *renoncules*, *cardamine*, *linaigrette*, *luzules*. Ce foin ne comporte pas de légumineuses, mais, par contre, les ombellifères y sont nombreuses ; il nourrit mal les animaux ; il ne convient pas parfaitement à l'espèce chevaline et aux bêtes bovines à l'engrais.

V. PRAIRIES ACIDES.

Le foin de ces prairies est très-court et de mauvaise qualité ; il est insipide et sans odeur ; on y distingue, outre des *carex*, des *jones*, des *luzules*, le *chardon penché*, le *chardon des marais*, le *genêt anglais*, la *sarrette des champs*, des *carlines* et des *cirses*. Ce foin doit être regardé comme très-inférieur aux précédents ; les plantes qui le composent ont des épines, des aiguilles qui blessent le palais des animaux et qui ne permettent pas qu'il soit convenablement trituré par les bestiaux auxquels on l'administre. En général, il faut le considérer comme un fourrage d'une digestion difficile et ne le faire consommer que par des animaux adultes et appartenant à l'espèce bovine.

VI. REGAIN.

Le regain ne s'obtient que sur les prairies moyennes et les prairies humides, et il faut, pour que sa production soit abondante, que le sol soit riche, fertile. Ce foin diffère du foin proprement dit en ce que sa coloration est toujours plus foncée en couleur : lorsqu'il a été desséché par un temps très-convenable, il est plus vert que le foin ordinaire ; lorsqu'au contraire il l'a été très-tardivement en automne, il a une couleur vert jaunâtre. Quoi qu'il en soit, il est toujours plus mou, plus flexible que le foin ordinaire, et il est composé de tiges garnies de feuilles seulement, n'ayant aucune fleur, aucun épi. Quand le regain a été bien préparé, quand le fanage, opération assez longue et difficile à exécuter à cette époque de l'année, a eu lieu par un beau temps et sur un sol un peu sec, il est bon quoique inodore ; sa saveur est légèrement sucrée. Ce foin de deuxième ou troisième coupe convient très-bien à tous les animaux domestiques ; les bêtes à laine et les chevaux s'en nourrissent parfaitement.

1° Caractères du bon foin.

Le bon foin se distingue par ses tiges fines, déliées, flexibles, garnies de feuilles ; une couleur légèrement verte et uniforme ; une saveur douce, un peu sucrée et agréable au palais ; une odeur un peu sensible et qui plaît à l'odorat. Ce foin est produit par les prairies sèches et moyennes bien entretenues.

Le foin qui est sec, cassant, blanchâtre, insipide, sans saveur, sans odeur, provient de prairies marécageuses, et doit être regardé comme étant inférieur en qualité au premier

2° Caractères du foin nouveau.

Le foin nouveau se distingue du foin de première qualité récolté l'année précédente, par sa couleur qui est d'un vert plus vif, plus foncé ; son odeur, qui est très-forte, aromatique, pénétrante. Le foin nouvellement récolté conserve ordinairement ces caratères

pendant trois mois. A dater de cette époque, sa couleur devient moins verte, plus pâle, et son odeur est moins vive.

3° Caractères du foin vieux.

Le foin qui n'a pas été consommé pendant les six mois qui suivent la récolte qui succède à celle où il a été obtenu, acquiert une teinte blanchâtre, jaunâtre et perd complétement son odeur et sa saveur ; il devient sec, cassant, se brise avec facilité lorsqu'on le froisse entre les mains, et comporte beaucoup de poussière.

4° Foins altérés.

A. L'herbe qui a été fauchée très-tardivement, après la maturité, ou qui a été mal fanée, qui est restée trop longtemps sur le gazon de la prairie à l'action d'une température élevée ou de pluies prolongées, constitue toujours un foin sec, cassant, dépourvu d'odeur et n'ayant aucune saveur.

B. Le foin qui a séjourné longtemps dans des bâtiments humides, des greniers mal couverts, au sein de meules mal confectionnées, mal abritées des pluies, de la rosée, qui a été mis en meule ou rentré dans les magasins avant qu'il ait été convenablement fané, desséché, acquiert une couleur grisâtre, noirâtre, une teinte blanchâtre, une odeur désagréable, fétide, une saveur âcre, et répand, lorsqu'on le secoue, une poussière abondante, irritante. Cette altération résulte de la fermentation qui s'est établie à l'intérieur de la masse, et qui avait pour cause unique la présence d'une humidié surabondante. Cette fermentation est lente, peu sensible, mais prolongée, donne souvent naissance à des champignons caractérisés par des filaments délicats, rameux, opaques, rampants, qui appartiennent au genre *byssus*, qui fait partie de la famille des mucédinées.

C. Les prairies qui sont situées sur le bord des fleuves et des rivières sont sujettes aux inondations intempestives durant le printemps ; alors, si la production herbacée est déjà élevée, si les eaux qui s'épanchent sur les prairies sont abondamment chargées de matières limoneuses et si elles y séjournent pendant longtemps, ou les plantes sont arrêtées dans leur croissance, ou quelques-unes, celles les plus délicates disparaissent, ou elles restent couvertes de vase, de limon, de sable. L'herbe qui a été ainsi exposée à l'action des débordements forme un foin de très-

— 145 —

mauvaise qualité ; celui-ci est sec, cassant, ligneux, sa saveur est âcre, son odeur rappelle celle des lieux marécageux ; il répand, quand on le secoue, une très-grande poussière. Ce foin, qui a perdu la presque totalité de ses parties solubles nutritives, nourrit fort mal les animaux qui le consomment.

5° Correctifs des foins altérés.

Lorsqu'on est obligé de faire consommer du foin qui a éprouvé des modifications défavorables, il faut, pour prévenir des affections chez les animaux :

1° Le battre à l'air, le secouer fortement, soit pour en détacher la poussière qu'il comporte, soit pour lui enlever le sable, les particules limoneuses qui sont adhérentes aux tiges ou aux feuilles.

Il est bien utile qu'il abandonne, avant qu'il soit administré aux animaux, la poussière, le sable qu'il renferme. La poussière, en s'introduisant par le concours de l'air inspiré par l'organe pulmonaire, peut déterminer des toux prononcées et même des bronchites ; elle peut occasioner la phthisie sur la bête bovine et la pousse sur le cheval. Le sable a des inconvénients aussi graves : il précipite l'usure des dents, il cause des ophthalmies.

2° Le nettoyer, l'agiter à diverses fois et le saler en l'arrosant ou en le laissant tremper quelques heures dans de l'eau salée. La dose de sel à employer varie entre 4 à 8 kilogr. pour 1,000 kil. de foin altéré.

Ce correctif a d'heureux effets lorsque le foin n'est pas profondément altéré ; il excite l'appétit des animaux et prévient souvent, sur ceux qui font usage de foin moisi, des maladies quelquefois fort graves. Les foins ainsi altérés peuvent faire naître des entérites, des fièvres putrides, des maladies cutanées.

3° Le mélanger, après l'avoir nettoyé, avec du foin sain de bonne qualité, dans une très-faible proportion, ou le mêler avec de la paille d'avoine ou de froment et le donner aux animaux qui reçoivent des racines ou des tubercules.

Les foins qui sont trop altérés, ceux qu'il est impossible de nettoyer, doivent être jetés sur les fosses ou plates-formes à fumier. Il ne doit pas être employé comme litière à cause de l'odeur fétide qu'il exhale.

6° Administration du foin.

Le foin des prairies naturelles qui n'a éprouvé aucune altération, et tel qu'on le récolte ordinairement, est administré aux animaux à l'état naturel, c'est-à-dire sans lui faire subir préalablement aucune autre préparation que celle qui consiste à le secouer pour détacher la poussière qu'il renferme. Quelquefois cependant, pour faciliter la digestion et surtout la mastication chez les jeunes animaux, on le soumet à l'action du hache-paille ou on le fait macérer.

7° Action du foin sur les animaux.

Le *foin nouveau* n'est pas un bon aliment ; il est échauffant, il irrite les organes digestifs, il détermine des gastrites, le farcin, des vertiges, des éruptions cutanées.

Le *foin vieux* est peu alimentaire : il nourrit mal, agite le flanc et rend le cheval poussif.

Le *foin ordinaire* n'a que des effets favorables sur les animaux, lorsque ceux-ci en consomment une quantité rationnelle : il est nutritif, digestif, excite l'appétit et entretient la santé, mais il a besoin d'être longtemps mâché et fortement imbibé de salive. Il nourrit parfaitement tous les animaux ; il convient au cheval, auquel il donne de la force, au bœuf, qu'il rend vigoureux, au mouton, chez lequel il accroît la finesse de la laine. Il est très-propre à l'engraissement des bêtes à cornes et des bêtes à laine ; la viande des animaux engraissés au foin est de bonne qualité, savoureuse, et le suif ferme et abondant. Le lait que produisent les vaches nourries exclusivement au foin de prairies naturelles, est excellent, très-riche en parties butyreuses, mais il n'est pas très-abondant.

8° Valeur nutritive.

Le foin est très-riche en parties alibiles : on a constaté que 100 kilog. de foin de bonne qualité contiennent 50 kilogr. de matières qui peuvent être regardées comme nutritives et assimilables.

Les travaux chimiques de M. Haidlen démontrent que les cendres d'un bon foin contiennent

Silice.	60.1
Phosphate de chaux.	16,1
Phosphate de fer.	5,0
Chaux.	2,7
Magnésie.	8,6
Sulfate de chaux.	1,2
Sulfate de potasse.	2,2
Chlorure de potassium.	1,3
Carbonate de soude.	2,0
Perte.	0,8
	100,0

M. Boussingault a aussi déterminé la composition des cendres de foin, qui existent dans la proportion de 6,1 pour 100 (1) ; voici les résultats qu'il a constatés :

Acide carbonique.	7,3
Acide phosphorique.	5,4
Acide sulfurique.	2,7
Chlore.	2,6
Chaux.	17,0
Magnésie.	7,2
Potasse et soude.	23,5
Oxide de fer, alumine.	10,9
Silice.	31,5
Perte.	1,0
	100,0

L'analyse lui a indiqué, en outre, que le foin ordinaire des prairies naturelles contient :

Matière grasse soluble dans l'éther.	3,07 pour 100
Azote.	1,15
Eau.	11,00

et qu'il donne :

Cendres.	7,06

Cette quantité d'azote coïncide avec celle constatée par Liebig et d'autres analyses ; ainsi on a trouvé que le foin

Récolté à Paris en 1840, contenait.	1,21 pour 100
Récolté en Alsace en 1835.	1,04
Récolté en Alsace en 1837.	1,15
Moyenne.	1,13

Le foin *est inférieur en qualité nutritive* aux

Foins de prairies naturelles,
Feuilles d'arbres ordinaires,
Semences ou grains,
Tourteaux.

Il est *supérieur* aux

Pailles,
Fannes,
Tiges et feuilles vertes,
Écorces,
Racines,
Tubercules,
Résidus,
Marcs.

Dans les expériences qui ont été faites dans le but de déterminer la valeur nutritive des substances fourragères, on a pris le foin ordinaire de prairies naturelles comme unité de comparaison, et on lui a assigné le nombre 100.

Le REGAIN est un peu moins nutritif que le foin, quoiqu'il soit toujours recherché des animaux.

Le foin de prairies naturelles est au regain des mêmes prairies, d'après :

Block.	:: 100 : 108
Flotow.	:: 100 : 100
Petri.	:: 100 : 100
Moyenne.	:: 100 : 103

Ainsi, pour remplacer 10 kilog. de prairies naturelles, il faut administrer 10^{kil},30 de regain. Ces données indiquent évidemment qu'il faut considérer le regain comme aussi nutritif et égal, lorsqu'il a été bien fumé, desséché et conservé, au foin de prés naturels.

§ 2. *Foins de prairies artificielles.*

Le foin des prairies artificielles n'est composé généralement que d'une seule espèce ; quelquefois, cependant, on allie le ray-grass au trèfle rouge et ce dernier à la luzerne, cette association ne modifie pas sensiblement les propriétés nutritives du ray-grass et du trèfle ; au contraire, souvent les deux foins sont consommés par l'animal avec plus de plaisir. Les foins de prairies artificielles ne comportent pas très-bien la division au hâche-paille, car sous l'action de cet instrument ils perdent presque toutes leurs feuilles.

1. FOIN DE SAINFOIN.

Le sainfoin (*hedysarum onobrychis*, L.) appartient à la famille des

---

(1) *Économie rurale*, t. II, p. 339.

légumineuses ; on lui a donné les noms suivants : *bourgogne, esparcette.*

1° Caractères du foin.

Ce foin est composé de tiges moyennement longues, un peu grossières, assez flexibles, garnies d'un très-petit nombre de feuilles et ayant une couleur verdâtre ; cette coloration rappelle un peu celle qui caractérise les graminées bien desséchées. Le sainfoin est assez aromatique. Lorsque sa couleur tire sur le blanc, que ses tiges sont dures, qu'elles sont ligneuses et dépourvues des quelques feuilles alternes et pinnées qu'elles comportent, c'est qu'il a été récolté très-tardivement ou qu'il a été mal récolté, qu'il est resté trop longtemps à l'action du soleil. Quand le sainfoin est resté longtemps à la pluie, ses tiges prennent une teinte noire assez prononcée. De tels foins sont de qualité très-médiocre.

2° Administration du foin.

Le foin de sainfoin est administré aux animaux tel qu'il a été récolté. Il faut éviter de le secouer s'il ne contient pas de poussière et on doit le transporter bottelé de la grange, du grenier à l'écurie ou à l'étable. Lorsqu'on l'agite et qu'on le secoue violemment, ses feuilles se détachent facilement des tiges. Quand les tiges de ce foin sont trop dures pour être consommées avec facilité par les animaux, il faut les faire tremper dans de l'eau salée pendant quelques heures.

3° Action du foin de sainfoin sur les animaux.

Ce foin convient à tous les animaux, mais plus spécialement aux chevaux, aux bœufs et aux vaches. De tout temps il a été regardé comme un excellent aliment. Il rend le lait plus butyreux, il favorise d'une manière remarquable l'engraissement. Les chevaux qui en sont plus avides que les vaches et les bœufs, quoique ces animaux l'aiment beaucoup, sont toujours dans un parfait état lorsqu'ils en consomment ; il leur donne de la force et les rend vigoureux. Gilbert a constaté, dans plusieurs contrées de la Basse-Normandie, que les chevaux qui ne sont nourris qu'avec le sainfoin étaient constamment plus gras et plus vigoureux, en même temps que ceux qui étaient nourris avec le foin de prairies naturelles ou avec celui de luzerne (1). Cet aliment ne peut être consommé avec excès par les animaux ; les individus qui en consomment beaucoup peuvent être exposés à des maladies pléthoriques, quoique son action, sous ce rapport, soit beaucoup plus faible, beaucoup moins redoutable que celle de la luzerne.

4° Valeur nutritive.

Le foin de sainfoin est un excellent aliment ; il contient 55 p. 100 de matières nutritives. Olivier de Serres regardait cette légumineuse comme une *herbe valeureuse, exquise, appétissante, substantielle :* de nos jours, elle est la plante par excellence de l'éleveur et de l'engraisseur. De Dombasle la regarde comme la plus saine, la plus nutritive de toutes les plantes de prairies artificielles.

Le foin de prairies naturelles est au foin de sainfoin, d'après :

André.	:: 100	: 90
Crud.	:: 100	: 90
Gemerhausen.	:: 100	: 90
Krantz.	:: 100	: 90
Pabst.	:: 100	: 90
Petri.	:: 100	: 85
Rieder.	:: 100	: 90
Royer.	:: 100	: 84
Schnée.	:: 100	: 90
Thaër.	:: 100	: 90
Weber.	:: 100	: 90
Moyenne.	:: 100	: 89

Ainsi, le foin de sainfoin est plus nutritif, plus alimentaire que le foin de prairies naturelles. Donc, pour remplacer 10 kilog. de foin ordinaire par du foin de sainfoin, il suffira d'administrer 9 kilog. de ce dernier aliment.

Le foin de sainfoin est *inférieur en qualité nutritive* aux

Semences ou grains,
Feuilles d'arbres ordinaires,

Il est *supérieur* aux

Autres foins de prairies naturelles et artificielles,
Pailles,
Pannes,
Tiges et feuilles vertes,
Écorces,
Racines,

---

(1) *Traité des prairies artificielles,* 1826, p. 90.

Tubercules,
Résidus,
Marcs.

II. Foin de luzerne.

La luzerne (*medicago sativa*, L.), appartient aussi à la famille des légumineuses.

1° Caractères du foin.

Le foin de luzerne est ordinairement long ; ses tiges sont dures, un peu grosses ; sa couleur est légèrement verte, un peu plus foncée que celle du sainfoin ; sa saveur est très-agréable ; ses feuilles sont peu nombreuses et elles se détachent assez facilement. Lorsque la luzerne a été récoltée très-tard son foin est ligneux, beaucoup plus dur que celui du sainfoin, sa couleur est presque blanchâtre. Le foin de luzerne est assez aromatique ; en vieillissant, il devient un peu poudreux et perd presque complètement sa bonne odeur.

2° Caractères du regain.

Le regain de luzerne a une couleur beaucoup plus verte que le foin ; ses tiges sont moins grosses, plus flexibles, plus fines, plus molles et ordinairement un peu plus courtes.

3° Administration du foin.

Le foin de luzerne ne subit aucune préparation avant d'être donné aux animaux, et on peut en administrer toute l'année : cependant quand ses tiges sont très-dures, ligneuses, on peut le faire tremper dans de l'eau salée. On doit le transporter bottelé des magasins aux étables, aux écuries et aux bergeries. Lorsqu'une botte de foin de luzerne doit être divisée, partagée entre plusieurs animaux, on doit agir avec précaution et éviter de faciliter la chute des feuilles. Quand le foin est vieux, âgé et poudreux, il faut le secouer dans le fenil ou dans un lieu spécial et l'apporter aux animaux tout prêt à être consommé. En procédant ainsi on nuit moins aux animaux.

4° Action de la luzerne sèche sur les animaux.

Cet aliment est recherché du bétail ; il est très-estimé des chevaux et des vaches ; les moutons sont avides du regain. Ce foin favorise la sécrétion d'un lait riche en parties butyreuses, très-abondant et d'un goût agréable ; il seconde puissamment l'engraissement des bêtes bovines et ovines ; il entretient les chevaux dans un parfait état de santé. Nonobstant, beaucoup de cultivateurs ne la donnent qu'avec précaution aux animaux quels qu'ils soient ; car lorsqu'ils en consomment beaucoup pendant un certain temps, ils sont exposés à diverses indispositions ; ainsi, elle les rend pléthoriques, elle les expose à des pissements de sang, à des constipations, aux échauboulures, à des fièvres inflammatoires. De tout temps on a considéré le foin de luzerne comme un mauvais aliment lorsqu'il était donné en grande abondance. Palladius dit que quand il est nouveau on doit le donner avec ménagement parce qu'il augmente et épaissit le sang (1). Cette remarque concorde parfaitement avec les observations de Bourgelat, Gilbert, Bosc, Grognier, etc. On ne doit donc la donner au cheval que lorsqu'elle a séjourné plusieurs mois dans les granges ou greniers. Le regain accroît beaucoup la sécrétion du lait chez les brebis qui le consomment toujours avec avidité.

5° Valeur nutritive.

Le foin de luzerne est très-alimentaire, très-nutritif ; on a constaté qu'il contient 55 pour 100 de parties nutritives ; Columelle le regardait comme le meilleur, sans contredit, de tous les fourrages (1), Olivier de Serres l'appelle *la merveille du ménage* ; Rozier dit qu'aucun fourrage ne peut lui être comparé pour la qualité, et il fait cette remarque judicieuse, que les qualités alimentaires de cette plante diminuent à mesure qu'elle s'éloigne des contrées méridionales.

D'après M. Lassaigne, la luzerne qui donne

Cendres. 6,50
Parties combustibles. . . . 93,50
                             ————
                             100,00

---

(1) *Sed primo parcius præbenda est novitas pabuli : influat enim, et multum sanguinem creat.* (De re Rustica, lib. V, cap. I.)

(1) *Sed ex iis, quæ placent, eximia est herba medica.* (De re Rustica, lib. II, cap. X.)

contient :

Silice.	30,00
Carbonate de chaux. . . .	33,00
Phosphate de chaux.	11,00
Sels alcalins solubles, carbonate, sulfate de potasse et chlorure de sodium. .	18,00
Perte.	8,00
	100,00

M. Boussingault a constaté, par l'analyse, que le foin de luzerne contient :

Matière grasse soluble dans l'éther.	3,05 pour 100
Azote.	1.38
Eau normale. . . .	16,06

Le foin de prairies naturelles est au foin de luzerne, d'après

André.	::	100	90
Boussingault.	::	100	83
Crud.	::	100	90
De Dombasle.	::	100	90
Gemerhausen.	::	100	90
Kramtz. . . .	::	100	90
Meyer.	::	100	90
Pabst.	::	100	100
Petri.	::	100	90
Rieder.	::	100	90
Royer.	::	100	116
Schnée.	::	100	90
Schwertz. . .	::	100	100
Thaër.	::	100	90
Weber.	::	100	90

Moyenne. .	::	100	93

Donc, le foin de luzerne est plus nutritif, plus alibile que le foin des prairies naturelles. Ainsi, pour remplacer 10 kil. de foin ordinaire par du foin de luzerne, il faut donner aux animaux 9kil.,300 de ce fourrage.

Le foin de luzerne est *inférieur en qualité nutritive* aux

Foins de sainfoin,
Semences ou grains.
Feuilles d'arbres ordinaires.

Il est *supérieur* aux

Foin de trèfle.
Pailles,
Fannes,

Tiges et feuilles vertes.
Écorces,
Racines,
Tubercules.
Résidus,
Marcs.

III. FOIN DE TRÈFLE ORDINAIRE.

Le trèfle rouge (*trifolium pratense*, L.) fait partie de la famille des légumineuses.

1° Caractères du foin.

Le foin de trèfle est moyennement long; ses tiges sont un peu dures et assez fortes; sa couleur est brune, d'un vert rouge brun; sa saveur est sucrée; ses feuilles ne sont pas très-nombreuses, et elles se détachent des tiges, des ramifications avec une très-grande facilité. Quand il a été mal fané ou desséché par un soleil très-ardent, ses tiges et ses pétioles comportent très-peu de feuilles, elles offrent une assez grande dureté et se brisent avec facilité. Sous l'action des pluies, ce foin acquiert une teinte noirâtre très-prononcée, et sous celle d'une humidité prolongée, alors qu'il est en meule ou dans les magasins, il se moisit et développe une odeur peu agréable et reste sans saveur. A l'état normal, le foin de trèfle a un arome qui plaît beaucoup aux animaux et qui les excite à le consommer.

2° Caractère du regain.

Le regain de trèfle a une couleur plus noirâtre encore que le foin; mais ses tiges sont moins fortes, moins dures, ses pétioles sont plus courts et souvent plus garnis de feuilles. Ce regain est en général plus fin et moins friable.

3° Administration de ce fourrage.

Le foin de trèfle perdant ses feuilles très-aisément, ne doit pas être secoué, agité; il faut le transporter avec précaution et le botteler avant de l'apporter du grenier aux bâtiments dans lesquels sont confinés les animaux qui doivent en recevoir. Quand il est moisi et qu'il a pris une odeur désagréable et qu'il y a nécessité à le faire consommer, on doit l'agiter légèrement avec une fourche ou un broc, le laisser exposé à l'air pendant quelque temps et l'arroser d'eau salée. On peut aussi, quand ses tiges sont dures, coriaces, insipides, le faire macérer dans de l'eau légèrement salée. On peut donner du foin de trèfle aux animaux toute l'année.

4° Action du foin de trèfle sur les animaux.

Le foin de trèfle est un excellent aliment ; il convient fort bien à tous les animaux ; il engraisse avec succès les bêtes bovines et ovines ; il favorise la production du lait ; il augmente l'énergie des animaux de travail ; il engraisse et fortifie les chevaux ; il donne beaucoup de force aux agneaux. Quoique beaucoup moins échauffant que la luzerne, le trèfle fané, desséché, ne doit pas être donné exclusivement aux animaux, surtout lorsqu'il est nouveau ; car autant il est salubre lorsqu'il a ressué, autant il est échauffant lorsqu'il vient d'être récolté. Le regain doit être réservé aux brebis, car il leur suscite beaucoup de lait et les entretient dans un parfait état de santé.

5° Valeur nutritive.

Le foin de trèfle est très-alimentaire ; il contient 55 pour 100 de parties alibiles. Tous les éleveurs et engraisseurs le considèrent comme un excellent fourrage.

Suivant MM. Weigmann et Polstorf, le trèfle a donné :

Sels de potasse et de soude.	50,20
Sels de chaux et de magnésie.	46,00
Silice.	4,00
Perte.	0,80
	100,00

M. Boussingault a reconnu que les cendres de foin de trèfle ordinaire contiennent :

Acide carbonique.	0,5
Acide sulfurique.	4,7
Acide phosphorique.	30,1
Chlore.	1,1
Chaux.	10,1
Magnésie.	11,9
Potasse et soude.	37,8
Oxide de fer, alumine.	traces
Silice.	1,5
Perte.	3,3
	100,0

Il a constaté en outre que ce foin renferme :

Matière grasse soluble dans l'éther.	4,00 pour 100
Azote.	1,54
Eau.	10,01

et qu'il donne :

Cendres.	7,7

et que les parties combustibles comportent :

Carbone.	47,53
Hydrogène.	4,69
Oxigène.	37,96
Azote.	2,06
	92,24

Le foin de prairies naturelles est au foin de trèfle, d'après

Block.	:: 100	: 100
Boussingault.	:: 100	: 75 (1)
Crud.	:: 100	: 90
Pabst.	:: 100	: 100
Petri.	:: 100	: 90
Royer.	:: 100	: 136
Schwertz.	:: 100	: 100
Thaër.	:: 100	: 90
Moyenne.	:: 100	: 97

Le foin de trèfle est donc égal, pour ainsi dire, au foin de prairies naturelles, et il faut, pour remplacer 10 kilog. de ce dernier aliment, 9^{kil},700. Ce résultat ne doit point paraître extraordinaire : le trèfle perd beaucoup de ses feuilles, parties les plus nutritives de la plante ; il est difficile à faner et subit de grands changements quand il survient des pluies ou des chaleurs très-élevées pendant la récolte.

Le foin de trèfle est *inférieur en qualité nutritive* aux

Foins de sainfoin et luzerne.
Semences.
Feuilles d'arbres ordinaires.

Il est *supérieur* aux

Pailles.
Fannes,
Tiges et feuilles vertes,
Écorces,
Racines.
Tubercules.
Résidus,
Marcs.

---

1 Cette donnée est théorique.

Un fait très-remarquable et que confirme chaque année la pratique, c'est que le trèfle qui a été fauché avant l'apparition de sa fleur est beaucoup plus nutritif que le foin qui résulte de la dessiccation des tiges ayant été fauchées pendant ou après la floraison. Le foin des prairies naturelles est à ce foin, d'après

Block. . . . . . :: 100 : 83

Quant au foin de trèfle qui a porté graine et que l'on a récolté dans le mois d'août, on lui assigne une valeur bien inférieure aux deux précédents. Ainsi, le foin des prairies naturelles est à cet aliment, d'après

Block. . . . . . :: 100 : 193
Crud. . . . . . . :: 100 : 100

Moyenne. . :: 100 : 146

Le chiffre indiqué par Crud est fort peu conforme aux faits pratiques ; chacun sait, en effet, que cet aliment nourrit mal les animaux.

Le REGAIN est aussi nutritif que les foins de trèfle et des prairies naturelles ; il est à cet aliment, d'après

Block. . . . . . :: 100 : 108
Petri. . . . . . . :: 100 : 90

Moyenne. . :: 100 : 99

IV. FOIN DE VESCE.

La vesce (*vicia sativa*, L.) fait encore partie de la famille des légumineuses.

1° Caractères du foin.

Ce foin est long, mais ses tiges sont fines, déliées, souples, d'une saveur très-agréable ; sa couleur est vert blond ; son odeur est assez faible comparativement à celle du foin de luzerne, de sainfoin. Quand la vesce a été récoltée tardivement, ses tiges sont plus dures, un peu blanchâtres ; mais son foin n'en est pas moins consommé par les animaux pour cela. Souvent ce foin comporte des tiges de seigle et d'avoine.

2° Administration du foin.

Le foin de vesce est donné au bétail dans l'état où on l'obtient après le fanage. Quand il est vieux, il faut l'agiter, le secouer avec légèreté pour qu'il abandonne la poussière qu'il contient ; car avec le temps il devient un peu poudreux.

3° Action du foin de vesce sur le bétail.

Cet aliment est recherché par les animaux ; il n'en est aucun qui ne le consomme avec plaisir. Ordinairement on le réserve pour la saison hivernale, comme nourriture des brebis, des vaches ou des bœufs soumis à l'engraissement, chez lesquels il développe la viande et la graisse d'une manière prompte et sensible. Les chevaux, mais plus spécialement les bêtes bovines es ovines, le mangent avec une très-grandt avidité. On a dit souvent que les vaches qui étaient nourries exclusivement de foin de vesce donnaient un lait médiocrement abondant, qui fournissait du beurre ayant un goût amer et huileux. Cette observation mérite d'être confirmée pour être regardée comme importante. Ce qui est certain, c'est que le foin de vesce qui a éprouvé des altérations par les agents atmosphériques est un aliment de médiocre qualité et caractérisé par un goût, une odeur désagréables. Le foin de vesce ne peut être donné seul et pendant longtemps aux vaches, aux bœufs et aux chevaux, à moins que ces animaux ne soient soumis au pâturage pendant quelques heures durant le jour. Donné en grande quantité aux chevaux, il les échauffe et les expose à des maladies.

4° Valeur nutritive.

Le foin de vesce est très-nutritif ; il contient 55 pour 100 de matières alimentaires. On l'estime beaucoup au sein des vacheries et des bergeries.

M. Boussingault a constaté qu'il renferme :

Azote. . . . . . . 1,14 pour 100
Eau. 11,00

Sprengel (1) a trouvé qu'il contient :

Substances solubles dans l'eau. . . 26.000
Id. dans une lessive alcaline caustique. 30,690
Cire et résine. 1,320
Fibre végétale. 41,990

100,000

<hr>

(1) *Annales de Roville*, t. VIII, p. 189.

L'extrait aqueux avait une odeur fort agréable, analogue à celle de la gesse odorante ; il s'y trouvait un peu d'albumine et de mucilage sucré, et beaucoup de gomme.

100 parties de foin de vesce réduites en cendres ont donné :

Potasse.	1,810
Soude.	0,052
Chaux.	1,955
Magnésie.	0,324
Alumine.	0,015
Oxide de fer.	0,009
Oxide de manganèse . . .	0,008
Silice.	0,442
Acide sulfurique.	0,122
Acide phosphorique. . . .	0,280
Chlore.	0,084
	5,101
Parties combustibles . . .	94,899
	100,000

La potasse existe donc dans la proportion de 35 pour 100 et la chaux dans celle de 38.

Le foin des prairies naturelles est au foin de vesce, d'après

Boussingault.	::	100	:	101 (1).
Crud.	::	100	:	90
Gemerhausen.	::	100	:	90
Pabst.	::	100	:	100
Pétri.	::	100	:	125
Royer.	::	100	:	94
Schnée.	::	100	:	90
Thaër.	::	100	:	90
Moyenne. .	::	100	:	97

Ainsi le foin de vesce est supérieur au foin de prairies naturelles, et pour remplacer 10 kilog. de ce dernier aliment, on peut n'administrer aux animaux que 9 k, 700 de ce fourrage.

Le foin de vesce est *inférieur en valeur nutritive* aux

Foins de sainfoin et luzerne,
Semences,
Feuilles d'arbres ordinaires.

Il est *égal* au

Foin de trèfle.

____

(1) Cette donnée est théorique.

Il est *supérieur* aux

Pailles,
Fannes,
Tiges et feuilles vertes,
Écorces,
Racines,
Tubercules,
Résidus,
Marcs.

V. FOIN DE RAY-GRASS.

Le ray-grass (*lolium perenne*, **L.**) appartient à la famille des graminées ; on le connaît aussi sous les noms d'*ivraie vivace, ray-grass anglais*.

1° Caractère du foin.

Ce foin est moyennement long ; ses tiges sont assez grossières, un peu dures et très-peu garnies de feuilles ; sa saveur est douce, sucrée ; son odeur est peu prononcée ; sa couleur est pâle, vert-blanchâtre, et son poids est assez considérable. Lorsqu'il a été récolté très-tard, il est dur, sec, cassant, sans aucune odeur et presque insipide ; sa couleur est alors presque blanchâtre.

2° Administration du foin.

Le foin de ray-grass ne subit aucune préparation avant d'être donné au bétail. Quelquefois cependant, quand il a été mal fané, il devient poudreux : alors il faut le secouer fortement et le réserver pour l'hivernage et ne le donner qu'aux bêtes à cornes. On choisit de préférence le moment où on leur administre des racines. Ce foin ne convient qu'aux chevaux, aux bœufs et aux vaches ; il est trop gros, trop dur pour les moutons.

3° Action du foin de ray-grass sur le bétail.

Quand le ray-grass a été récolté prématurément, il plaît aux animaux ; il convient bien aux bœufs et aux chevaux de travail, car il les maintient dans un très-bon état. Ce foin n'engraisse pas très-bien, il développe lentement la viande et la graisse ; mais on peut le donner, dans le début de l'engraissement, avec beaucoup de succès. Il seconde imparfaitement la production du lait.

4° Valeur nutritive.

Le foin de ray-grass, lorsqu'il a été

récolté aussitôt après la floraison et que son fanage a été modéré, convenablement exécuté, nourrit bien les animaux et est souvent très-utile au cultivateur dont l'exploitation est encore dans la période fourragère.

M. D. Thomson a constaté qu'il contient :

Parties solub. dans l'eau chaude. 16,00 p. 100
Parties solub. dans l'eau froide. 5,00
Eau. 17,00

La valeur nutritive du foin de ray-grass pur, sans mélange d'autres plantes, n'a pas encore été déterminée. Je me suis occupé de l'établir par le concours d'une vache laitière, et j'ai constaté que lorsque cet aliment a été coupé lorsqu'il est en fleur, époque où il contient beaucoup de parties saccharines et albumineuses, et fané avec précaution, il constituait un bon foin. Ainsi le foin de prairies naturelles est au foin de ray-grass, d'après mes observations,

$$:: 100 : 130.$$

Ainsi il faut, pour remplacer 10 kilog. de foin ordinaire, 13 kil. de foin de ray-grass.

Ce foin est donc *inférieur en valeur nutritive* aux

Autres foins de prairies artificielles,
Semences,
Feuilles d'arbres ordinaires.

Il est *supérieur* aux

Pailles,
Fannes,
Tiges et feuilles vertes,
Écorces,
Racines,
Tubercules,
Résidus,
Marcs.

Lorsque le ray-grass est allié au trèfle, il est presque égal à ce fourrage.

SECTION II.

DES PAILLES.

On donne le nom de *paille* aux tiges ou chaumes des plantes qui appartiennent à la famille des graminées et à celle des polygonées, après leur maturité et la séparation du grain. La paille, comme le foin, sert, lorsqu'elle est nouvelle, à l'existence des animaux,

elle les nourrit, elle les *leste*, elle diminue la sensation de la faim, mais sa qualité intrinsèque varie suivant le climat, le sol sur lequel la plante a végété. Quant à sa qualité relative, elle résulte des circonstances atmosphériques qui ont précédé, accompagné ou suivi la récolte et des moyens employés pour la conserver. Les pailles anciennes ne peuvent plus être utilisées que pour litière.

§ 1. *Pailles de céréales.*

Les pailles des graminées qui ont reçu la dénomination de *céréales*, sont formées de chaumes, c'est-à-dire, de tiges ordinairement fistuleuses garnies de quelques feuilles minces et étroites.

I. PAILLE DE FROMENT.

Le froment (*Triticum sativum*, L.) appartient à la famille des graminées.

1° Caractères de la paille de froment.

La paille de froment est jaunâtre, quelquefois dorée ; sa saveur est sucrée, son odeur est légère, mais très-agréable ; on la reconnaît à ses épillets dépouillés de leurs grains, à l'axe de son épi. Cette paille n'est pas toujours fistuleuse ; dans les régions méridionales elle est plus souvent pleine et parenchymateuse. Nonobstant, les pailles des provinces du midi sont plus nutritives, plus sucrées que celles des localités septentrionales ; et les pailles qui ont végété sur des sols argileux, humides, ainsi que celles qui proviennent de climats brumeux, sont généralement plus résistantes, moins tendres, moins nourrissantes que celles provenant de sols siliceux ou calcaires, de terrains secs et de contrées tempérées. Les pailles des froments de mars sont plus courtes, moins longues, moins foncées en couleur, plus blanches, que les pailles qui proviennent de variétés hivernales.

2° Administration de cette paille.

La paille de froment, avant d'être administrée au bétail, ne subit ordinairement aucune préparation, aucune modification ; on la donne entière, seule ou mélangée à d'autres substances fourragères. On a proposé de la diviser, de la soumettre à l'action d'un hache-paille ; mais les faits observés n'ont pas démontré que le cultivateur avait réellement avantage à faire exécuter cette division. Ce n'est que dans des cas spéciaux, et pour certains animaux domestiques que je signalerai bientôt, qu'il est utile de la diviser (*voir* chapitre iv, section i). Toutefois, si la pratique n'a point encore justifié les espérances des inventeurs de hache-paille, qui avaient pensé que tous les cultivateurs diviseraient leurs pailles avant de les donner aux animaux domestiques, elle a constaté que pour faciliter la mastication, on peut, lorsque les animaux ne reçoivent, pour ainsi dire, que de la paille, et que celle-ci est dure, difficile à digérer, la faire macérer pendant 24 ou 48 heures dans de l'eau ordinaire ou dans de l'eau dans laquelle on aura préalablement fait dissoudre de la mélasse. Alors, on rend la paille et plus facile à digérer et plus nutritive. Quand on est obligé de faire consommer de la paille de froment très-vieille ou altérée, il faut l'arroser avec de l'eau salée et la mélanger, si cela est possible, avec de la bonne paille d'avoine ou avec du foin. La paille de froment qui a été froissée entre deux cylindres d'une machine à battre est, quoiqu'on en dise, plus agréable aux animaux, que celle qui a été battue au fléau sur un aire de cour ou piétinée par des chevaux exécutant le dépiquage. Olivier de Serres recommandait de froisser la paille dure entre les mains avant de la donner aux animaux.

3° Action sur les animaux.

La paille de froment convient très-bien aux chevaux, aux bêtes à cornes et aux moutons. Lorsqu'un cheval consomme chaque jour de la paille de froment, il s'entretient en bon état de santé. Il faut habituer le cheval dès son jeune âge à consommer cet aliment qui, quand il est de bonne qualité, ne peut présenter aucun inconvénient. Tous les chevaux de labour, durant les jours où ils séjournent à l'écurie et pendant la saison d'hiver, époque de l'année où les travaux sont peu pénibles, et les nuits fort longues, reçoivent de la paille ; il en est de même des chevaux de l'armée et des chevaux de luxe, pendant toute l'année ils sont nourris avec de la paille et du foin. L'excellence de ce régime et les heureux effets de la paille sur l'organisme sanctionnent ce proverbe : *Cheval de paille, cheval de bataille.* Koppe rapporte qu'il existe des fermes en Allemagne où les chevaux ne reçoivent que de l'avoine et de la paille, et que ces animaux se maintiennent en très-bon état, qu'ils sont très-

aptes au travail et les maladies extrèmement rares. Mais si la paille convient très-bien au cheval lorsque cet animal exécute des travaux peu actifs, si elle doit remplacer une certaine quantité de la ration de foin ou d'avoine quand les chevaux travaillent peu, si enfin elle rend leur chair ferme et augmente l'énergie des muscles, il faut convenir qu'elle ne doit pas être administrée en grande quantité et remplacer une certaine ration de foin à des chevaux de travail pendant la saison des semailles, lorsqu'ils ont à exécuter des travaux rudes et pénibles.

Les bêtes à cornes mangent aussi la paille de froment, qui convient aussi aux bœufs de travail, aux vaches, lorsqu'ils reçoivent des betteraves, des rutabagas, des navets, des carottes, etc.; cette distribution rend l'alimentation moins coûteuse, et elle favorise particulièrement la sustentation. On peut aussi distribuer de la paille aux vaches et aux bœufs auxquels on administre des résidus et des marcs ; cet aliment, qui est absorbant, pompe l'excès d'eau que contiennent ces matières nutritives, il forme un excellent lest et contribue beaucoup à faciliter la rumination et la digestion. La paille de froment ne convient pas parfaitement aux bœufs de travail et aux vaches laitières, quand ces animaux cessent d'être nourris au vert, aux racines et tubercules, ou qu'ils ne reçoivent pas de soupe. Si cette paille peut être donnée en hiver aux bœufs de travail et aux vaches *sèches*, si elle aide l'*embauche* des animaux qu'on veut engraisser, si enfin elle entretient parfaitement la vie, il est certain qu'elle n'est pas assez nutritive pour favoriser à elle seule, c'est-à-dire sans addition d'autres matières alibiles, la production du lait et celle de la viande et de la graisse.

La bête à laine est, après le cheval, l'animal qui consomme avec le plus de succès la paille de froment. Sa puissance, il est vrai, n'est pas assez marquée pour contribuer à son engraissement, mais elle les entretient très-convenablement et en parfait état de santé. On a même constaté que si elle ne permettait pas au brin de la laine de gagner en longueur, elle contribuait assez sensiblement à augmenter l'élasticité et la finesse quand elle était de parfaite qualité. Aussi affourrage-t-on chaque jour ordinairement, dans les localités où l'on comprend bien l'éducation et l'entretien des troupeaux, les rateliers des bergeries de paille de froment. Ainsi, dans la Beauce, l'hivernage des troupeaux repose en grande partie sur la nourriture à la paille ; et il est démontré que cette nourriture , à laquelle on ajoute, suivant les circonstances, une ou deux rations de foin ou de racines , suffit parfaitement à la sustentation des animaux. C'est que l'expérience a , depuis longtemps, démontré que la paille de froment exerce par elle-même, sur l'organisme ou les forces vitales des bêtes à laine, une action immédiate et prononcée.

La paille de froment qui a éprouvé des altérations marquées ne doit pas être donnée aux animaux ; elle les expose à contracter des maladies graves.

4° Valeur nutritive.

Cette paille , qui a une action si remarquable sur l'économie du cheval , et qui comporte 10 pour 100 de parties nutritives, d'après des évaluations faites en Allemagne, contient d'après Sprengel (1) :

Parties solubles dans l'eau. . . .	7,600
Parties solubles dans une lessive alcaline caustique.	40,431
Substance grasse.	0,469
Fibre végétale	51,500
	100,000

La cendre de 100 parties de paille de froment contenait :

Potasse.	0,020
Soude..	0,029
Chaux.	0,040
Magnésie.	0,032
Terre siliceuse.	2,870
Acide phosphorique. . .	0,170
Acide sulfurique.	0,037
Chlore.	0,030
Fer et alumine.	0,090
	3,518

La paille de froment contient donc en matières combustibles. . . . 96,482

100,000

Les matières solubles sont de l'albumine , du mucilage, des sels et une petite quantité de graisse ressemblant à du beurre et ayant une odeur fétide.

(1) Annales de Roville, t. VIII, p. 197.

Th. de Saussure a constaté que les cendres de 100 parties de pailles renferment :

Silice.	2,644
Potasse.	0,537
Chlorure de potassium. .	0,129
Phosphate de potasse. .	0,215
Sulfate de potasse. . . .	0,086
Phosphates terreux. . .	0,266
Carbonates.	0,043
Oxides métalliques. . . .	0,043
Perte.	0,335
	4,238

Les matières combustibles sont donc représentées par. . . . 95,702

100,000

Ainsi, d'après de Saussure, les cendres de paille de froment contiendraient 22,5 de soude et de potasse , tandis que , suivant Sprengel, elles n'en renfermeraient que 1,390 pour 100.

M. Boussingault, qui a obtenu 6,969 de cendres pour 100 de paille , a constaté qu'elles contenaient :

Silice.	4,711
Potasse.	0,701
Soude	0,002
Chlore.	0,004
Chaux.	0,592
Magnésie	0,348
Oxide de fer, alumine , etc.	0,069
Acide phosphorique. . . .	0,216
Acide sulfurique.	0,069
Perte.	0,257
	6,969

La paille de froment contenait donc en matières combustibles.. . . . 93,031

100,000

Donc , selon M. Boussingault , les cendres de paille de froment renferment 9,5 de sels de soude et de potasse. Cette proportion s'identifie avec celle que M. Berthier a constaté , et elle démontre qu'il ne faut pas toujours accorder une très-grande valeur aux recherches analytiques de Sprengel.

M. Boussingault a constaté, en outre , que la paille de froment contient sur 100 parties :

Matières solubles dans l'éther.

Paille de blé d'Afrique. 3,2
Paille de blé d'Alsace. 2,2
Paille de blé des environs de Paris. 2,4
____
Moyenne. 2,6

Azote.

Paille de froment ancienne des magasins militaires de Paris. 0,49
Paille de froment ancienne, partie inférieure de la tige. 0,41
Paille nouvelle récoltée en 1841 en Alsace. 0,27
____
Moyenne. 0,38

Eau normale.

Paille de froment ancienne des magasins militaires de Paris. 8,5
Paille de froment ancienne, partie inférieure de la tige. 5,3
Paille ancienne, partie supérieure, l'épi compris. 9,4
Paille nouvelle récoltée en 1841 en Alsace. 26,0
____
Moyenne. 12,3

Le foin des prairies naturelles est à la paille de froment, d'après :

Block.	. . . . .	:: 100 : 200
Boussingault. .	:: 100 : 313
Flotow.	:: 100 : 175
Gemerhausen. .	:: 100 : 500
Meyer.	:: 100 : 150
Pabst.	:: 100 : 275
Pétri.	:: 100 : 360
Rieder.	:: 100 : 500
Royer.	:: 100 : 333
Schnée.	:: 100 : 500
Thaër.	:: 100 : 450

Moyenne. . . :: 100 : 341

Donc, pour remplacer 10 kilog. de foin de prairies naturelles, il faut administrer 33 kilog. 30 de paille de froment.

Cette paille est *inférieure* en *valeur nutritive* aux

Foins de prairies artificielles,
Fannes,
Feuilles d'arbres ordinaires,
Semences,
Fruits,
Racines,
Tubercules,
Écorce,
Résidus,
Marcs.

Elle est *supérieure* aux

Tiges et feuilles vertes.

II. Paille de seigle.

Le seigle (*secale cereale*, L.), appartient aussi à la famille des graminées.

1° Caractères.

La paille de cette céréale est dure, très-luisante, plus longue, plus blanche, moins jaune que celle de froment. On la reconnaît facilement à ses épis qu'elle conserve presque intacts. La paille de seigle de mars est plus fine, plus courte que celle du seigle d'hiver. Cette paille a moins d'odeur que celle de froment.

2° Administration.

Cette paille étant difficile à digérer, et surtout difficile à triturer, il faut la faire macérer pendant plusieurs heures avant de la donner au bétail. Lorsqu'on l'administre aux chevaux et aux bêtes à laine à l'état naturel, les animaux la mangent difficilement.

3° Action sur les animaux.

La paille de seigle étant beaucoup moins nutritive que la précédente, nourrit mal le bétail ; on ne doit la donner qu'aux grands ruminants, c'est-à-dire aux bœufs et aux vaches, et encore est-il utile que ces animaux reçoivent alors des racines pour pouvoir la considérer comme un aliment passable. Daubenton s'est complétement trompé quand il a dit que cette paille convient mieux aux bêtes à laine que la paille de froment, parce qu'elle est plus nutritive que celle-ci et moins dure (1). En général, comme le font observer Bosc et Schwertz, cette paille est plutôt employée comme litière que comme fourrage. Elle est, en effet, trop peu nutritive, d'une mastication trop difficile pour qu'elle puisse assurer l'hivernage des troupeaux et être donnée aux vaches laitières.

____
(1) *Instructions pour les bergers*, 1820, p. 79.

4° **Valeur nutritive.**

Cette paille, que l'on récolte le plus généralement sur les sols siliceux, granitiques arides, et qui comporte 8 pour 100 seulement de parties alimentaires , contient suivant Sprengel :

Parties solubles dans l'eau.	2,800
Parties solubles dans une lessive alcaline caustique.	49,080
Substance grasse.	0,520
Fibre végétale.	47,600
	100,000

100 parties en poids de paille de seigle réduite en cendres contenaient :

Potasse.	0,032
Soude.	0,011
Chaux.	0,178
Magnésie.	0,012
Alumine et fer.	0,025
Silice.	2.297
Acide sulfurique.	0,170
Acide phosphorique. . . .	0,051
Chlore.	0,071
	2,793

Ainsi les parties combustibles de la paille de seigle sont de.	97,207
	100,000

Les parties solubles contiennent fort peu d'albumine , mais beaucoup de silice et de mucilage.

Ainsi , la paille de seigle renferme 64,24 de silice, et ce résultat concorde avec celui constaté par M. Frésénius. Toutefois, ce dernier a reconnu que la potasse et la soude existaient dans la proportion de 18,65 pour 100 , tandis que , suivant Sprengel , les cendres de paille de seigle n'en contiennent que 12,00.

Suivant M. Boussingault , la paille de seigle contient sur 100 parties :

Azote.

Paille de seigle nouvelle récoltée en Alsace.	0,24
Paille de seigle ancienne des environs de Paris.	0,42
Moyenne.	0,33

Eau normale.

Paille de seigle nouvelle récoltée en Alsace.	18,7
Paille de seigle ancienne des environs de Paris.	12,6
Moyenne. . . .	15,6

Ainsi encore , la proportion d'azote est d'autant plus forte que la paille est vieille : l'eau , au contraire , diminue avec le temps.

Le foin des prairies naturelles est à la paille de seigle suivant :

Block.	::	100	200
Boussingault. . .	::	100	364
Flotow	::	100	175
Gemerhausen. . .	::	100	660
Meyer.	::	100	150
Pabst.	::	100	300
Petri.	::	100	500
Royer.	::	100	666
Schnée.	::	100	666
Thaër.	::	100	666
Moyenne. .	::	100	434

Pour remplacer 10 kilog. de foin de prairies naturelles, il faut donc 44 kilog. de paille de seigle. Meyer et Flotow, qui accordent à la paille de seigle une valeur égale à la paille de froment, sont évidemment tombés dans une erreur profonde ; aucune observation ne vient justifier les chiffres qu'ils ont assignés à cet aliment.

La paille de seigle est donc *inférieure* en valeur nutritive à toutes les autres substances fourragères , et surtout à la paille de froment.

III. PAILLE D'ORGE.

L'orge est encore classée parmi les graminées ; son nom botanique est *Hordeum hexastichon*. L.

1° *Caractères.*

La paille d'orge est moins longue que celles de froment et de seigle ; elle est jaunâtre , pourvue de feuilles ; sa dureté est moins grande que celle du seigle. La paille de l'escourgeon d'hiver est moins douce , plus dure, et le bétail la mange moins facilement. En général , la paille d'orge est beaucoup plus dure que celle d'avoine et de froment.

2° Administration.

Malgré sa roideur, la paille d'orge est consommée par les bêtes à cornes ; cependant, pour faciliter la mastication et la rendre plus nourrissante, il faut la faire ramollir avant de la donner aux animaux. On peut aussi la hacher.

3° Action sur les animaux.

Cette paille convient très-bien au cheval. Marshall rapporte que les chevaux ne reçoivent, dans le Norfolk, d'autre nourriture d'hiver que de la paille d'orge. Les bêtes à cornes la consomment aussi avec succès. On a constaté que son action sur ces animaux était beaucoup plus puissante dans les provinces du Midi que dans les contrées septentrionales. Daubenton dit avec raison qu'on doit éviter d'en donner aux bêtes à laine, parce que les barbes s'attachent à la laine lorsqu'elles tombent sur la toison, et il ajoute qu'elle n'est pas assez nutritive pour entretenir seule un troupeau en bon état (1).

4° Valeur nutritive.

Columelle regardait la paille d'orge comme plus nourrissante que celle de froment. Olivier de Serres ne partageait pas cette opinion. « La paille d'orge, dit-il, est fort appétissante, mais de faible nourriture, en estant desséchées les bestes qui en mangent quantité. » En effet, bien qu'il existe en France des contrées où cette paille est plus estimée que celle de froment parce que le bétail la mange avec avidité, il est certain qu'elle nourrit parfois moins bien les animaux ; c'est qu'elle est plus sujette que bien d'autres à être altérée par les agents atmosphériques, et que, pour qu'elle soit réellement supérieure à la paille de froment, il faut qu'elle ait peu séjourné sur le sol lors de la récolte.

D'après Sprengel, la paille d'orge contient :

Substances solubles dans l'eau. . .	11.330
Substances solubles dans une lessive caustique.	38,237
Substance grasse.	0,780
Fibre végétale.	49,653
	100,000

(1) *Loco citato.*

Parmi les substances solubles on a constaté un peu d'albumine, de la gomme, du mucilage, un principe amer qui donne un goût amer au lait et au beurre des vaches qui en consomment beaucoup.

100 parties en poids de paille d'orge réduites en cendres ont donné :

Potasse.	0,180
Soude.	0,048
Magnésie.	0,076
Chaux.	0,554
Alumine.	0,146
Oxide de fer.	0,014
Oxide de manganèse. . . .	0,020
Silice	3,856
Acide sulfurique.	0,118
Acide phosphorique. . . .	0,060
Chlore.	0,072
	5,244
Les parties combustib. étaient de	94,756
	100,000

M. Th. de Saussure a aussi analysé la paille d'orge ; il a constaté qu'elle renferme :

Potasse.	0,672
Sulfate de potasse.	0,148
Chlorure de potassium. . .	0,020
Phosphates terreux.	0,326
Carbonates.	0,525
Silice.	2,394
Oxides métalliques.	0,020
Perte.	0,095
	41,200
Parties combustibles.	95,800
	100,000

Ces résultats permettent de considérer la paille d'orge comme plus assimilable que celle de froment.

Suivant M. Boussingault, la paille d'orge contient sur 100 parties :

Azote.	0,25
Eau normale.	11,00

Si l'on compare le chiffre représentant la proportion d'azote contenue dans la paille d'orge avec ceux qui caractérisent cet élément dans celles nouvelles de froment et de seigle, on reconnaîtra que la paille d'orge tient un point intermédiaire entre ces deux

pailles quant à sa valeur alimentaire. Jusqu'ici la pratique n'a pas confirmé ce fait théorique : cette paille contient 32 pour 100 de matières nutritives.

Le foin des prairies naturelles est à la paille d'orge suivant :

Block.	:: 100	: 193
Boussingault. .	:: 100	: 460
Flotow.	:: 100	: 175
Gemerhausen...	:: 100	: 150
Meyer.	:: 100	: 150
Pabst.	:: 100	: 200
Pétri..	:: 100	: 180
Royer.	:: 100	: 265
Schnée.	:: 100	: 154
Schwertz. . . .	:: 100	: 400
Thaër.	:: 100	: 150
Moyenne. .	100	: 243

Donc, pour remplacer 10 kilog. de foin de prairies naturelles, il faut jeter dans le râtelier 24 kilog. 30 de paille d'orge. Il ressort de cette moyenne que cette paille est supérieure en valeur nutritive aux pailles de froment et de seigle, et ce résultat concorde parfaitement avec les résultats obtenus par Sprengel. Ainsi, suivant ce chimiste, la paille d'orge contient 11 pour 100 de parties solubles dans l'eau, tandis que celle de froment n'en comporte que 7, et celle de seigle 2 pour 100 seulement.

Cet aliment est *supérieur* en valeur nutritive aux

    Tiges et feuilles vertes.
    Racines,
    Tubercules,

Il est *inférieur* aux

    Foin de prairies artificielles,
    Fanes,
    Feuilles d'arbres ordinaires,
    Semences,
    Fruits,
    Écorces,
    Résidus,
    Marcs.

IV. Paille d'avoine.

L'avoine (*avena sativa*, L.) appartient encore à la famille des graminées.

1° Caractères.

La paille d'avoine est molle, très-tendre, sa couleur est jaune doré ; elle comporte beaucoup plus de feuilles que celles de froment, de seigle et d'orge. Lorsqu'elle est restée longtemps sur la terre lors du javelage, elle est plus brune, moins tendre et ne plaît pas autant aux animaux. Cette paille a beaucoup de saveur et son odeur est fort agréable. En examinant la partie supérieure du chaume, on la distingue facilement des autres pailles à sa panicule, qui est encore fort apparente après le battage.

2° Administration.

Cette paille étant beaucoup moins dure que les autres, il n'est pas nécessaire de la faire tremper avant de la donner au bétail. Tous les animaux domestiques la recherchent quand elle est nouvelle, et qu'elle n'a pas été altérée soit par des pluies, soit par l'action de l'air. Ce fait dispense le cultivateur d'avoir recours à l'action de l'eau.

3° Action sur les animaux.

Les vaches et les moutons s'entretiennent fort bien avec de la paille d'avoine ; les chevaux en sont moins friands : ils préfèrent la paille de froment. Toutefois, on commettrait une faute si on pensait que cette paille puisse suffire seule à la sustentation des ruminants. On ne peut l'administrer seule qu'aux moutons ; mais on comprend qu'il est de toute impossibilité d'espérer entretenir ou hiverner un troupeau avec de la paille d'avoine seulement. Thaër observe, avec vérité, que lorsque les brebis doivent se contenter, depuis l'automne jusqu'après l'agnelage, de paille toute pure avec le pâturage d'hiver que le hasard peut leur procurer, elles sortent de l'hiver dans un état d'épuisement extrême, et ne donnent qu'un très-petit produit, encore de laine grossière ; car des bêtes à laine fine ne résisteraient pas à un pareil régime (1). Il faut donc, pour que la paille d'avoine puisse être regardée comme une excellente nourriture, alterner sa distribution avec celle d'une certaine quantité de foin, ou la mélanger avec ce dernier aliment. L'expérience démontre que lorsqu'on l'administre ainsi aux bêtes à laine elle doit être regardée comme nourriture précieuse, un aliment ayant une action

_____

1) *Principes raisonnés d'agriculture*, t. IV. p. 654.

remarquable sur leur santé et leur état d'entretien.

Les bœufs et les vaches s'entretiennent très-bien avec de la paille d'avoine, lorsque cette paille est administrée après des racines ou des tubercules, ou du foin de prairies naturelles et artificielles. On doit éviter de la donner en abondance aux vaches laitières ; car le principe amer qu'elle comporte donne au lait et au beurre beaucoup d'amertume. J'observerai qu'on a avancé qu'elle favorise la chute des poils, qu'elle occasionne une éruption accompagnée de prurit. Un fait certain, c'est que lorsqu'elle est donnée à des animaux en bon état et qu'elle n'est pas avariée, elle les nourrit convenablement, et peut parfaitement aider à passer en partie des moments critiques. Si plusieurs cultivateurs ont eu à se plaindre des effets de la paille d'avoine et de celle de froment, c'est qu'ils avaient administré à leurs animaux des pailles anciennes, altérées et de mauvaise qualité, et qu'ils croyaient qu'il était possible de baser l'existence de leur bétail uniquement sur ces pailles. Cette erreur a dû nécessairement occasionner de bien grandes déceptions. De bonne paille d'avoine, avec addition de choux, navets, suffit souvent pour terminer l'embauche, et commencer quelquefois même l'engraissement des bêtes à corne.

4° Valeur nutritive.

Cette paille, qui joue, en général, un si grand rôle dans l'existence des bêtes à laine des provinces du Nord, qu'Olivier de Serres plaçait avant la paille de froment, et qui renferme 37 pour 100 de matières nutritives, contient d'après Sprengel :

Parties solubles dans l'eau.	20,666
Parties solubles dans une lessive alcaline caustique.	31,623
Substance grasse.	0,772
Fibre végétale.	40,939
	100,000

La cendre de 100 parties de paille d'avoine a donné :

Potasse.	0,870
Soude	quelques traces.
Chaux.	0,152
Magnésie	0,022
Alumine.	0,006
Oxide de fer. . .	quelques traces.
Oxide de manganèse.	quelques traces.
Terre siliceuse.	4,588
Acide sulfurique.	0,079
Acide phosphorique. . . .	0,012
Chlore.	0,005
	5,734

La paille de froment contenait donc en matières combustibles 94,266

100,000

Les matières solubles sont composées d'un peu d'albumine, d'une très-petite quantité de sels et le reste de mucilage.

M. Boussingault, qui a obtenu 5,096 de cendres pour 100 de paille d'avoine, a constaté qu'elles contenaient :

Silice.	2,040
Potasse.	1,249
Soude.	0,224
Chlore.	0,239
Chaux.	0,423
Magnésie.	0,142
Acide phosphorique. . . .	0,153
Acide sulfurique.	0,209
Acide carbonique.	0,163
Oxide de fer, alumine. . .	0,107
Perte.	0,141
	5,096

La paille d'avoine contient donc en matières combustibles. . . 94,904

100,000

Ces deux analyses ne concordent pas entre elles ; selon M. Boussingault, les cendres de la paille d'avoine contiennent 40 pour 100 de silice et 24,5 de potasse ; tandis que, suivant Sprengel, elles comporteraient 80 de silice et 15,1 de potasse. Il y a eu erreur évidemment dans le dosage de la silice par ce dernier chimiste ; car, s'il en était autrement, la paille d'avoine devrait être plus résistante, plus dure que celle de seigle. La faible portion de silice trouvée par M. Boussingault l'a surpris ; mais deux analyses ont donné le même résultat.

Selon cet observateur la paille d'a-
voine contient sur 100 parties :

Matières solubles dans l'éther.   5.1
Azote.   0,30
Eau normale.   21,0

Le foin des prairies naturelles est à
la paille d'avoine suivant :

Block.	:: 100	: 200
Boussingault. . .	:: 100	: 383
Flotow.	:: 100	: 175
Gemerhausen. . .	:: 100	: 190
Meyer.	:: 100	: 150
Pabst.	:: 100	: 200
Pétri.	:: 100	: 200
Royer.	:: 100	: 250
Schnée.	:: 100	: 182
Schwertz.	:: 100	: 400
Thaër.	:: 100	: 190
Weber.	:: 100	: 150
Moyenne. .	100	: 222

Ainsi, pour remplacer 10 kilog. de
foin de prairies naturelles, on doit donner 22 kilog. 40 de paille d'avoine.

Cette paille est *supérieure en valeur
nutritive* aux

Pailles de froment, seigle et orge ;
Tiges et feuilles vertes ,
Racines,
Tubercules.

Elle est *inférieure* aux

Foin de prairies artificielles ,
Fanes ,
Feuilles d'arbres ordinaires ,
Semences ,
Fruits ,
Ecorces ,
Résidus ,
Marcs.

V. Paille-millet.

Le millet commun (*Panicum milia-
ceum*, L.), appartient aussi à la famille
des graminées ; il est annuel.

1° Caractère de cette paille.

Cette paille est aussi longue que celle
d'orge ; elle est blanc jaunâtre, quelquefois d'une couleur brune légèrement foncée, peu flexible, rude au
toucher, mais pourvue de feuilles larges et assez nombreuses ; son odeur
n'est pas très-prononcée, mais elle plaît
assez.

2° Administration.

La paille de millet ordinaire, comme
celle du millet d'Italie (*Panicum italicum*, L.), est donnée aux animaux
à l'état naturel. Il n'est pas nécessaire
de la faire tremper, à cause de la moelle
dont elle est remplie ; cependant en la
faisant macérer pendant quelques
heures dans l'eau ou dans de l'eau
salée , on augmente ses propriétés nutritives, surtout dans les régions septentrionales.

3° Action sur les animaux.

Cette paille convient bien aux ruminants ; les bœufs et les vaches la consomment avec plaisir quand elle est
saine et de bonne qualité. Dans le département des Pyrénées-Orientales,
on la donne avec succès aux vaches.
Dans la vallée d'Argelès (Hautes-Pyré-
nées), on la mêle avec du regain ; alors
elle constitue un excellent fourrage
pour les bêtes bovines.

4° Valeur nutritive.

Quelques agriculteurs ont regardé
cette paille comme ayant une très-faible
valeur nutritive ; d'autres, au contraire,
prétendent qu'elle nourrit très-bien
le bétail. Columelle regarde la paille de
millet comme beaucoup plus nutritive
que celle d'orge et celle de froment (1).
« C'est ordre , dit Olivier de Serres,
s'accorde presques avec ce que nous
en treuvons en nos mesnages, tenans
les pailles en ces degrés : de millet ,
d'avoine, de froment, d'orge, de seigle
et d'espeautre (2). » La paille de millet
est, en effet, très-alimentaire ; mais il
ne faut pas oublier que si, dans les
contrées méridionales elle est plus estimée que les autres , elle ne possède
pas toujours cette supériorité dans les
provinces du Nord, contrées où les
pluies, lors de la maturation de la
graine, nuisent souvent à sa qualité.
Selon Burger, la paille du millet des

---

(1) *Eæ probantur maxime ex milis, tum ex
ordeo, mox etiam ex tritico.*
(De re Rustica, lib. VI, cap. III.)
(2) *Théâtre d'Agriculture*, t. I, p. 538.

oiseaux (*Panicum italicum* , L.) est plus douce , plus sucrée que celle du millet paniculé.

La paille de millet paniculé contient d'après Sprengel :

Substances solubles dans l'eau. . .	42,266
Substances solubles dans une lessive alcaline caustique.	19,437
Substance grasse.	0,770
Fibre végétale.	37,520
	100,000

Les parties solubles contiennent quelques traces d'albumine , beaucoup de gomme et de mucilage sucré , un peu d'acide et de principe amer.

100 parties de paille de ce millet réduite en cendres ont donné :

Potasse.	0,623
Soude.	0,086
Chaux.	0,590
Magnésie.	0,370
Alumine.	0,010
Oxide de fer.	0,025
Oxide de manganèse. . .	0,030
Silice.	2,186
Acide sulfurique.	0,775
Acide phosphorique. . .	0,030
Chlore.	0,130
	4,855
Parties combustibles. . . .	95,145
	100,000

D'après M. Boussingault , la paille de millet contient sur 100 parties :

Azote.	0,78
Eau normale.	19, 0

Le foin des prairies naturelles est à la paille de millet suivant :

Boussingault.	:: 100 :	147
Pabst.	:: 100 :	150
Pétri.	:: 100 :	250
Royer.	:: 100 :	214
Moyenne. . .	:: 100 :	190

Ainsi , pour remplacer 10 kilog. de foin de prairies naturelles, il faut donner 19 kilog. de paille de millet.

Cette paille est donc *supérieure* en *valeur nutritive* aux

Autres pailles,
Tiges et feuilles vertes,
Racines ,
Tubercules.

Elle est *inférieure* aux

Autres foins de prairies artificielles,
Feuilles d'arbres ordinaires ,
Semences ,
Fruits,
Ecorces ,
Résidus ,
Marcs.

VI. Paille de maïs.

Le maïs (*Zea maïs* , L.) appartient à la famille des graminées ; il est aussi annuel.

1° Caractères de la paille de maïs.

Cette paille a quelquefois , surtout dans les contrées méridionales , une très-grande hauteur ; elle est ligneuse, dure, très-grossière ; ses tiges sont garnies de feuilles larges.

2° Administration.

Les tiges de maïs sont généralement trop grossières , trop dures , pour qu'elles puissent être consommées facilement à l'état naturel. Il faut, avant de les donner au bétail , les diviser, les hacher, les écraser sous un maillet ou sous une meule ; on peut aussi les faire tremper ou les soumettre à l'action de la vapeur. Quant aux spathes (feuilles qui recouvrent les épis) , il est aussi avantageux de les diviser avant de les administrer. On peut encore utiliser les rafles lorsqu'elles sont fraîches ; mais il faut les diviser avant de les donner aux animaux , afin de faciliter la mastication. Burger , Buniva et M. Bonafous recommandent, quand elles sont sèches , de les réduire en poudre , et de donner cette farine avec la boisson ou d'en couvrir les racines et les tubercules.

3° Action sur le bétail.

Cette paille , comme les spathes et les rafles, est consommée avec plaisir par les bêtes à cornes ; elle ne peut les engraisser, mais elle nourrit bien et peut suppléer victorieusement à la paille d'avoine ou de froment, et même remplacer le foin quand les animaux reçoivent des betteraves, des carottes , des pommes de terre. C'est principalement dans les contrées du Midi privées d'autres substances fourragères que la paille de maïs offre aux bœufs et aux vaches, lorsqu'elle a été bien préparée et parfaitement récoltée et conservée, une nourriture saine et réellement alimentaire. Nonobstant, on se tromperait étrangement si l'on pensait que les ruminants sont avides des tiges et des rafles lorsque ces diverses parties leur sont administrées sans avoir été préalablement divisées, écrasées, trempées dans de l'eau ordinaire ou salée. Le bétail ne consomme les tiges et les rafles du maïs à leur état naturel que quand il manque d'autre nourriture ou qu'il est pressé par la faim. On comprend aisément que dans une telle circonstance ces parties doivent avoir une bien faible action sur l'organisme des êtres qui s'en nourrissent. Dans le Haut-Languedoc, la Haute-Garonne et l'ancienne Bigorre, les tiges de maïs servent de combustibles ou de litière : les spathes et les feuilles que l'on récolte vers le milieu de septembre, c'est-à-dire avant la complète maturation des épis, sont seules consommées par les animaux.

4° Valeur nutritive.

Cette paille, qui est presque inconnue dans la région des pommiers et le nord de celle des vignes, renferment, d'après Burger, 21,9 pour 100 de substance nutritive. Suivant Sprengel elle contient :

Parties solubles dans l'eau. . . .	17.000
Parties solubles dans une lessive caustique..	57,034
Substance grasse.	1.740
Fibre végétale	24,226
	100.000

L'extrait aqueux contenait un peu d'acide libre, de l'albumine, du mucilage et du sucre.

100 parties ont donné après leur combustion :

Potasse.	0,189
Soude..	0,004
Chaux.	0,654
Alumine.	0,006
Oxide de fer.	0,004
Oxide de manganèse. .	0,020
Silice.	2,708
Acide sulfurique. . . .	0,106
Acide phosphorique. .	0,054
Chlore.	0,006
Magnésie	0,236
	3,985

Les matières combustibles sont donc représentées par. . . 96,015

100.000

Selon Th. de Saussure, cet aliment contient :

Potasse.	4,956
Phosphate de potasse. .	0.815
Chlorure de potassium. .	0,210
Sulfate de potasse. . . .	0,105
Phosphates terreux. . .	0,420
Carbonates terreux. . . .	0.084
Silice.	1,512
Oxides métalliques. . . .	0,042
Perte.	0,256
	8,400
Matières combustibles. . . .	91,600
	100,000

Ces deux analyses ne concordent pas entre elles. Suivant de Saussure, les sels de potasse sont fort abondants, mais la silice existe dans une proportion plus faible que celle constaté par Sprengel. Cet expérimentateur a opéré sur des tiges qui n'étaient pas parfaitement mûres.

D'après M. de Gasparin, la paille de maïs renferme sur 100 parties :

Azote. 0,19

Le foin de prairies naturelles est à la paille de maïs suivant :

Petri.	:: 100 : 400
Pabst.	:: 100 : 200
Moyenne. .	:: 100 : 300

Ainsi, d'après cette moyenne, la paille de maïs serait plus nutritive que celle de froment. Cela peut-être, mais, je le répète, il faut qu'elle ait été bien conservée, et que, de plus, elle ait été bien préparée. Donc, 30 kilog. de cette paille peuvent remplacer 10 kilog. de foin.

Cet aliment est *supérieur en valeur nutritive* aux

Tiges et feuilles vertes,
Racines,
Tubercules,

Il est *supérieur* aux

Pailles d'orge, d'avoine et de millet,
Fanes,
Feuilles d'arbres ordinaires.
Semences.
Fruits,

Écorces,
Résidus,
Marcs.

§. *Pailles de polygonées.*

SARRASIN.

Le sarrasin, blé noir (*Polygonum fagopyrum*, L.) est la seule plante parmi les polygonées dont les tiges, après avoir été desséchées, servent à l'alimentation du bétail ; cette plante est annuelle.

1° Caractères de la paille.

Cette paille se distingue des pailles des graminées-céréales par une coloration rouge assez vive lorsqu'elle est encore fraîche ; avec le temps elle prend une teinte rouge-brun un peu foncé. Ses tiges, qui sont flexibles, molles, comportent très-peu de feuilles ; celles qui restent adhérentes aux ramifications après l'opération sont fort petites et presque insignifiantes.

2° Administration de cette paille.

La paille de sarrasin ne demande aucune préparation avant d'être administrée aux animaux ; lorsqu'elle est nouvelle, elle présente quelques parties verdâtres, et l'eau qu'elle comporte la rend assez agréable au bétail. Cette paille est d'une conservation très-difficile ; elle moisit facilement ou elle acquiert une odeur qui empêche les animaux de la consommer. Lorsqu'on doit en donner l'hiver aux animaux, il faut la rentrer dans des bâtiments et ne l'emmagasiner que lorsqu'elle est bien sèche, après qu'elle a été battue par un beau temps. De toutes les pailles, celle de sarrasin est celle sur laquelle le sel produit les meilleurs effets. Sans ce condiment, cette paille est d'une digestion difficile, et elle entretient fort mal le bétail auquel elle est donnée.

3° Action sur les animaux.

Le cheval mange difficilement cette paille ; on ne doit la donner qu'aux bêtes à cornes et aux bêtes à laine. Quand elle est nouvelle, très-fraîche, elle plaît beaucoup aux bœufs et aux vaches, et elle les entretient avec succès. Il n'en est pas ainsi lorsqu'elle a deux à trois mois d'existence : ces mêmes animaux la consomment très-difficilement. Il en est de même des troupeaux ; en général, les moutons, comme les vaches, ne la mangent avec plaisir que pendant les premières semaines qui suivent la récolte. Une exploitation ne doit faire consommer cette paille pendant l'hiver que lorsqu'elle manque d'autre nourriture, et qu'elle n'a ni paille d'avoine ni paille de froment. Encore est-il nécessaire, pour qu'elle soit réellement favorable à la santé des animaux, qu'elle ait été bien conservée soit en grange, soit en petite meule étroite et élevée.

4° Valeur nutritive.

On attribue généralement une assez grande valeur nutritive à cette paille ; c'est une grave erreur ! La paille de sarrasin, quelques mois après sa récolte, est un bien faible aliment. Thaër dit qu'il est mieux de la faire consommer avant Noël, et il a raison.

D'après Sprengel elle contient :

Parties solubles dans l'eau. . . .	22,600
Parties solubles dans une lessive caustique.	23,614
Substance grasse.	0,900
Fibre végétale.	52,886
	100,000

Les parties solubles ne contenaient que quelques traces d'albumine, beaucoup d'acide libre, peu de gomme et beaucoup de mucilage.

Les cendres de 100 parties de paille renfermaient :

Potasse.	0,332
Soude.	0,062
Chaux.	0,704
Magnésie.	0,292
Alumine.	0,026
Oxide de fer.	0,015
Oxide de manganèse. . .	0.032
Silice.	0,140
Acide sulfurique.	0,217
Acide phosphorique. . . .	0,288
Chlore.	0,095
	3,203

Les matières combustibles étaient donc. 96,797

100,000

Selon M. Boussingault cette paille contient sur 100 parties :

Azote. 0,48
Eau normale. 11,6

Le foin de prairies naturelles est à la paille de sarrasin d'après

Boussingault. :: 100 : 240
G. Heuzé. . . :: 100 : 250
Pabst. . . . . . :: 100 : 150
Petri. . . . . . . :: 100 : 200
Schnée. . . . . :: 100 : 191

Moyenne. . :: 100 : 206

Ainsi, 20^{kil},60 de paille sarrasin nouvellement récoltée peut remplacer 10 kilog. de foin de prairies naturelles. Quand cette paille est vieille, il en faut au moins le double.

La paille de sarrasin nouvelle est donc *supérieure* en valeur nutritive aux

> Pailles de froment, seigle, avoine et orge,
> Tiges et feuilles vertes,
> Racines,
> Tubercules.

Elle est *inférieure* aux

> Foins de prairies naturelles,
> Fanes,
> Feuilles d'arbres ordinaires,
> Semences,
> Fruits,
> Ecorces,
> Résidus,
> Marcs.

§ 3. *Considérations générales sur les pailles.*

Les pailles, comme les foins, sont sujettes à perdre une partie plus ou moins prononcée de leur valeur nutritive; et cette détérioration les rend toujours moins favorables aux animaux qui les consomment. En général, les pailles sont d'autant plus utiles qu'elles sont nouvelles, et que l'on a pris davantage de précautions pour les conserver, pour les abriter de l'action des agents de l'atmosphère. Il faut donc songer, lors de leur récolte, qu'elles ne produisent pas seulement du grain et qu'elles ne sont pas seulement destinées à l'empaillement des écuries, des bergeries et des vacheries; une paille qui a été bien récoltée et parfaitement conservée est une nourriture souvent fort précieuse et pour les pays riches et pour les contrées pauvres. Dans le premier cas, elle permet au cultivateur de vendre d'autres substances fourragères d'une transaction facile; dans le second, elle le dispense quelquefois d'avoir recours au dehors, et de se procurer d'autres aliments pour lesquels il aurait employé de nombreux capitaux, eu égard à la fertilité de la terre.

La qualité relative des pailles dépend, indépendamment des causes que j'ai citées plus haut, des propriétés herbifères du sol qui les a produites. Quand la fécondité de la terre est prononcée, que la couche arable appartient à la période fourragère et à celle céréale, elle produit des plantes naturelles, et celles-ci peuvent diminuer ou accroître la propriété nutritive de la paille. Lorsque ces végétaux indigènes appartiennent à la famille des graminées ou à celle des légumineuses, ils tendent toujours à augmenter la valeur alimentaire. Ainsi, les ray-grass, les agrostis, les avoines, le trèfle rouge, le trèfle des champs, la luzerne maculée, le mélilot, etc., associés à la paille de froment, d'avoine et d'orge rendent ces pailles meilleures, plus agréables aux animaux. Cela est si vrai que, dans l'ancienne province de Bretagne où l'on cultive l'avoine d'hiver sur une très-grande échelle, que dans les contrées du Nord où l'avoine ou l'orge de printemps protègent la végétation des jeunes plantes légumineuses destinées à former l'année suivante des prairies artificielles; ces pailles sont souvent regardées comme étant presque aussi nutritives que le foin de vesce et celui de prairies naturelles. Ces plantes, qui croissent plus spécialement dans les années humides que dans celles sèches, ont un grand avantage quant à la valeur de la paille; elles tempèrent favorablement l'action de l'humidité atmosphérique sur les tiges des céréales. C'est pourquoi les pailles, dans les années humides, ont souvent autant de propriétés alimentaires que dans les années sèches.

Lorsque la terre, au lieu de donner naissance à des plantes graminées et légumineuses, produit la persicaire, la coquelourde, la sarette des champs, des chardons, le bleuet, des coquelicots, des renoncules, le sureau hièble, etc., et que ces plantes, lors de la moisson, restent mêlées à la paille, celle-ci perd une partie de ses qualités, et quelquefois elle devient complétement impropre à la nourriture du bétail. Toutes ces plantes n'ont pas la même action nuisible. L'ivraie, les coquelicots agissent sur les tissus, les irritent ou diminuent leur vitalité ; on sait qu'ils contiennent des principes âcres et narcotiques ; la sarette, les chardons, par leurs feuilles épineuses ou leurs aiguillons, excorient le palais et empêchent les animaux de broyer la paille et de la digérer aussi facilement. Ces inconvénients, dont les résultats sont malheureusement quelquefois fort graves, justifient pleinement les opérations d'entretien que l'on désigne sous les noms de sarclage et d'échardonnage que l'on doit exécuter chaque année au printemps, parmi les céréales d'hiver ou de mars, lorsque les circonstances commandent de les pratiquer.

Il résulte de là que le cultivateur, à l'époque de la moisson et du battage, doit séparer toutes les pailles exemptes, pour ainsi dire, de plantes défavorables soit à l'existence, soit à la digestion des animaux, de celles qui ne doivent être utilisées que comme litière. Cette manière d'agir le place dans une sécurité parfaite, en ce sens qu'il sera assuré que le bétail ne consommera pas avec la paille des plantes qui pourront rendre la mastication difficile, ralentir la digestion, ou l'arrêter complétement.

§ 4. *Altération des pailles.*

1° La paille qui a séché sur pied, c'est-à-dire qui a été récolté très-tardivement, comme celle qui est restée longtemps sur la terre lors du javelage, est toujours moins favorable à l'existence des animaux. Le soleil et la pluie ont une action sur les pailles, quand celles-ci restent trop longtemps exposées à leurs effets après avoir été séparées de la partie qui existe en terre. Ainsi exposées pendant un temps considérable à l'action de la chaleur solaire, les pailles, en général, perdent de leur couleur jaune, de leur saveur douce et sucrée, et deviennent toujours un peu moins flexibles, un peu plus dures. Si, au contraire, elles subissent l'influence de pluies prolongées, elles acquièrent une teinte brune, elles contractent une odeur assez défavorable, elles restent sans saveur et se brisent plus aisément. L'expérience de chaque jour démontre que le javelage, pour avoir des effets réellement favorables, doit avoir lieu dans certaines limites, et que, au delà de ces bornes, au lieu d'être favorable à la qualité du grain, il lui est nuisible ainsi qu'à la paille.

2° Les feuilles, comme les tiges des céréales, ont très-souvent leur surface désorganisée par une maladie à laquelle on a donné le nom de *rouille* (voir PHYTOLOGIE, chap. VII, sect. I). Cette altération, qui naît soit dessus, soit dessous l'épiderme, colore les parties sur lesquelles elle s'est développée en jaune brun, et c'est cette couleur qui permet de distinguer les pailles rouillées de celles sur lesquelles cette maladie ne s'est déclarée que très-faiblement. Ces dernières pailles, quoique présentant de petites maclures, conservent leur couleur naturelle jaune ou blanc jaunâtre. Les pailles sur lesquelles la rouille a pris un grand développement, sont des aliments qu'il faut regarder comme mauvais ; elles irritent les organes, déterminent des inflammations gastriques et intestinales, occasionnent des coliques et donnent lieu à des fièvres adynamiques. M. Gohier a constaté que durant l'espace de sept à huit mois, 115 chevaux appartenant au 20° régiment de chasseurs succombèrent en l'an IX à Arras, sur 800 qui composaient l'effectif. Il attribue cette mortalité à la nécessité dans laquelle on était de faire usage de paille fortement rouillée. Des faits analogues à celui-ci ont été constatés par d'autres observateurs et attribués exclusivement à l'action de ce champignon dangereux. Les *pailles cariées* et celles *charbonnées* peuvent être consommées par les animaux, quoiqu'elles soient bien moins nutritives que les pailles ordinaires : leur usage est beaucoup moins pernicieux que celui de la paille rouillée. Nonobstant, ce n'est que par exception qu'elles doivent être données aux animaux.

3° La paille qui a été mal conservée, qui a été mise en meule ou rentrée en magasin, lorsqu'elle contenait beaucoup d'eau ou qu'elle était mouillée par les pluies, doit être regardée comme un mauvais aliment. Ordinairement elle est brune, noirâtre, développe une odeur désagréable, et sa saveur est complétement nulle. De telle paille ne peut servir qu'à l'empaillement des écuries, étables et bergeries. Vouloir la donner à consommer au bétail, ce serait s'exposer à supporter des pertes incalculables.

SECTION III.

DES FANES.

On donne ordinairement le nom de *fanes* aux tiges et feuilles des plantes légumineuses qui ont mûri des semences destinées à la nourriture de l'homme ou des animaux. Ces parties sont toujours sèches lorsqu'on les récolte ; aussi leur donne-t-on quelquefois le nom de *pailles légumineuses*. On appelle aussi *fanes* les tiges et les feuilles des pommes de terre et des topinambours. Comme ces parties herbacées servent aussi à la nourriture du bétail, je les ai réunies aux fanes proprement dites, bien qu'elles soient le plus ordinairement consommées par les animaux à l'état vert.

§ 1. *Fanes de légumineuses.*

I. FANE DE VESCE.

1° La fane de cette légumineuse est beaucoup plus dure que le foin qu'elle produit (voir SECTION I, § II, IV) ; elle est faiblement odorante ; sa couleur est jaune blanc, tirant quelquefois sur le brun ; elle est assez cassante, assez divisée, et devient toujours poudreuse avec le temps.

2° Avant de l'administrer au bétail, il faut la secouer pour détacher la poussière qu'elle contient. On ne doit se dispenser de cette opération que quand les animaux la consomment quelques mois seulement après la récolte.

3° La fane de vesce doit être réservée pour les moutons, les vaches et les bœufs ; les chevaux la consomment mal. On peut l'administrer lorsqu'on fait consommer des racines. Alors on couvre les portions de tubercules ou de racines de fanes hachées ou divisées. Ainsi administrée, la fane de vesce, lorsqu'elle n'a point souffert de l'humidité lors de la récolte des semences, nourrit bien les moutons et les bêtes à cornes.

4° En général, la fane de vesce est un aliment secondaire, et nul cultivateur ne peut baser l'existence du bétail sur son concours.

Le foin de prairies naturelles est à la fane de vesce, d'après

Block.	:: 100	: 165
Pabst.	:: 100	: 150
Petri.	:: 100	: 200
Thaër.	:: 100	: 120
Moyenne.	:: 100	: 159

Ainsi la fane de vesce, quand elle a été bien récoltée et conservée, est supérieure aux pailles céréales, et pour remplacer 10 kilog. de foin de prairie naturelle, il faut administrer aux animaux 16 kilog. de ce fourrage.

Elle est donc *inférieure* en *valeur nutritive* aux

Foins de prairies artificielles .
Semences.
Feuilles d'arbres ordinaires.
Ecorces.

Elle est *supérieure* aux

Pailles .
Tiges et feuilles vertes .
Racines et tubercules ,
Balles de céréales,
Résidus .
Marcs.

II. FANE DE POIS.

Le pois (*pisum arvense*, L.) appartient aussi à la famille des légumineuses.

1° Caractères de la fane de pois.

La fane de pois est jaune-grisâtre, jaune verdâtre : son odeur est très-faible ; elle est assez dure, longue, et se brise moins facilement que la précédente. Quand elle a été récoltée par un temps pluvieux, elle est presque toujours brune, et doit être employée comme litière .

2° Administration de cette paille.

On peut la donner entière au bétail ; mais il est plus convenable de l'administrer hachée ou coupée. L'expérience a démontré que, donnée entière, les animaux la mangeaient avec moins d'avidité.

3° Action sur les animaux.

Les bêtes à laine, les bœufs et les vaches mangent cette fane avec plaisir. Nonobstant, elle ne convient pas aux animaux à l'engrais, et elle doit être consommée spécialement par les animaux de rente. On peut et on doit même, afin d'augmenter ses effets sur l'organisme, l'administrer durant l'hiver, alors que le bétail consomme des racines ou la mélanger avec du foin de prairies naturelles ou artificielles. C'est ainsi qu'on doit agir chaque fois qu'il est question de nourrir des brebis qui allaitent ou des vaches laitières. D'après Schwertz et Thaër la fane de pois, *lorsque la récolte a été bien faite*, et quand elle est consommée de bonne heure, surpasse la paille des céréales, surtout pour les moutons.

4° Valeur nutritive.

M. Boussingault a constaté que la fane ou la paille de pois renferme :

Azote. . . . . . . 1,79 pour 100.
Eau normale. . . . 8,05

Sprengel a trouvé qu'elle contenait :

Substances solubles dans l'eau. . . 46,600
Id. dans une lessive alcaline caustique. 23,236
Cire et résine. 1,544
Fibre végétale. 28,620
____
100,00

L'extrait aqueux renfermait beaucoup d'albumine, du sucre, un acide libre et un peu de principe amer.

La cendre de cent parties de fane de pois a donné :

Potasse. 0,235
Soude (quelques traces). . » »
Chaux. 2,730
Magnésie. 0,342
Alumine. 0,060
Oxide de fer 0,020
Oxide de manganèse. . . 0,007
Silice. 0,996
Acide sulfurique. 0,337
Acide phosphorique. . . . 0,240
Chlore. 0,004
____
4,971

Les parties combustibles étaient
de. 95,029
____
100,000

M. Erdmann, en constatant la faible quantité de soude que renferme cette fane, fait observer très-judicieusement combien il est nécessaire de donner parfois du sel (hydrochlorate de soude) aux animaux nourris exclusivement, ou du moins en grande partie, avec de la paille de pois.

Le foin des prairies naturelles est à la fane de pois, suivant

Block.	:: 100	:	165
Flotow.	:: 100	:	200
Meyer.	:: 100	:	150
Pabst.	:: 100	:	150
Pétri.	:: 100	:	200
Pohl	:: 100	:	90
Schnée. . . .	:: 100	:	143
Thaër.	:: 100	:	130
Moyenne. . .	:: 100	:	153

Ainsi, pour remplacer 10 kilog. de foin de prairies naturelles, on doit donner 15 kilog. 30 de paille de pois.

Cette fane est *supérieure* en *valeur nutritive* aux

Pailles,
Tiges et feuilles vertes,
Racines et tubercules,
Balles de céréales,
Résidus,
Marcs.

Elle est *inférieure* aux

Foins de prairies artificielles,
Semences.
Feuilles d'arbres ordinaires,
Ecorces.

III. FANE DE FÉVEROLLE.

Les féverolles (*Faba vulgaris equina*) appartiennent à la famille des légumineuses.

1° Caractères de la fane de féverolles.

Cette fane est très-grosse, assez dure et de couleur vert-noirâtre. Quand on a laissé les féverolles trop mûrir, la fane est presque noire et très-dure. Ainsi que le fait remarquer Schwertz, il est rare que la fane de fève soit exempte de rouille, ou d'une ordure noire et repoussante à laquelle elle est sujette. Pour éviter cette altération, il ne faut pas attendre, pour procéder à la récolte, que la maturité des semences soit complète. Les pluies, lorsqu'elles sont abondantes et prolongées, nuisent beaucoup à cette paille. On doit donc, par cette raison, profiter du beau temps lors de la récolte, et ne pas attendre que toutes les cosses soient entièrement noires.

2° Administration.

On peut donner cette fane entière

et seule, mais il convient mieux de la ramollir préalablement dans l'eau, et ensuite de la hacher. Ainsi administrée, elle est consommée avec plus d'avidité par les animaux, et cela à cause de la dureté qu'elle présente à l'état naturel.

3° Action sur les animaux.

La fane de cette légumineuse est nourrissante, saine et agréable pour tous les herbivores. Selon Karsten, la fane de féverolle est une friandise pour les chevaux, les bêtes à cornes et les moutons; les premiers n'en laissent pas même les plus grosses tiges. Dans les Pays-Bas, dit Schwertz, on donne aux chevaux et aux moutons tout à la fois les fèves avec leur paille, et les moutons n'en laissent rien, pas même les parties les plus ligneuses de l'extrémité des tiges. En Angleterre, elle est regardée comme une bonne nourriture d'hiver pour les chevaux de travail et le bétail à cornes. Toutefois, on n'en donne pas aux chevaux de selle ou de carrosse, car elle est sujette à leur rendre l'haleine courte. Cette observation, rapportée par John Sinclair, a été confirmée par plusieurs cultivateurs de la Flandre. En France, cette fane, dans la plupart des cas, sert de litière ou de combustible. Dans quelques contrées, en Alsace et dans la Côte-d'Or, on croit qu'elle fait avorter les vaches, et qu'elle cause des coliques aux chevaux qui en consomment. Ces faits n'ont pas été observés en Allemagne, contrée où cet aliment est considéré, quand les semailles ont eu lieu à la volée, comme aussi nutritif que le foin.

4° Valeur nutritive.

Quand les fèves ont été récoltées prématurément et par un beau temps, leur paille est nutritive et fortifiante. D'après Sprengel, la fane de ces légumineuses contient :

Substances solubles dans l'eau. . . .	10,666
Substances solubles dans une lessive alcaline caustique.	37,424
Cire et résine.	0,910
Fibre végétale.	51,000
	100,000

Dans l'extrait aqueux il y avait beaucoup d'albumine (0,130) et beaucoup de gomme.

La cendre de 100 parties a donné :

Potasse.	1,656
Soude.	0,050
Chaux.	0,624
Magnésie.	0,209
Alumine	0,010
Silice.	0,220
Oxide de fer.	0,007
Oxide de manganèse. . .	0,005
Acide sulfurique.	0,034
Acide phosphorique. . . .	0,226
Chlore.	0,086
	3,121
Parties combustibles.	96,879
	100,000

Le foin de prairies naturelles est à la fane de féverolle suivant

Block.	:: 100	: 150
Flotow.	:: 100	: 100
Meyer.	:: 100	: 100
Petri.	:: 100	: 200
Moyenne. . .	:: 100	: 140

Donc, pour remplacer 10 kilog. de foin de prairies naturelles, il faut administrer 14 kilog. de fanes de féverolles.

Cet aliment est *supérieur* en *valeur nutritive* aux

Pailles.
Tiges et feuilles vertes.
Racines et tubercules,
Balles de céréales,
Résidus.
Marcs.

Il est *inférieur* aux

Foin de prairies artificielles.
Semences,
Feuilles d'arbres ordinaires,
Écorces.

IV. Fane de gesse.

La gesse cultivée, ou lentille d'Espagne (*Latyrus sativus*, L.), et la gesse chiche (*Latyrus cicera*, L.), appartiennent à la famille des légumineuses, et elles sont spécialement cultivées dans les provinces du Midi.

1° La fane de ces plantes est longue, mais grêle et assez flexible. Leur couleur est jaune-blanchâtre.

2° On peut l'administrer à l'état naturel. La division des tiges, qui ont de 0,40 à 0,70 de longueur, n'est pas indispensable pour que les animaux les consomment.

3° Cette fane convient spécialement aux moutons ; les bêtes bovines la mangent aussi avec plaisir. Bosc a observé qu'elle tient bien en chair les animaux auxquels on en donne.

4° La valeur nutritive des fanes de gesse n'a pas encore été déterminée, mais tout porte à croire que cette nourriture est aussi nutritive, aussi fortifiante que la fane de vesce et celle de lentille.

V. Fane de lentille.

La lentille commune (*Ervum lens*, L.), la lentille ers (*Ervum ervilia*, L.), appartiennent aussi à la famille des légumineuses.

1° Caractères.

La fane de ces plantes n'est pas très-longue, mais elle est flexible, faible et rameuse ; sa couleur est jaune roussâtre. Sous l'action d'une humidité prolongée, elle prend une teinte brune et quelquefois noire, et alors elle ne peut être employée que comme litière, Quand cette fane a été récoltée avant la maturation complète des semences et par un beau temps, et qu'il n'est pas survenu de pluie pendant que la récolte était étendue sur le champ, elle est douée d'un arome qui stimule l'appétit des animaux.

2° Administration.

Cette fane est administrée à l'état naturel, à cause de la flexibilité et de la mollesse des tiges et des ramifications. Elle peut aussi, comme la fane de pois, être donnée aux animaux avec du foin de prairies naturelles ou de la paille d'avoine.

3° Action sur les animaux.

Cette nourriture convient très-bien aux bêtes à cornes et aux bêtes à laine ; ces derniers animaux en sont friands et s'en nourrissent très-bien. Thaër recommande de la réserver pour les jeunes bêtes, agneaux ou veaux. Comme cet aliment est échauffant, il importe de ne le donner que quand les animaux doivent consommer des nourritures humides. Cette fane, ainsi que les précédentes, n'est pas assez puissante pour être donnée seule à des animaux à l'engrais dans le début de l'engraissement et à des vaches laitières.

4° Valeur nutritive.

M. Boussingault a constaté que la fane de lentille contient :

Azote. . . . . . . 1,01 pour 100
Eau. 9,02

D'après Sprengel, la fane de la lentille commune contient :

Substances solubles dans l'eau. . .	26,466
Substances solubles dans une lessive alcaline caustique. . . .	34,162
Cire et résine.	1,266
Fibre végétale.	37,106
	100,000

L'extrait aqueux renferme une assez grande quantité d'albumine, beaucoup de mucilage, un peu de gomme et un peu de principe amer.

La cendre de 100 parties a donné :

Potasse	0,420
Soude.	0,033
Chaux.	0,040
Magnésie.	0,119
Alumine et oxide de fer. .	0,034
Silice.	0,686
Acide sulfurique.	0,038
Acide phosphorique. . . .	0,480
Chlore.	8,049
Oxide de manganèse (quelques traces).	0,000
	3,899

Les parties combustibles étaient donc. 96,101

100,000

Le foin de prairies naturelles est à la fane de lentilles d'après

Block. . . . . . :: 100 : 160
Pabst. . . . . . :: 100 : 150
Thaër. . . . . . :: 100 : 130
Petri. . . . . . . :: 100 : 200
———————————
Moyenne. . . :: 100 : 160

Donc, pour remplacer 10 kilog. de foin de prairies naturelles, il faut donner 16 kilog. de fanes de lentilles.

Cet aliment est *supérieur en valeur nutritive* aux

Pailles,
Tiges et feuilles vertes,
Racines et tubercules,
Balles de céréales,
Résidus,
Marcs.

Il est *inférieur* aux

Foins de prairies artificielles,
Semences,
Feuilles d'arbres ordinaires.
Écorces.

§ 2. *Fanes de solanées.*

FANE DE POMME DE TERRE.

La pomme de terre (*Solanum tuberosum*, L.), est connue sous les noms de *morelle tubéreuse, patate, parmentière*, etc.

1° Cette plante, que l'on cultive pour ses tubercules qu'elle produit sous terre, présente des tiges herbacées, rameuses, vertes et hautes de 0,40 à 0,70, qu'on peut donner au bétail pendant les mois de septembre et octobre, lorsque les animaux manquent de nourriture verte.

2° La fane de cette solanée n'est pas recherchée des animaux ; il faut, pour qu'ils la consomment avec avidité, qu'ils y soient excités par la faim. Quoi qu'il en soit, on doit regarder cet aliment comme très-secondaire, et cela à cause de grande quantité d'eau que les tiges et les feuilles contiennent.

3° Les vaches sont les seuls animaux qui doivent consommer cette producduction verte ; les bœufs de travail et les moutons ne doivent point en recevoir, car cette fane est tellement aqueuse, peu sapide, peu nourrissante, qu'elle détermine presque toujours chez ces animaux un relâchement dans l'appareil digestif, perturbation intes-

tinale qui peut altérer le système organique et aboutir à la mort. Lorsque les vaches laitières en mangent rationnellement, elles donnent toujours du lait en plus grande abondance, mais ordinairement plus caséeux.

La fane sèche de pomme de terre contient d'après **M.** Hertwig :

Carbonate de soude et sulfate de
  potasse. 4,60
Hydrochlorate de soude 2,28
Carbonate de chaux. 43,68
Magnésie. 3,76
Phosphate de chaux et de magnésie. 5,73
Phosphate de fer. 1,30
Phosphate d'alumine. 2,75
Silice. 29,81
    Perte. 0,00
           —————
           100,00

MM. Berthier et Braconnot avaient déjà constaté que cette fane renferme 59,40 pour 100 de sels de chaux et de magnésie. Cette grande proportion de sels alcalins, jointe à l'humidité qu'elle contient, explique la faible action alimentaire et les effets presque délétères qui caractérisent à un si haut point cette nourriture herbacée.

D'après **M.** Boussingault, cette fane renferme

Azote. . . . . 0,55 pour 100.
Eau. 70,00

Le foin de prairies naturelles est à la fane de pomme de terre d'après

G. Heuzé. . . . :: 100 : 660
Pétri. . . . . . :: 100 : 330
Royer. . . . . . :: 100 : 600
———————————
Moyenne. . . :: 100 : 530

Donc, pour remplacer 10 kilog. de foin de prairies naturelles, il faut administrer 53 kilog. de fanes de pommes de terre. Ce chiffre élevé doit engager le cultivateur, qui est obligé de faire consommer des tiges et feuilles vertes de pommes de terre, à ne les donner mêlées qu'à d'autres aliments plus sapides, plus nutritifs et plus secs.

La fane de cette solanée est *infé-*

rieure en *valeur nutritive* à la plupart des autres aliments.

Elle est *supérieure* seulement aux

Feuilles de choux, betteraves.

§ 3. *Fanes de composées.*

FANE DE TOPINAMBOUR.

Le topinambour (*Helianthus tubérosus*, L.) est connu sous les noms de *poire de terre, crompire* et d'*hélianthe tubéreux*.

1° Caractères de la fane de topinambour.

Les tiges de cette plante ont une élévation de 1 à 2 mètres, et elles sont ordinairement simples et dures; ces feuilles sont rudes au toucher et très-vertes.

2° Administration de cet aliment.

Cette fane, après avoir été récoltée, soit qu'elle soit donnée verte ou sèche, ne subit aucune préparation. Il faut qu'elle soit très-haute pour qu'on la divise.

3° Action sur les animaux.

Les tiges, quoique dures, sont consommées avec avidité par les animaux. Les vaches, les bœufs et les moutons les mangent toujours avec plaisir. Toutefois, Schwertz recommande de *ne pas les donner seules* au bétail et de les mélanger avec d'autres fourrages. Ainsi mêlées, elles augmentent de valeur elles-mèmes, tout en augmentant la valeur des autres. Si quelques cultivateurs, dit-il, ont remarqué chez les vaches qui en consommaient une diminution de lait, c'est qu'ils les avaient données longtemps et sans mélange, et qu'ainsi seulement les animaux s'en fatiguent et mangent moins. En général, les tiges et fleurs du topinambour conviennent mieux aux moutons qu'aux vaches. Dans les pays calcaires pauvres on base souvent l'existence des troupeaux sur la production herbacée de cette composée. Séchées, les tiges et les feuilles du topinambour sont aussi très-salutaires aux animaux. Dès que les agneaux commencent à manger, observe Kade, c'est le fourrage qu'il faut leur donner, car, avec lui, ils

s'habituent beaucoup plus tôt aux breuvages qu'avec le foin. Les vaches, ainsi que les bœufs, et souvent même les chevaux consomment cette nourriture avec tant d'avidité, quand elle a été bien séchée, qu'ils mangent des tiges d'une grosseur considérable.

4° Valeur nutritive.

Suivant M. Boussingault, les feuilles et tiges de topinambours contiennent:

Azote. . . . . 0,37 pour 100.
Eau normale. . . . 86, 4

Le foin de prairies naturelles est à la fane verte de topinambour suivant :

Pabst.	:: 100	: 325
Schwertz. . . .	:: 100	: 320
Moyenne. . .	100	: 323

Ainsi, pour remplacer 10 kilog. de foin de prairies naturelles, il faut donner 32 kilog. 30 de tiges et feuilles vertes de topinambour.

Le foin de prairies naturelles est à la même fane sèche d'après

Pabst.	:: 100	: 150
Pétri.	:: 100	: 190
Moyenne. . .	100	: 170

Donc, 17 kilog. de cette nourriture sèche peuvent produire les mêmes effets que 10 kilog. de foin de prairies naturelles.

Ainsi, la fane verte est *inférieure* en *valeur nutritive* aux

Foin de prairies artificielles,
Semences,
Pailles d'orge, avoine, sarrasin et maïs.
Autres fanes,
Ecorces,
Résidus,
Feuilles d'arbres,
Betteraves, carottes et tubercules.

Elle est *supérieure* aux

Feuilles de choux, betteraves et pommes
de terre,
Tiges et feuilles vertes du trèfle et luzerne,
Pailles de froment et seigle,

TABLE DES MATIÈRES CONTENUES DANS CETTE LIVRAISON.

LISTE DES AUTEURS CITÉS DANS LA PREMIÈRE PARTIE

DU COURS DE ZOOLOGIE AGRICOLE.

André.
Aristote.
Backwell (R.)
Beccaria.
Berthier.
Berzélius.
Block.
Bosc.
Bourgelat.
Boussingault.
Brugnone.
Bruhm.
Buffon.
Burger.
Caton.
Cline (H.).
Colling.
Colménil (de).
Columelle.
Cressent (P. de).
Crud.
Culley.
Cuvier.
Cuvier (F.).
Dajon.
Daubenton.
Davy.
Delabère Blaine.
Dombasle (Mathieu de).
Duchesne.
Duméril.
Durand (A.).
Duverney.
Duvernoy.
Einoff.
Etienne (Ch.).
Fabricius.
Flourens.
Flotow.
Frésénius.
Gaujac.
Gaullet.

Gayot (Eug.).
Geier.
Gemerhausen.
Geoffroy Saint-Hilaire.
Geoffroy St-Hilaire (Isid.).
Gilbert.
Girard (F N.).
Girard (J.).
Grognier.
Haidlen.
Haller.
Hartmann.
Hugues.
Huvellier.
Huzard père.
Huzard fils.
Koppe.
Krantz.
Lamarck.
Lassaigne.
Latreille.
Laurillard.
Leclerc-Thouin.
Lecoq.
Leroy.
Liébault (J.).
Liebig.
Limousin-Lamothe.
Linné.
Low (David).
Magendie.
Magne (H.).
Malingié.
Marshall.
Médicus.
Meyer (F.).
Moll.
Morel-Vindé (de).
Muller.
Nestler.
Newton.

Olivier de Serres.
Orfila.
Pabst.
Palladius.
Parmentier.
Payen.
Pétri.
Pline.
Poiret.
Polstorf.
Prévost (Ch.).
Princep.
Réaumur.
Richard (A.).
Rieder.
Riens.
Rigot.
Rouelle.
Royer.
Rozier.
Sainte-Marie.
Saussure (Th. de).
Schnée.
Schwertz.
Scillanus (D.).
Sebrigt (John.)
Sinclair (G.).
Sinclair (John).
Spencer.
Sprengel.
Tessier.
Thaër.
Thomson (D.).
Tschiffeli.
Vallot.
Varron.
Vicq-d'Azyr.
Virgile.
Weber.
Weigmann
Yvart (A.).

www.ingramcontent.com/pod-product-compliance
Ingram Content Group UK Ltd.
Pitfield, Milton Keynes, MK11 3LW, UK
UKHW020246180726
13839UKWH00001B/194

9 782329 581071